中南财经政法大学高端智库蓝皮书系列报告

本著作由中南财经政法大学中央高校基本科研业务费
专项资金（2722024EL005）资助出版

长江经济带典型重金属的层次暴露风险识别与数智治理研究

李 飞◎著

Hierarchical Exposure Risk Identification
and Digital-Intelligent Governance of Typical Heavy Metals
in the Yangtze River Economic Belt

中国财经出版传媒集团

经济科学出版社
Economic Science Press

·北京·

图书在版编目（CIP）数据

长江经济带典型重金属的层次暴露风险识别与数智治
理研究／李飞著. -- 北京：经济科学出版社，2025.
2. -- ISBN 978 - 7 - 5218 - 6678 - 0

Ⅰ. X5

中国国家版本馆 CIP 数据核字第 2025Y17L47 号

责任编辑：朱明静
责任校对：郑淑艳
责任印制：邱　天

长江经济带典型重金属的层次暴露风险识别与数智治理研究
CHANGJIANG JINGJIDAI DIANXING ZHONGJINSHU DE CENGCI BAOLU
FENGXIAN SHIBIE YU SHUZHI ZHILI YANJIU
李　飞　著
经济科学出版社出版、发行　新华书店经销
社址：北京市海淀区阜成路甲 28 号　邮编：100142
编辑部电话：010 - 88190489　发行部电话：010 - 88191522
网址：www. esp. com. cn
电子邮箱：esp@ esp. com. cn
天猫网店：经济科学出版社旗舰店
网址：http://jjkxcbs. tmall. com
固安华明印业有限公司印装
710 × 1000　16 开　15.5 印张　270000 字
2025 年 2 月第 1 版　2025 年 2 月第 1 次印刷
ISBN 978 - 7 - 5218 - 6678 - 0　定价：88.00 元
（图书出现印装问题，本社负责调换。电话：010 - 88191545）
（版权所有　侵权必究　打击盗版　举报热线：010 - 88191661
QQ：2242791300　营销中心电话：010 - 88191537
电子邮箱：dbts@ esp. com. cn）

目　　录

|第一章|

绪　　论

第一节　背景与意义

　　20 世纪 60 年代，随着世界经济的快速发展，环境问题也日益突出，最初学术界聚焦于环境危害出现后的治理研究，然而很多环境毒物由于其生物积累性、难降解性，会长期造成人体健康和生态风险（Swensson & Ulfvarson，1963；Wynder & Hammond，1962；Hublet，1968），要彻底治理则需花费高额的人力物力成本，故部分学者的研究重点转移为毒物进入环境之前及其现况的暴露风险管控（Epstein，1967）。20 世纪七八十年代，西方发达国家在环境风险管理领域有较大进展，越来越多交叉科学背景学者主要从环境暴露毒理（Fishbein，1976；Whittemore，1979）、流行病学（Henderson et al.，1975；Heath，1978）、多要素环境地球化学等视角（Wassermann & Wassermann，1979）定量/半定量地探究了毒物—人群暴露风险之间的联系性；同时，利用上述中微观研究成果，部分学者探索将微观机制模型化及将其应用在人口资源环境规划管理中（Ridker，1967；Bertrand et al.，1979；Inhaber，1979）。1983 年，美国国家科学院首次定义了健康暴露风险评估，并逐步形成了以职业环境暴露、污染场地暴露情景为主的敏感受体毒物风险量化评估理论与技术（Hart & Turturro，1988；Anderson，1989），学者们的研究重点转移为如何提高评估的精准度

（Barnes & Dourson，1988）、拓展其应用范围及构建相关制度保障（De-Friese，1987；Schneiderman，1987；Chan & Witherspoon，1988；Guidotti，1988）。1992 年，联合国《21 世纪议程》将风险评估列为改善环境的重要工具，环境暴露风险评估与管理逐渐成为国际环境毒物风险管控的主要理论与方法，而后学界更多是根据其管控目标从不同视角开展危害辨识、剂量反应评估、暴露评估、风险量化表征、风险决策、系统不确定降低等方面的进阶研究与实践（Perez-Rios et al.，2010），评估主要的应用目标为毒物风险排序、特定场址或地区治理决策、相关规章制定等（Van Leeuwen et al.，2007）。1993 年后，随着我国经济社会快速发展，学者们也开始关注并讨论国外环境暴露风险评估方法（林玉锁，1993；曹希寿，1994），部分学者建议进行本土化融合并先后在水、土壤环境暴露风险评价中探索引入国外模型（曾光明等，1997；骆永明等，2006；张应华等，2007）；2008 年后部分学者提出开发中国特色的健康暴露风险识别模型及其参数体系并开展了初步工作（李如忠，2007；王宗爽等，2009；曹云者等，2010；苏杨和段小丽，2010；贺桂珍和吕永龙，2010）。2010 年至今，国内外已发展出较为成熟的污染场地或职业场所化学品暴露风险识别与管理框架体系（U. S. EPA，1986；骆永明，2011；黄瑾辉等，2012），有比较完备的毒物与人体暴露健康量化关系研究。与前期研究比较集中的职业场所或污染场地暴露情景相比，部分学者提出应加强城镇低剂量长期环境暴露风险评估与管理研究，城镇环境典型毒物污染机理更为复杂并涉及多方面影响因素，同时由于各个国家和地区的生态环境差异，加之与之相关的经济、社会和文化差异，目前国内外暂没有形成一套科学而高效的城镇环境毒物的暴露风险识别与管理体系（Huang et al.，2016；刘瀚斌，2018）。

经过 40 多年的经济社会高速发展，我国环境承载力面临显著挑战，发达国家上百年工业化中出现的大气、土壤、水等环境污染问题在我国较为集中出现，且具有毒物浓度高、复合污染性、城市群空间特异性等特点，由此引发的镉米（"毒大米"）等农副食品污染超标联同作用已经导致部分地区人群的急性危害和远期健康暴露风险。据统计，近 20 年来，重大、特大环境事故呈现相对高发态势，环境群体性事件数量上涨明显（Khomenko & Cirach，2021），其中以危险化学品、重金属等为归因污染物的环境污染事件居多。同时，长江经济带（Yangtze River Economic Belt，YREB）依托长江黄金通道，由东到西跨越中国，包含了长江三角洲城市群、长江中游城市群和成渝城市群，其生产总值贡献超全国总量的 40%，是中国经济至关重要的组成部分，当然经济带高速发展带来的显著多要素环境污染问题也备受关注。鉴于我国城市化有较为明显的城市群或经济带特征，这是发达国家发展过程中未曾出现过的特征暴露情景。另经调查，我国地表水、大气、土壤存在不同程度的重金属污染，重金属污染成为我国全要素环境中的典型毒物类别且分布广泛。① 上述特征情景对于现行的环境风险识别模式与管理机制提出了以下新挑战：第一，国内环境毒物管理仍处在针对单一自然环境要素、单一毒物指标的明确属地管理，经常出现跨属地污染管理困境并存在相关标准或机制融合度不高的问题，经济带域全要素环境典型污染物（重金属）暴露风险及其来源的科学识别模式与协同管控机制亟待探索。第二，暴露风险评估中不同受体人群暴露途径（量）的科学识别是决定健康风险评估可信度的关键，现有研究中多数以问卷调查或理论假设作为评价依据，但这两种方法分别有着高成本或高不确定性的缺点，故探索低成本、高可信度的暴露途径分析确定方法成为新的研究方向。第三，在城镇高度信息化、手机等移动智能终端普及率超 50% 等背景下，"互联网 +" 和物联网技术的飞速发展更打开了全要素、多目标、多受体暴露风险管理系统及其智慧化的大门，环境风险智能规划、健康导航、环境与健康决策助手等相关交叉研究成为前沿课题，也将是智慧城市的重要组成部分。综上所述，基于多尺度、全要素、多暴露、多目标视角开展长江经济带环境重金属的层次暴露风险识别与数智治理研究具有重要理论意义与实践价值。

综上所述，本书针对上述研究"痛点"和社会需要，结合相关科研与工程项目的实践经验，在同行专家的不断指导与启发下，开展对关键知识的整合、关键技术的建立健全等，通过对长江经济带全要素环境中典型重金属的污染格局与特征调查评估，基于多尺度视角识别了经济带全要素环境中典型重金属的层次暴露风险，并借助"互联网 + 环境健康"理念探索架构了一套

① 中华人民共和国生态环境部. 关于进一步加强重金属污染防控的意见 [S]. https：//www. mee. gov. cn/xxgk2018/xxgk/xxgk03/202203/t20220315_971552. html，2022 – 03 – 17.

科学、高效的长江经济带环境毒物的层次暴露风险识别与智慧管控系统，本书成果具备良好的技术经济转化潜力，以期为我国城镇绿色发展和人民迫切的健康诉求提供顶层统筹解决方案，为政府及相关部门推动长江经济带高质量发展提供一定的理论支撑和实践经验。

第二节　关键概念界定

一、环境毒物

在毒理学视角下，毒物一般定义为"某些物质在一定条件下进入机体后，侵害机体的组织和器官并在组织及器官内发生化学或物理化学作用，破坏了机体的正常生理功能，引发功能障碍、组织损伤，甚至危及生命造成死亡的物质"（别涛，2014）。而环境毒物是指被排放到环境中对人体造成危害的环境污染物。这些环境毒物一部分是自然来源的，但更多的是在生产、加工、使用等环节人为制造产生的化学性污染物，并可通过水、土和气及其相关环境介质要素进入人体或其他生物体内从而引发毒害效应。根据性质不同，环境毒物基本可分为化学性、生物性和物理性三类，我国法律上的环境毒物主要包括但不限于放射性毒物、重金属、持久性的有机污染物等（张冬琴，2017）。

伴随着国内外与城镇水、土和气环境重金属污染相关的环境公众危害事件的频频发生（袁学军，2013）和部分国家城镇化进程的加速（张车伟和蔡翼飞，2012），关于城镇水、土和气环境重金属的污染特征与机理、评价与管理的相关研究与实践已成为各国必须面对的重大课题。重金属是一类具有富集性，并很难在环境与人体中降解的有毒污染物，城镇水、土和气环境中重金属污染来源广、形式多、迁移性复杂而导致其较难管控。据调查，我国不少地区多种环境介质（如水、土和气）中的重金属含量有着不同程度的超标（Huang et al.，2019）。2010 年我国《第一次全国污染源普查公报》显示，各类源废水中的重金属污染物（镉、铬、砷、汞、铅）排放量达到了

0.09 万吨，[1] 但公报中缺乏对土壤和大气重金属污染现状的调查研究。高东（2019）的研究发现，我国长江、黄河、辽河等流域的重金属污染最为严重。李季东和温冬花（2020）的研究也表明，中国近 80% 的水环境遭受不同程度的重金属污染。2011 年中华人民共和国环境保护部颁布的《重金属污染综合防治"十二五"规划》表明，全国一些地表水监测断面存在重金属个别时段超标现象。[2] 2014 年国土资源部和环境保护部公布的全国土壤污染状况调查公报表明，全国土壤重金属（镉、汞、砷、铜、铅、铬、锌、镍）超标点位数占全部超标点位的 82.8%，西南、中南地区土壤重金属超标范围较大。[3] 此外，我国 17% 的农业用地受到重金属污染，约 82% 的污染土壤含有有毒无机污染物，如铅、镉、铬、砷（Chen et al.，2014）。国务院于 2016 年颁布的《土壤污染防治行动计划》表明我国土壤环境总体状况堪忧，部分地区重金属污染较为严重。[4] 大气颗粒物等中的重金属可经人体吸入，或转移至水源、土壤后，经由食物链进入体内，对人体产生危害或风险。2013 年段和田（Duan & Tian，2013）根据近十年来我国 44 个城市大气重金属的文献统计发现，与全球空气质量指导值（air quality guideline，AQG 2000，5 纳克/立方米和 6.6 纳克/立方米）相比，我国大气污染物镉和砷的污染较为严重。水、土、大气环境中重金属的来源可分为自然来源和人为来源，自然来源的重金属主要指在地球上的水循环和生物地球化学循环的作用下，广泛分布于各个圈层介质中重金属，由于母岩、生物、气候等综合因素的不同，不同介质中重金属的含量有所差异（李飞，2015）。水体重金属污染的主要人为来源包括工业和城市废水、家庭污水和农业排放（Liu & Diamond，2005）。土壤中重金属的主要人为来源包括大气降尘、城市交通、采矿和冶炼、污水灌溉、污泥回用和施肥（Han et al.，2020）。大气重金属的主要人为来源包括化石燃料的燃烧、钢铁冶炼排放、道路灰尘和工业来源（Cai et al.，

---

① 国家统计局. 第一次全国污染源普查公报［S］. http://www.stats.gov.cn/sj/tjgb/qttjgb/qgqttjgb/202302/t20230218_1913282.html，2010 – 02 – 11.

② 中华人民共和国生态环境部. 重金属污染综合防治"十二五"规划［S］. http://meeb.sz.gov.cn/attachment/0/319/319360/2024068.pdf，2011.

③ 中华人民共和国环境保护部，国土资源部. 全国土壤污染状况调查公报［S］. https://www.gov.cn/foot/site1/20140417/782bcb88840814ba158d01.pdf，2014 – 04 – 17.

④ 中华人民共和国国务院. 土壤污染防治行动计划［S］. https://www.gov.cn/zhengce/content/2016 – 05/31/content_5078377.htm，2016 – 05 – 28.

2022)。2022 年生态环境部《关于进一步加强重金属污染防控的意见》也表明，我国部分地区环境中重金属超标，一些地表水、大气、土壤存在不同程度的重金属污染。[①] 综上所述，我国全要素环境中最典型的一类污染物即为重金属，故本书将重金属定为特征研究对象。

二、环境健康风险评估

健康风险是指受体人群暴露到有毒环境物质而导致伤害、疾病或死亡的可能性。健康风险评估是评估特定时期内量化危险事件的概率和可能的健康不良影响程度的过程。当前，污染物暴露的健康风险评估主要基于美国科学院（National Academy of Sciences，United States）的四步法：危害识别、剂量反应评估、暴露评估和风险表征（刘柳等，2013；杨彦等，2014），以及后续基于风险评价结果的风险管理。危害识别是通过毒理学和流行病学结果，分析判断物质是否对人体健康造成损害，主要分为致癌和非致癌效应。目前，可通过查询国际癌症研究中心和美国环境保护局建立的综合风险信息系统（integrated risk information system，IRIS）等，获得重金属元素的（非）致癌分类（钱家忠等，2004；段小丽等，2012）。剂量—反应评估是通过建立毒物的暴露剂量与暴露人群之间产生不良反应发生率的关系，定量估计其对人体的健康风险（张翼等，2015）。剂量—反应关系的评估又分为阈限值和非阈限值评定，前者用于评估剂量—反应的非致癌效应终点，后者用于评估化学致癌效应的剂量—反应关系（王进军等，2009）。暴露风险是指在特定的环境条件下因暴露于某种物质而引起个体、群体或生态系统出现不利效应的概率。暴露风险评估基于测量或估计人群暴露于某种污染的暴露途径、暴露频率、暴露量以及暴露期而进行，是健康风险评估的定量依据（孙佑海和朱炳成，2018）。暴露风险评价模型在风险表征方面主要分为有较为明确的疾病终点和靶器官的有阈值的非致癌风险和只对癌症的得病概率进行定量的无阈值的致癌风险。健康风险表征是基于前三步评估结果，估算不同暴露途径下重金属人体健康的危害，分为致癌风险与非致癌风险的量化。但是，

---

① 中华人民共和国生态环境部. 关于进一步加强重金属污染防控的意见［S］. https：//www. mee. gov. cn/xxgk2018/xxgk/xxgk03/202203/t20220315_971552. html，2022 – 03 – 17.

系统具有复杂性和模糊性，确定性的健康风险评估方法可能会导致方案、模型和参数的不确定性引起的评估结果的偏差（Cullen & Frey，1999）。健康风险评价的不确定性包括参数不确定性、模型不确定性和情景不确定性（黄瑾辉等，2012；Tong et al.，2018）。在健康风险评价过程中，暴露评估和风险量化是不确定性的主要来源。暴露评估中情景不确定性是指针对暴露人群、时空信息、局部环境、人群活动、途径、持续时间、频率的不准确描述。模型不确定是指根据不同情景选取的数学模型差异和为方便计算而对模型本身简化与实际情况之间存在差异。参数不确定性是指数据测量误差、取样误差、系统误差、资料和数据的近似简化等（于云江等，2011）。大多数研究采用各个模型参数的均值或者某一分位数进行计算，上述不确定性的存在，可能会导致最终决策有偏以及过保护情况（Bi et al.，2018；Cao et al.，2020）。蒙特卡罗和模糊数理论（Li et al.，2017）常被用于参数不确定性控制，这类方法被称为概率性健康风险评价。模糊分布主要有三角分布、梯形分布、正态分布等形式，其中三角分布可以更容易地进行代数运算也能方便参考函数处理，同时对于原始数据的量和精度要求较蒙特卡罗低得多，从而相对更适合低成本的环境介质中重金属的风险评估计算（Li et al.，2018a）。同时，通过最大隶属度原则，模糊评价的结果可进一步转化为简明的风险等级及其隶属度，结合采样点坐标与空间特征分析，有利于进行更全面的空间决策与管理。

三、潜在生态风险评估

生态风险是指在一个自然区域范围内同种生物所有个体或某个生态系统又或是整个景观由于受到外界因素干扰，该系统内部某些要素或者是系统本身的一些特质，如生产力、经济价值和美学价值等，于当下或是未来发生减少的可能性（钟政林等，1996），具有重要的科学价值和现实意义。潜在生态风险可以反映生物有效性、相对贡献率和地理空间差异性，是一个反映重金属对生态环境影响的综合指标（Guo et al.，2010；Zhai et al.，2014）。潜在生态风险指数是哈坎逊在1980年以沉积学原理为基础建立的一种重金属的生态风险评价方法，该方法不仅考虑了沉积物中重金属的含量，还考虑了重金属的种类、毒性水平及其地球化学丰度（Lin et al.，2019），并已被国际学者们广泛应用。郝等（Hao et al.，2022）对沙颍河流域水和沉积物中的 8 种重金属进行了潜在生态风险评估，得出地表水中的重金属浓度均低于相应的水质标准，汞和镉在每种介质中的潜在生态风险最高。毛等（Mao et al.，2023）分析了金华市蔬菜和土壤重金属污染的潜在生态风险，结果表明采样区土壤重金属生态风险总体处于低风险水平，镉（Cd）是通过蔬菜富集导致潜在癌症风险的主要因素，而铬（Cr）是导致叶菜非致癌风险的主要因素。翟等（Zhai et al.，2014）对长沙市 PM2.5 中重金属潜在生态风险进行分析可知，长沙市 PM2.5 中重金属的平均潜在生态风险指数值为 6194，PM2.5 重金属污染较为严重。综上所述，使用潜在生态风险指数对不同环境介质都有比较完善的应用实例并能够评估多种重金属在某一介质中的综合生态风险水平。

第三节　思考、思路与方案概述

应对新时代下"层次筛选、精准评估、智慧管控"的新要求和我国特征国情，本书旨在：第一，发现问题：探索长江经济带全要素环境毒物的时空域污染格局与机制，解析区域社会经济发展指标、环境毒物因子和人群暴露健康状态之间的多因素关联特征；第二，层次风险识别模式：基于环境污染格局的研究分析结论有针对性地构建可用于初步风险识别的模糊评价模型，从"全国—经济带—重点城市群"多层次尺度视角识别解析了长江经济带的典型环境毒物（重金属）的健康风险，并对城镇优先控制毒物和优先控制区域进行高效识别；第三，综合来源解析：利用所提出的城镇环境污染的来源综合解析技术对优先毒物进行污染来源识别；第四，管控机制和策略体系：在风险控制值算法及上述改进或创新模型等的支撑下，基于环境科学与工程结合管理学、经济学和计算机学等多学科的理论融合架构"互联网＋环境健康"的长江经济带全要素环境暴露风险智慧管控决策机制与系统。本书的研究总体思路和技术路线如图 1 - 1 所示。

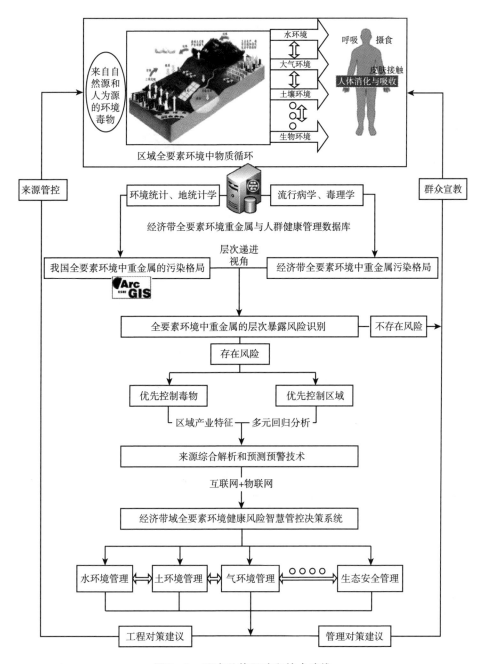

图 1-1 研究总体思路和技术路线

资料来源：笔者根据研究思路绘制。

| 第二章 |

我国全要素环境中重金属污染格局特征调研与解析

第一节　省级全要素环境中重金属的污染问题概述

基于 Meta 分析原理，本书研究首先通过在国内外核心数据库，例如中国知网、Web of Science（WOS）、Science Direct 和百度学术等中分别以重金属/单个重金属的名称、地表水/湖泊/河流、沉积物、土壤、大气 PM2.5 等相关关键词的组合检索并收集了中国 31 个省份（不含港澳台地区）有关全要素环境（地表水、表层沉积物、土壤和 PM2.5）中典型污染物重金属的相关研究论文。所选论文均已刊发在国内外核心期刊，文献筛选的原则遵循为：文献不重复、文献数据来自现场测量、采样位置和采样时间明确、可验证样本数量和重金属含量检测合规等（Huang et al. , 2018）。细节上，所选研究从实地取样到实验室分析，都要充分遵循质量保证/质量控制（QA/QC），所选的实验方案必须有严格的质量保证，包括平行样品、空白样品和要求回收率须符合测定标准（Li et al. , 2018b）。考虑到所收集文献的采样时间对数据有效性的影响，为了更客观全面地解析全国省级尺度下的主要环境介质中重金属的污染特征，引入了差异化搜整时段、时间权重对全国各个省份不同采样时间的数据进行量化整合。此外，从面对全国尺度来看，搜整到的数据集量级仍为类"贫"数据集，拟采用模糊数学方法来进一步提高数据集的代表性并可概率化表征其中的参数不确定性。

一、省级水体重金属的污染问题概况

水体重金属的污染格局特征调研与解析从两方面去量化：地表水、表层沉积物（0~20厘米）重金属。本书选择的地表水和表层沉积物的样本均为我国水系中的较大支流。八种典型的重金属①被选作研究对象（Niu et al.，2020）。鉴于地表水中的重金属含量易受到降水、潮汐等多种因素的影响，变化速度快，常用于表征水体近期的污染情况；而沉积物中的重金属是基于陆源输入、大气输入以及多种物理、化学的综合作用产生，稳定性更强，更能在一定程度上表征水体中远期历史污染状况（Guan et al.，2016）；因此，为了更科学地表征区域水体的重金属污染演进，文献筛选时间选择上，地表水的时间跨度应长于沉积物。除此之外，在文献初步筛选过程中也发现，有关水体重金属的研究中，沉积物的研究要明显多于地表水。综上所述，为保证数据的科学、有效性，地表水的文献收集时选择的时间段为2016~2020年；表层沉积物的文献收集时限定的发表时间段为2018~2020年。水体重金属的相关文献的筛选流程如图2-1所示。

考虑到所收集文献的采样时间差异对数据有效性的影响，为了更客观分析全国尺度下的水体重金属的最新污染概况，引入了时间权重对全国各个省份不同采样时间的数据进行整合（Li et al.，2021）。时间权重向量 $W = (w_1, w_2, \cdots, w_p)^T$ 是对不同时间的重视程度的指示，因此科学地确定时间权重向量将是获得合理评价结果的关键，利用文献计量得到不同年份的采样数据来代表各省份的情况被认为较为科学（Chen et al.，2021）。根据时间权向量的熵（I）和时间尺度（λ）的定义，构造时间权向量的目标函数和约束条件：

$$I = \max \left(-\sum_{k=1}^{p} w_k \times \ln w_k \right) \qquad (2-1)$$

$$\text{s. t. } \lambda = \sum_{k=1}^{p} \frac{p-k}{p-1} \times w_k \qquad (2-2)$$

---

① 分别是镉（Cd）、铬（Cr）、汞（Hg）、铅（Pb）、砷（As）、铜（Cu）、锌（Zn）、镍（Ni）。

$$\sum_{k=1}^{p} w_k = 1, w_k \in [0,1] \qquad\qquad (2-3)$$

$$k = 1, 2, \cdots, p \qquad\qquad (2-4)$$

其中，w_k 是第 k 个时间序列的权重；p 是年份数；λ（λ ∈ [0, 1]）表示不同年份对数据的重视度。λ 越接近 1，表示对远期的数据的重视度越高，远期的数据更具有有效性；反之，λ 越接近 0，对近期数据的重视度就越高。根据对近期数据的重视程度，λ 的数值可取：0.1、0.3、0.5、0.7、0.9。水体具有流动性，因此水体重金属的污染评估中近期数据的有效性远大于远期的数据，结合根据有关专家咨询，本书 λ 取值 0.1（郭亚军等，2007）。采用 LINGO 12.0 软件计算了 w_k，相应的结果如表 2 - 1 所示。

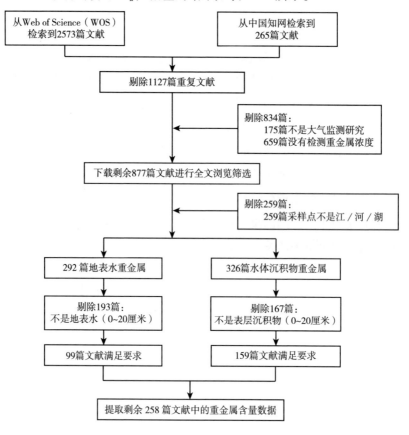

图 2 - 1   水体重金属含量相关文献筛选流程

资料来源：笔者根据研究思路绘制。

表 2 - 1　　　　　　　　　　时间权向量（w_k）的分布

p	1	2	3	4	5	6	7
w_1	1	0.1	0.02629658	0.01034775	0.005095414	0.00289524	0.001816544
w_2	—	0.9	0.1474068	0.04341259	0.01750941	0.008585131	0.004805621
w_3	—	—	0.8262966	0.1821316	0.0601677	0.02545712	0.01271314
w_4	—	—	—	0.7641081	0.2067547	0.07548691	0.03363228
w_5	—	—	—	—	0.7104728	0.2238381	0.08897332
w_6	—	—	—	—	—	0.6637375	0.2353766
w_7	—	—	—	—	—	—	0.6226825

注："—"表示无有效数据，下同。

资料来源：笔者采用 LINGO 软件计算而得。

（一）地表水中重金属

基于文献计量共收集到了隶属于我国 21 个省、自治区和直辖市的地表水中重金属的含量数据，见附表 1。将收集到的各省份地表水重金属数据集借助时间权重进行整合计算，所得结果如表 2 - 2 所示。由表 2 - 2 可知，我国地表水中典型重金属的平均含量从高到低为：Zn（49.32 微克/升）> Cu（5.93 微克/升）> As（4.56 微克/升）> Cr（4.54 微克/升）> Ni（3.59 微克/升）> Pb（2.03 微克/升）> Cd（0.53 微克/升）> Hg（0.26 微克/升）。参比中国地表水Ⅲ类标准限值（GB3838 - 2002），仅有江西省、安徽省和青海省的 Hg 超过了其对应限值，其余省份的 Cr、Cd、Pb、As、Cu、Zn 均未超过对应的标准限值。与卫生部发布的生活饮用水标准限值（GB5749 - 2006）相比，青海省的 Hg 和新疆维吾尔自治区、西藏自治区的 As 超过了对应标准限值，当然必须指出一般地表水不直接被当作饮用水。

表 2 - 2　　　　　基于时间权重的全国各省份地表水中重金属含量

项目	重金属含量（微克/升）							
	Cd	Cr	Hg	Pb	As	Cu	Zn	Ni
北京市	0.03	1.06	—	0.11	2.18	1.97	0.63	3.06
天津市	0.03	0.57	—	0.12	—	2.09	0.38	3.24
辽宁省	0.06	1.72	0.05	0.03	1.81	3.67	7.82	2.10

项目	重金属含量（微克/升）							
	Cd	Cr	Hg	Pb	As	Cu	Zn	Ni
浙江省	0.98	5.32	0.03	4.23	1.71	20.90	72.10	—
福建省	—	0.45	—	—	—	—	—	1.17
山东省	—	5.05	—	0.10	—	1.99	2.26	1.32
广东省	0.34	6.45	—	1.91	—	4.65	22.20	4.97
湖北省	0.14	3.69	—	3.30	1.12	4.01	31.69	3.54
四川省	0.03	0.41	0.10	0.27	3.74	1.63	8.53	1.59
重庆市	0.46	0.47	—	5.28	2.57	1.26	24.49	—
云南省	0.46	5.36	—	1.34	6.97	3.63	12.59	6.34
江西省	0.46	10.87	0.12	5.06	3.08	3.24	14.86	0.65
江苏省	0.74	2.83	—	4.76	5.11	0.34	325.32	3.95
安徽省	0.12	28.21	0.20	1.46	3.67	2.40	41.36	8.18
河南省	0.03	3.13	—	1.83	4.84	2.68	292.87	3.75
贵州省	0.60	2.46	0.02	4.89	0.80	7.84	6.58	2.56
湖南省	0.52	1.48	0.07	1.56	2.97	15.04	26.48	1.80
广西壮族自治区	0.09	6.78	—	0.12	2.20	3.62	7.03	3.74
青海省	0.01	1.98	1.70	0.22	4.39	1.16	6.02	5.00
新疆维吾尔自治区	0.43	4.20	—	4.09	10.04	7.59	48.39	7.61
西藏自治区	4.60	2.82	0.05	0.01	20.93	28.98	34.73	—
平均值	0.53	4.54	0.26	2.03	4.56	5.93	49.32	3.59
地表水Ⅲ类标准限值（GB3838-2002）	5	50	0.1	50	50	1000	1000	—
生活饮用水标准限值（GB5749-2006）	5	50	1	10	10	1000	1000	20

资料来源：笔者根据现有文献整理。

除此之外，各类重金属基于时间权重的平均含量相对最高的省份分别是：西藏自治区 Cd（4.60 微克/升）、As（20.93 微克/升）和 Cu（28.98 微克/升），安徽省 Cr（28.21 微克/升）和 Ni（8.18 微克/升），青海省 Hg

（1.70 微克/升），重庆市 Pb（5.28 微克/升），江苏省 Zn（325.32 微克/升），其中西藏自治区和安徽省的高值区相较于其他省份较多，可能是由于西藏自治区和安徽省中用于估计的研究案例数低于各省份研究案例的平均值，故须注意被提取数据的区域污染偏向性。

根据表 2 - 2 中省级地表水中重金属的含量数据，地表水中的 Cd、Cr、Pb、As、Cu 在全国已有数据的省份中的分布出现连片的相对高值区，主要分布在边疆地区（新疆维吾尔自治区、西藏自治区、云南省）和沿海地区（江苏省、浙江省、广西壮族自治区、广东省）。除此之外，Cr 在中部地区的安徽省和江西省，Pb 在重庆市和贵州省，Cu 在南部的湖南省和贵州省，Zn 在河南省的浓度也相对较高。Hg 和 Ni 的高值区则较为分散，其中 Hg 主要分布在青海省、安徽省；Ni 主要分布在新疆维吾尔自治区、安徽省。综上可知，地表水中重金属在边疆和沿海地区的污染相对偏重。除此之外的地区，地表水重金属在安徽省、江西省、湖南省、贵州省和重庆市的富集程度相对较高，而这些地区均隶属于长江经济带区域。

（二）表层沉积物中重金属

基于文献计量搜整所得全国 24 个省份的水体表层沉积物中重金属的含量数据集，详见附表 2。将收集到的重金属的含量数据基于时间权重加权计算所得结果见表 2 - 3。

表 2 - 3　　　基于时间权重的各省份表层沉积物中重金属含量

项目	重金属含量（毫克/千克）							
	Cd	Cr	Hg	Pb	As	Cu	Zn	Ni
北京市	0.16	51.65	—	23.89	6.77	21.22	77.90	22.25
河北省	0.47	57.56	—	26.71	9.47	32.81	94.32	30.09
天津市	0.26	77.50	—	40.10	—	46.00	144.20	29.60
上海市	1.41	82.58	0.15	49.15	14.15	37.87	124.51	35.30
辽宁省	47.20	127.00	—	1206.40	673.80	86.30	2293.20	—
浙江省	0.71	72.71	0.15	40.47	15.83	39.87	128.38	36.01
福建省	0.29	19.81	—	34.19	68.98	13.17	67.00	6.05
山东省	0.13	28.38	0.05	11.86	9.53	15.29	33.90	16.51

项目	重金属含量（毫克/千克）							
	Cd	Cr	Hg	Pb	As	Cu	Zn	Ni
广东省	0.80	25.84	0.10	51.49	52.90	25.79	135.74	24.50
湖北省	0.34	37.99	—	11.03	6.39	30.42	71.44	38.65
四川省	20.23	111.00	0.11	32.67	3.58	21.24	69.52	24.47
重庆市	1.12	96.99	—	56.57	—	59.11	164.47	43.00
云南省	47.34	102.49	1.68	257.04	150.60	504.25	1334.98	42.69
江西省	2.50	25.25	1.34	61.75	46.71	85.29	267.08	28.40
江苏省	0.59	58.29	0.15	25.63	16.99	30.08	109.32	36.19
安徽省	0.53	87.14	0.05	32.99	33.68	24.66	106.50	13.64
贵州省	50.40	—	—	—	—	—	—	—
湖南省	4.68	84.77	0.59	63.84	41.60	45.44	246.61	34.50
陕西省	0.31	34.60	0.41	14.07	6.68	28.59	65.51	38.32
吉林省	0.29	46.60	0.21	32.38	6.19	23.80	—	25.06
广西壮族自治区	1.41	37.05	—	46.86	40.02	18.78	173.04	25.16
青海省	27.39	88.39	—	470.22	42.57	103.28	2460.93	110.45
甘肃省	—	59.17	0.03	45.96	5.44	—	79.08	—
内蒙古自治区	0.19	46.90	—	18.77	13.87	21.66	56.67	25.55
平均值	9.08	63.46	0.39	115.39	60.27	59.77	377.47	32.69
中国土壤背景值	0.074	53.9	0.04	23.6	9.2	20	67.7	23.4

资料来源：笔者根据时间加权计算所得。

由表 2-3 可知，整体来说我国表层沉积物中典型重金属的平均含量从高到低为：Zn（377.47 毫克/千克）＞Pb（115.39 毫克/千克）＞Cr（63.46 毫克/千克）＞As（60.27 毫克/千克）＞Cu（59.77 毫克/千克）＞Ni（32.69 毫克/千克）＞Cd（9.08 毫克/千克）＞Hg（0.39 毫克/千克）。与中国土壤的平均背景值（国家环境保护局和中国环境监测总站，1990）相比，Cd 在所有省份的含量值均超过了相应的土壤背景值，其余七种重金属在各省的含量值与土壤背景值相比的超出率从大到小排序为：Cu（86.3%）＞Ni（85.7%）＞Hg（84.6%）＞Pb（82.6%）＞Zn（81.8%）＞As（76.2%）＞Cr（60.9%）。总体来看，水体表层沉积物中的重金属富集污染还是较为严重，在一定程度上体现了我国水环境重金属的历史污染状况，也侧面警示了水环境治理中需特别注意所谓"隐藏污染炸弹"。此外，各类重金属的基于时间权重的平均含量相对最高的省份分别为：辽宁省的 Cr（127.00 毫克/千克）、Pb（1206.40 毫克/千克）和 As（673.80 毫克/千克），云南省的 Hg（1.68 毫克/千克）和 Cu（504.25 毫克/千克），青海省的 Zn（2460.93 毫克/千克）和 Ni（110.45 毫克/千克），贵州省的 Cd（50.40 毫克/千克），其中辽宁省、云南省和青海省的重金属含量高值区相较于其他省份较多，需要予以进阶关注。

根据表 2-3 中收集的水体表层沉积物中重金属含量的省级数据，空间上来说，Cd、Cr、Pb、As、Cu 和 Zn 主要分布在云南省、青海省和辽宁省。Cd 在贵州省和 Cr 在四川省的浓度也较高。除此之外，Hg 的高值区主要分布在云南省和江西省；Ni 的高值区比较集中，主要分布在青海和云南省、湖南省、湖北省、重庆市等长江经济带域地区。

二、省级土壤重金属的污染问题概况

目前已有的关于土壤中重金属的计量综述研究对于浓度关注较高，采样点数次之，对于样本标准差关注较少。因此，本书基于黄等（Huang et al., 2018）建立的 2005 年 1 月至 2017 年 5 月论文数据库的基础上，补充检索了 2017 年 5 月至 2020 年 5 月被 Web of Science 核心数据库检索的研究，和被中国知网（CNKI）收录的发于 2009 年 1 月至 2020 年 5 月的中文文献，通过 CNKI 和 WOS 两大数据库核心合集的高级检索功能获取研究案例。研究主要以"重金属"和"土壤"为研究主题/关键词进行检索，同时拥有相似研究主题的文章，例如关于土壤重金属"毒理学""土壤修复""土壤改良""检测方法"等方面的研究通过逐步法数据库自动提出。对于每一篇文献，依次对"题目""摘要""材料与方法"以及"结果与讨论"进行人工核查，用于后续分析的研究案例应该满足如下要求：采集或分析的样品应该是表层土壤，即采样深度为 0~20 厘米；该研究应是一个区域调查型研究，具有详细的研究区域描述和采样过程描述；研究区域应该是一常见区域，即样本不应该采集于工厂厂区内部，道路交通两旁，或者仅仅是城市公园内部；对于土壤重金属浓度的描述性统计必须含平均值和一种刻画数据离散性的统计量，如分位数、置信范围、标准差或者变异系数。综上所述，具体的案例检索与筛选流程如图 2 - 2 所示，最终 799 个研究案例被用于建立分析数据库，数据库包括重金属浓度描述性统计、采样点数、发表年份和位置信息（省和地级市）。

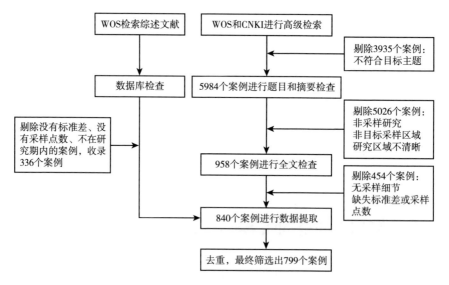

图 2 - 2　土壤重金属文献检索与筛选流程

资料来源：笔者根据研究思路绘制。

在已有的土壤重金属系统综述研究中，研究者大多采取文献计量耦合多种重金属污染评价模型。在上述研究中，往往以单一浓度统计均值来报道中国土壤重金属污染情况，并研究省级空间分布特征（杨伟光等，2019；Hu et al.，2020；Niu et al.，2013；Zhang et al.，2018）。缺乏不确定控制，往往导致有偏的评价结果。本书采取数理加权统计和模糊数联用来进行浓度参数的不确定性控制。

目前已有的加权方法往往基于采样点数（n）（Li et al.，2018b），逆方差（sd^{-2}）（Frank et al.，2019），或者综合加权方法（n，sd 和采样区域面积）（Haase & Nolte，2008）。实际上，根据中国标准《土壤环境监测技术规范》（HJ/T 166 - 2004），采样区域面积往往通过采样密度和采样点数 n 进行估算。而且一篇经过同行审议的科学文章，其 n 和 sd 应该满足上述国标的质量要求，即满足公式（2 - 5）。

$$n = t^2 sd^2 / d^2 \qquad (2-5)$$

其中，n 是采样点数；t 是置信水平 α 下的 t 检验值；d 是置信水平下可以接受的绝对偏差；sd 是计算结果的标准偏差。如果研究案例中 sd 缺失，可以通过如式（2-6）和式（2-7）进行替换：

$$sd = cv \times c_s \qquad (2-6)$$

$$sd \approx (max - min)/4 \qquad (2-7)$$

其中，cv 是变异系数；c_s 是案例中土壤重金属检测结果平均值；min 和 max 是检测结果的最小值和最大值。本书采取 n 和 sd^{-2} 联合加权，如式（2-8）所示：

$$w_i = n_i/sd_i^2 \qquad (2-8)$$

其中，w_i 是研究案例 i 的权重。加权计算的结果同时受 c_s 和其权重 w_i 的联合数值分布特征影响。Cd 是中国备受关注的土壤重金属污染物，以此为例用各种权重方法与案例检测均值的相关性均值来比较分析本书权重的合理性，结果如图 2-3 所示。

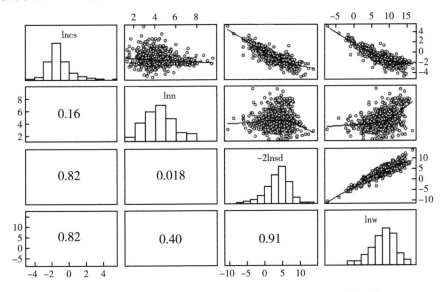

图 2-3　各个案例 Cd 浓度与不同加权方法权重的相关性矩阵

资料来源：笔者采用 R 软件计算而得。

从图 2-3 中可以看到，大多数研究以较小尺度区域为采样区域，且小部分案例显示很高的污染情况，所以以 e 为底的对数转换被用来使 w_i、c_s、

sd^{-2} 和 n 满足正态分布，相关性矩阵结果显示 lnc_s 和 $-2lnsd$ 表现出显著的负相关，即数据波动性随着污染程度的升高而加强。但是 "$lnc_s - lnn$" 和 "$-2lnsd - lnn$" 散点图分别呈现水滴形和圆形，说明相比于 lnc_s 和 $-2lnsd$，采样点数 n 可能是相对独立的一个特征量，可用于评估采样规模和数据代表性。综上所述，逆方差权重法（sd^{-2}）可能会忽视较大规模的采样，而本书的权重则不会，lnw 在控制住 sd^{-2} 后，对 n 敏感。最后，令权重的最小值为 1，如式（2-9）所示：

$$W_i = lnw_i - min\{lnw\} + 1 \qquad (2-9)$$

其中，W_i 是最终的权重，其最小值为 1。$min\{lnw\}$ 是 lnw_i 数列的最小值。

最终，加权平均数（C^*），加权标准差（SD^*）和加权 95% 置信区间（CI^*）计算公式如下：

$$C^* = \frac{\sum \left(W_i \times lnc_s \right)}{\sum W_i} \qquad (2-10)$$

$$SD^* = \sqrt{\frac{\sum (lnc_s - C^*)^2 W_i}{\sum W_i}} \qquad (2-11)$$

$$CI^* = \left[LLM^* \quad ULM^* \right] = \left[exp(C^* - 1.96 SD^*) \quad exp(C^* + 1.96 SD^*) \right] \qquad (2-12)$$

基于上述方法，全国土壤重金属描述性统计如表 2-4 所示，具体箱线图情况如图 2-4 所示。文献案例个数（N）、算术均值（Mean）、分位数（P5、P25、P50、P75、P95）和加权 95% 置信区间（95% $CI^* = [LLM^*$，C^*，$ULM^*]$）逐一被计算，并和全国土壤背景值（C_{bv}）进行比较。[①] 除了 As，所有重金属的中位数 P50 都大于背景值 C_{bv}，说明人为源致重金属富集情况已分布广泛。另外，Mean > P75 > P50，箱线图显示重金属呈现水滴形分布，说明更多的研究重金属浓度较低，高污染研究案例相对较少。这种特征说明在后续的分析和评价过程中，上述两种情况需要谨慎对待，注意 "极值" 在

---

① 中国环境监测总站. 中国土壤元素背景值［M］. 北京：中国环境科学出版社，1990：87 - 354.

环境学中的意义。此外，描述性统计结果和加权统计结果显示：加权均值与中位数相近，而95%置信区间上限值（ULM*）比95%分位数较小，所以相比于简单的算术均值和冗杂的分位数，95%加权置信区间可以直接全面地刻画数据集中浓度特征。

表2-4　　　　　　　　　中国土壤重金属描述性统计　　　　　　单位：毫克/千克

项目	C_{bv}	P5	P25	P50	P75	P95	Mean	95% CL*		
								LLM*	C*	ULM*
Cr	61.0	29.2	49.7	65.3	81.0	152.7	84.5	24.2	61.00	153.8
Zn	74.2	45.7	67.4	90.7	129.1	347.9	142.2	30.1	88.2	258.5
Cu	22.6	15.3	22.6	28.9	40.5	110.8	43.6	10.53	29.6	83.3
Pb	26.0	14.3	23.6	31.7	49.2	180.3	54.7	8.61	31.7	116.5
Ni	26.9	12.8	22.2	29.2	36.5	70.05	38.9	10.1	27.9	76.9
As	11.2	3.66	7.3	10.3	16.2	49.20	44.4	2.21	10.2	47.2
Cd	0.10	0.07	0.14	0.24	0.51	3.47	1.10	0.03	0.25	1.92
Hg	0.07	0.03	0.06	0.11	0.21	0.65	0.82	0.01	0.11	0.75

资料来源：笔者根据现有文献整理。

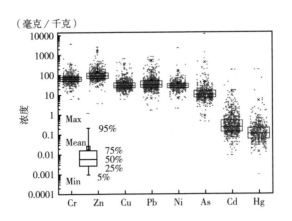

图2-4　土壤重金属箱线图

资料来源：笔者采用R软件计算而得。

除去港澳台地区，中国31个省级行政区划单位土壤重金属浓度的加权95%置信区间，如表2-5和表2-6所示。根据表2-4中收集的土壤中重金属含量的省级数据，各个重金属浓度前10%，即排名前3的省份依次如下：（1）As为

表2-5　中国31个省份重金属（As、Cd、Cr、Cu）加权95%置信区间统计

单位：毫克/千克

省份	As			Cd			Cr			Cu		
	C*	LLM*	ULM*	C*	LLM*	ULM*	C*	LLM*	ULM*	C*	LLM*	ULM*
安徽省	10.06	1.22	83.29	0.16	0.01	2.48	69.72	28.24	172.15	32.38	8.13	128.95
北京市	8.52	4.04	17.95	0.17	0.09	0.32	61.66	53.32	71.30	27.06	19.76	37.07
重庆市	8.45	5.78	12.35	0.34	0.11	1.02	88.97	40.26	196.62	31.36	11.98	82.06
福建省	5.31	1.83	15.41	0.13	0.04	0.45	34.38	10.64	111.11	21.71	8.85	53.23
甘肃省	10.81	3.61	32.36	0.28	0.04	2.04	63.13	36.52	109.11	30.84	18.19	52.29
广东省	14.64	4.30	49.81	0.26	0.03	2.20	54.93	20.99	143.71	31.15	9.03	107.45
广西壮族自治区	19.26	2.83	131.04	0.33	0.02	5.61	59.65	21.11	168.57	30.12	11.34	79.99
贵州省	18.94	5.36	66.87	0.39	0.11	1.33	70.91	29.47	170.59	45.80	13.00	161.37
海南省	2.85	0.72	11.25	0.08	0.02	0.28	35.94	5.23	246.75	15.35	6.25	37.67
河北省	8.59	5.14	14.35	0.16	0.07	0.40	58.82	32.73	105.68	25.50	12.70	51.20
黑龙江省	8.58	5.40	13.63	0.16	0.05	0.51	53.49	30.11	95.02	26.19	13.21	51.91
河南省	8.69	4.92	15.35	0.54	0.03	8.79	51.65	27.84	95.80	28.82	16.32	50.89
湖北省	12.10	5.24	27.93	0.39	0.05	2.88	58.76	13.31	259.39	36.68	16.42	81.94
湖南省	21.31	7.30	62.17	0.56	0.07	4.80	78.58	45.42	135.96	32.15	20.97	49.28
内蒙古自治区	4.78	0.26	86.96	0.09	0.01	0.58	45.38	19.42	106.02	19.74	7.32	53.27
江苏省	7.53	1.69	33.61	0.17	0.04	0.69	66.79	38.03	117.30	27.37	12.61	59.38
江西省	8.52	2.44	29.72	0.18	0.04	0.75	52.06	18.76	144.46	23.71	10.94	51.38

续表

省份	As			Cd			Cr			Cu		
	C*	LLM*	ULM*	C*	LLM*	ULM*	C*	LLM*	ULM*	C*	LLM*	ULM*
吉林省	10.20	5.64	18.46	0.14	0.07	0.27	51.52	33.01	80.42	20.62	12.86	33.06
辽宁省	5.88	2.56	13.51	0.24	0.05	1.08	51.15	20.87	125.36	27.97	11.59	67.51
宁夏回族自治区	9.62	5.52	16.75	0.17	0.03	0.89	62.42	35.70	109.14	27.38	9.85	76.13
青海省	12.93	6.32	26.43	0.11	0.02	0.60	59.06	26.24	132.95	22.03	17.67	27.47
陕西省	11.36	6.68	19.34	0.25	0.06	1.05	75.23	53.66	105.47	35.62	20.63	61.50
山东省	6.78	4.23	10.85	0.14	0.05	0.39	54.91	28.07	107.40	24.95	12.62	49.30
上海市	8.48	6.94	10.35	0.16	0.05	0.55	84.64	68.05	105.28	27.55	21.30	35.64
山西省	10.37	6.59	16.32	0.18	0.08	0.43	59.94	38.21	94.04	23.98	14.15	40.64
四川省	6.51	3.31	12.81	0.34	0.13	0.85	75.56	50.83	112.34	29.32	23.50	36.58
天津市	12.71	6.73	24.00	0.32	0.12	0.82	77.99	52.09	116.75	30.60	20.70	45.24
新疆维吾尔自治区	12.84	2.95	55.88	0.20	0.07	0.58	53.42	32.81	87.00	27.38	12.02	62.41
西藏自治区	23.18	18.10	29.69	0.13	0.04	0.45	80.75	28.77	226.64	25.39	14.18	45.45
云南省	14.63	7.05	30.35	0.15	0.03	0.88	78.48	33.69	182.82	45.07	17.54	115.79
浙江省	7.66	3.20	18.35	0.29	0.11	0.79	49.21	14.20	170.53	26.89	12.14	59.52

资料来源：笔者根据现有文献整理。

表 2-6　中国 31 个省份重金属（Hg、Ni、Pb、Zn）加权 95% 置信区间统计

单位：毫克/千克

省份	Hg			Ni			Pb			Zn		
	C*	LLM*	ULM*	C*	LLM*	ULM*	C*	LLM*	ULM*	C*	LLM*	ULM*
安徽省	0.068	0.025	0.181	39.33	12.07	128.17	33.37	7.45	149.52	91.32	25.07	332.66
北京市	0.102	0.033	0.320	24.64	18.66	32.55	25.46	12.78	50.70	80.17	56.68	113.38
重庆市	0.102	0.045	0.232	35.86	21.55	59.67	31.08	19.44	49.68	86.18	54.09	137.31
福建省	0.145	0.071	0.299	13.34	3.80	46.86	55.17	28.76	105.84	93.84	34.40	256.01
甘肃省	0.034	0.005	0.211	34.41	20.57	57.59	21.92	5.14	93.44	85.26	41.49	175.18
广东省	0.172	0.061	0.483	22.88	8.32	62.92	42.68	10.48	173.87	98.71	26.61	366.19
广西壮族自治区	0.140	0.051	0.390	26.57	13.82	51.07	49.23	7.76	312.20	101.18	14.95	684.64
贵州省	0.265	0.098	0.720	50.88	33.74	76.73	42.87	10.99	167.25	141.54	58.04	345.21
海南省	0.061	0.023	0.158	9.53	0.95	95.53	24.50	9.00	66.71	51.05	27.01	96.48
河北省	0.050	0.018	0.135	25.73	15.11	43.82	25.53	12.63	51.64	77.44	40.13	149.45
黑龙江省	0.045	0.014	0.145	24.10	17.22	33.74	23.92	10.49	54.59	61.86	34.50	110.93
河南省	0.115	0.005	2.717	32.87	15.43	70.06	38.63	12.03	124.03	104.96	36.50	301.84
湖北省	0.079	0.032	0.195	32.76	17.50	61.33	24.33	4.75	124.56	89.73	52.88	152.25
湖南省	0.207	0.031	1.369	26.63	17.19	41.27	49.98	13.78	181.23	132.91	53.02	333.13
内蒙古自治区	0.075	0.008	0.683	16.79	5.04	55.97	18.47	4.70	72.58	56.43	22.44	141.85
江苏省	0.065	0.019	0.229	28.55	12.23	66.65	31.29	13.69	71.49	87.62	41.11	186.74
江西省	0.080	0.026	0.250	20.78	11.18	38.62	35.10	15.24	80.81	60.69	7.30	504.61

续表

省份	Hg			Ni			Pb			Zn		
	C*	LLM*	ULM*	C*	LLM*	ULM*	C*	LLM*	ULM*	C*	LLM*	ULM*
吉林省	0.042	0.013	0.135	22.52	15.63	32.45	23.21	10.83	49.76	66.82	31.66	141.05
辽宁省	0.071	0.019	0.264	27.86	14.21	54.60	28.86	13.37	62.31	90.80	35.63	231.38
宁夏回族自治区	0.077	0.015	0.408	29.29	24.91	34.43	20.66	10.27	41.55	60.86	31.20	118.69
青海省	0.035	0.023	0.055	26.99	25.00	29.14	21.05	12.28	36.08	70.50	32.45	153.17
陕西省	0.107	0.016	0.735	34.42	25.36	46.71	24.52	3.94	152.70	107.26	45.80	251.23
山东省	0.049	0.013	0.187	25.91	16.96	39.58	27.03	15.88	46.00	68.80	38.56	122.74
上海省	0.108	0.071	0.165	28.86	18.82	44.25	22.03	10.08	48.17	98.50	81.11	119.61
山西省	0.073	0.020	0.263	28.99	22.70	37.02	22.81	13.32	39.06	71.15	48.22	104.98
四川省	0.068	0.020	0.238	29.34	11.39	75.57	31.88	17.71	57.39	93.30	63.48	137.14
天津市	0.061	0.008	0.476	33.83	15.98	71.64	21.91	10.24	46.87	123.96	57.17	268.78
新疆维吾尔自治区	0.031	0.008	0.124	28.12	18.18	43.49	20.49	8.67	48.42	67.46	35.34	128.77
西藏自治区	0.050	0.032	0.077	33.21	16.59	66.47	31.60	22.86	43.68	73.35	57.01	94.39
云南省	0.105	0.040	0.272	47.04	25.83	85.67	49.04	18.09	132.96	102.14	23.22	449.29
浙江省	0.205	0.060	0.702	21.62	4.78	97.65	34.52	11.50	103.64	90.04	33.62	241.14

资料来源：笔者根据现有文献整理。

西藏自治区、湖南省、广西壮族自治区；（2）Cd 为湖南省、河南省、湖北省；（3）Cr 为重庆市、上海市、西藏自治区；（4）Cu 为贵州省、云南省、湖北省；（5）Hg 为贵州省、湖南省、浙江省；（6）Ni 为贵州省、云南省、安徽省；（7）Pb 为福建省、湖南省、广西壮族自治区；（8）Zn 为贵州省、湖南省、天津市。值得注意的是，加权结果表现出较高的不确定性，主要表现为部分省份的低样本估计和大多数省份置信区间长度较长。具体而言，一方面，上述值得重点关注的西藏自治区，仅有 4 个研究案例用于估计，而有 51 个研究案例涉及广东省的 Cd 污染，说明数据的区域不均匀情况较为明显；另一方面，置信区间长度较长，表现出正误差较大。

三、省级 PM2.5 重金属的污染问题概况

大气重金属的污染格局特征调研与解析应从两方面去量化：PM2.5 浓度和 PM2.5 中重金属浓度。PM2.5 的源数据来自中国生态环境部发布的全国空气质量日报，从中筛选出了中国 337 个地级以上城市（333 个地级市、4 个直辖市）2015～2019 年的 PM2.5 的日平均值。基于《环境空气质量评估技术规范（试行）》（HJ 663 - 2013），城市大气 PM2.5 的日评价采用日平均浓度值（DM），而年评价采用年均值（AM）。根据《环境空气质量标准》（GB3095 - 2012）（中国环境科学研究院和环境监测总站，2016），PM2.5（DM）的日评价二级标准限值为 75 微克/立方米，基于此进一步计算了 337 个城市的年 PM2.5 的超标率。

对于 PM2.5 中重金属的污染概况，本书仍选择典型重金属（Cd、Cr、Hg、Pb、As、Cu、Zn、Ni）作为研究对象。为了保证数据的有效性，PM2.5 中重金属的文献收集时间选择的时间为：2013～2019 年。PM2.5 中重金属浓度的相关文献的筛选原则为：文献必须基于大气中 PM2.5 的监测，并且要在正常时间内检测所研究的 PM2.5 中的重金属浓度；PM2.5 监测应开展于正常气象条件下；PM2.5 监测应在公共场所进行，某些特殊场所除外；PM2.5 中重金属的采样地点选择中国大陆（不含中国香港、澳门、台湾地区）各省份的主要城市。鉴于 PM2.5 污染主要发生于城市区域，其中主要城市是对应省份中人口较多、经济较为发达的城市，且优先选择省会城市。由于区域 PM2.5 的空间污染特征为防止污染的省级"中和"效应，故研究

以重点城市为研究单元。考虑到所收集文献的采样时间对数据有效性的影响，为了更客观全面地分析全国尺度下的 PM2.5 中重金属的污染概况，引入了时间权重对全国各个省份不同采样时间的数据进行整合，具体计算方法见第二章第一节式（2-1）~ 式（2-4）。

研究相应的文献筛选流程如图 2-5 所示，共收集到了位于全国 27 个主要城市的 PM2.5 中重金属的含量数据。

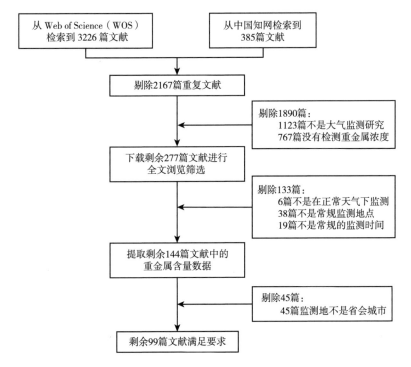

图 2-5　PM2.5 中重金属含量相关文献筛选流程

资料来源：笔者根据研究思路绘制。

（一）PM2.5 的污染概况

1. 时序分布特征

基于统计的全国 27 个主要城市的 PM2.5 年均浓度如表 2-7 所示，从年均浓度范围角度来看，2015 ~ 2019 年的年均浓度区间分别为 22.12 ~ 95.38 微克/立方米、21.17 ~ 98.69 微克/立方米、20.42 ~ 85.85 微克/立方米、

18.01 ～ 72.33 微克/立方米、17.02 ～ 62.75 微克/立方米。27 个城市 2015 ～ 2019 年年均浓度分别为 58.94 微克/立方米、54.24 微克/立方米、50.56 微克/立方米、43.40 微克/立方米和 40.91 微克/立方米，年均浓度呈逐年降低趋势。2015 ～ 2019 年 PM2.5 年均浓度最低的城市均为海口市，其是中国著名的旅游城市，且大气资源禀赋和产业结构均不利于污染形成。2015 年 PM2.5 年均浓度最高的城市为郑州市，2016 ～ 2019 年 PM2.5 年均浓度最高的城市均为石家庄市，石家庄市位于京津冀，是大气污染防治的重点区域之一，郑州市位于河南省，也处于"2 + 26"京津冀大气污染传输通道城市中关键位置。

表 2 –7　　　　　2015 ～ 2019 年主要城市中 PM2.5 浓度分布情况

主要城市	PM2.5 浓度（微克/立方米）				
	2015 年	2016 年	2017 年	2018 年	2019 年
北京市	81	71	56	50	42
石家庄市	88	94	81	72	63
天津市	71	69	60	52	51
上海市	53	45	39	36	35
沈阳市	71	53	49	40	43
哈尔滨市	69	50	57	38	42
杭州市	54	47	43	38	38
厦门市	29	28	26	24	24
济南市	91	75	64	53	55
广州市	38	35	34	34	30
武汉市	69	57	52	47	45
成都市	61	60	52	46	43
重庆市	54	53	44	37	38
昆明市	28	26	27	27	26
兰州市	52	49	48	44	37
太原市	60	63	64	59	56
长春市	64	46	46	33	38
南京市	57	48	40	43	40
合肥市	65	47	55	48	44

主要城市	PM2.5 浓度（微克/立方米）				
	2015 年	2016 年	2017 年	2018 年	2019 年
南昌市	40	41	40	28	35
郑州市	96	78	71	64	58
长沙市	60	53	52	45	47
海口市	21	20	20	17	17
贵阳市	38	35	32	31	27
西安市	58	71	72	61	58
乌鲁木齐市	62	73	70	54	50
赤峰市	41	36	34	31	23

资料来源：中华人民共和国生态环境部发布的全国空气质量日报数据（https://air.cnemc.cn：18007/）。

2015～2019 年 27 个主要城市中 PM2.5 年均浓度达到国家二级标准（35 微克/立方米）的城市数量分别为 3 个、3 个、5 个、8 个和 6 个，呈递增趋势，达标城市 PM2.5 年均浓度分别为 27.11 微克/立方米、25.69 微克/立方米、28.39 微克/立方米、28.60 微克/立方米和 24.54 微克/立方米。PM2.5 年均浓度超标城市数量分别为 24 个、24 个、22 个、19 个和 21 个，呈递减趋势，超标城市 PM2.5 年均浓度分别为 62.92 微克/立方米、57.81 微克/立方米、55.60 微克/立方米、49.63 微克/立方米和 45.59 微克/立方米。

2. 空间分布特征

2015～2019 年高浓度主要集中分布在京津冀及周边地区、汾渭平原地区和长江中游地区。以京津冀为中心，PM2.5 年均浓度分布呈向周边逐渐降低的趋势。低浓度区域主要分布在西南、华南地区。东北地区 PM2.5 年均浓度逐年降低，这与全国大趋势一致。长三角地区和珠三角地区位列我国经济发展水平第一梯队，整体而言，珠三角地区空气质量优于长三角地区。

整体来说，2015～2019 年我国主要城市 PM2.5 日均浓度超标率范围分别为 15%～93%、11%～88%、12%～86%、7%～78% 和 6%～68%，可以看出城市 PM2.5 的超标天数也在逐年降低。2015～2019 年 PM2.5 日均浓度超标率最低的城市均为海口市，2015 年、2016 年和 2019 年 PM2.5 日均浓度超标率最高的城市为济南市，2017 年和 2018 年 PM2.5 日均浓度超标率最高的城市为石家庄市。

通过对 2015～2019 年 PM2.5 浓度的时序特征和空间分布特征进行分析，可以得出 2015～2019 年 PM2.5 的污染浓度整体水平不仅呈现连年下降的趋势，超标率也逐年降低，达到国家二级标准的区域不断增加。PM2.5 年均浓度最低的城市年均浓度在 20 微克/立方米左右，高浓度区域不断减少且高浓度区域 PM2.5 年均浓度对应的浓度范围不断下降。另外，达标城市与超标城市并非一成不变，部分城市在研究区域内达标与否并不稳定，需要关注其波动性。

（二）PM2.5 中重金属

基于文献计量收集的 PM2.5 中重金属浓度数据如附表 3 所示，将收集到的重金属的含量数据基于时间权重进行整合，结果如表 2-8 所示。结果表明，我国主要城市中 PM2.5 中各类重金属的平均含量从高到低为：Zn（384.88 纳克/立方米）＞Pb（137.10 纳克/立方米）＞Cu（64.91 纳克/立方米）＞Cr（23.59 纳克/立方米）＞As（19.44 纳克/立方米）＞Ni（12.65 纳克/立方米）＞Cd（4.12 纳克/立方米）＞Hg（0.81 纳克/立方米）。据中国环境空气质量标准（GB3095-2012）的二级浓度限值规定，Cd、Hg、Pb 和 As 年平均浓度限值分别为：5 纳克/立方米、50 纳克/立方米、500 纳克/立方米、6 纳克/立方米。结合浓度分布特征，27 个主要城市中 PM2.5 中 As 和 Cd 的超标率分别达到了 74.01% 和 33.00%，其中，西安市（109.91 纳克/立方米）和昆明市（105.00 纳克/立方米）的 As 浓度约为其对应限值的 20 倍，表明这两个城市中 PM2.5 中的 As 污染较为严重。此外，武汉市（30.56 纳克/立方米）、成都市（29.46 纳克/立方米）、郑州市（20.49 纳克/立方米）、济南市（20.20 纳克/立方米）和哈尔滨市（18.77 纳克/立方米）的砷浓度也均超过其限值的 3 倍，因此这些城市的 PM2.5 中 As 污染也应注意。对于 Cd，在其浓度超过限值的所有城市中，南昌市（20.06 纳克/立方米）和郑州市（10.13 纳克/立方米）位居前 2 名，均超过了限值的 2 倍。此外，虽然在本书中所有主要城市 PM2.5 中的 Hg 和 Pb 均没有超过其相应的限值，但是这并不代表这些城市 PM2.5 中没有 Hg 和 Pb 的污染，但整体情况相对较好。

必须指出，中国环境空气质量标准（GB3095－2012）针对的是环境空气中的总重金属，而本书研究的 PM2.5 仅仅为环境空气的一组成部分，所以重金属的浓度低于限值也不能说明它的污染风险可以完全忽略。Hg 含量的高值区主要分布在西安市（1.90 纳克/立方米）、北京市（1.60 纳克/立方米）、沈阳市（1.39 纳克/立方米）、上海市（1.32 纳克/立方米）和武汉市（1.20 纳克/立方米）。Pb 的含量高值区主要分布在南昌市（433.11 纳克/立方米）、兰州市（366.98 纳克/立方米）、太原市（338.40 纳克/立方米）、天津市（299.02 纳克/立方米）和昆明市（281.00 纳克/立方米）。上述这些 Hg 和 Pb 含量的高值地区也值得决策者重点关注。

表 2-8　　　　基于时间权重的主要城市 PM2.5 中重金属含量

项目	重金属含量（纳克/立方米）							
	Cd	Cr	Hg	Pb	As	Cu	Zn	Ni
北京市	2.16	19.83	1.60	82.33	11.16	37.83	282.51	9.63
石家庄市	—	40.00	—	70.00	10.00	20.00	200.00	10.00
天津市	5.43	18.36	0.17	299.02	5.74	150.05	587.10	19.33
上海市	5.69	36.36	1.32	46.64	4.17	22.74	149.89	8.80
沈阳市	1.05	10.15	1.39	49.35	7.38	—	—	2.49
哈尔滨市	3.83	19.89	0.45	132.69	18.77	159.40	906.46	7.09
杭州市	2.07	5.40	0.06	92.89	8.08	43.42	616.87	3.72
厦门市	1.70	2.88	—	50.54	11.98	26.19	194.23	2.84
济南市	3.70	33.51	0.51	176.87	20.20	36.83	485.33	17.93
广州市	2.20	9.76	0.12	68.20	13.37	42.68	348.30	5.32
武汉市	6.05	11.34	1.20	190.87	30.56	35.01	430.23	3.87
成都市	2.78	6.79	—	76.85	29.46	22.44	268.57	5.41
重庆市	—	12.44	—	50.90	7.10	11.77	119.30	4.01
昆明市	6.00	30.00	—	281.00	105.00	78.00	327.00	20.00
兰州市	5.33	23.41	—	366.98	9.94	100.12	181.37	36.22
太原市	6.72	105.33	—	338.40	3.51	108.61	440.80	45.40
长春市	3.30	—	—	70.70	—	18.50	357.40	
南京市	1.34	10.33	—	51.81	8.09	11.44	179.24	9.68
合肥市	2.95	29.50	—	98.00	—	38.50	512.20	12.00
南昌市	20.06	31.67	0.20	433.11	8.00	311.00	1051.90	53.88
郑州市	10.13	18.12	—	184.03	20.49	25.20	276.59	5.48

续表

项目	重金属含量（纳克/立方米）							
	Cd	Cr	Hg	Pb	As	Cu	Zn	Ni
长沙市	0.70	6.00	—	21.10	4.50	8.60	49.30	2.80
海口市	1.06	32.50	—	6.64	10.00	22.66	112.09	—
贵阳市	1.27	10.42	—	71.53	15.03	298.20	308.84	10.11
西安市	3.90	84.91	1.90	203.26	109.91	38.92	1152.80	16.87
乌鲁木齐市	1.28	2.05	—	—	8.99	3.12	—	2.23
赤峰市	2.40	2.40	—	51.00	4.60	16.50	83.70	1.20
环境空气质量标准（GB3095 – 2012）	5	—	50	500	6	—	—	—

资料来源：笔者根据时间加权计算所得。

根据表 2 – 8 中的数据，结果表明，PM2.5 中重金属的高值区主要聚集在中国北方，包括太原市、西安市、哈尔滨市和天津市。此外，南昌市和昆明市的重金属浓度相对较高。从总体上看，PM2.5 中重金属的浓度从南到北呈上升趋势。

第二节　省级全要素环境中重金属的污染评估

为进一步量化研究我国全要素环境中重金属的污染概况，分别选择内梅罗指数法、地累积指数法和富集因子法对地表水、土壤和表层沉积物、PM2.5 中重金属污染概况开展评价。

一、水体重金属的污染评估

（一）地表水重金属

内梅罗指数法是建立在单因子指数法基础上的一种兼顾极值的计权型多因子环境质量指数，被广泛用于水体和土壤中重金属的污染评价（Li et al.，2018c）。其中单因子指数法可以确定单个重金属的污染程度进而可以得出主

要污染物,内梅罗指数以此为基础,综合评判水体中重金属的污染程度,进而可以得出主要的污染地区。具体的计算公式如下:

$$P_i = C_i / S_i \qquad (2-13)$$

$$P_{综} = \sqrt{\frac{(\overline{P_i})^2 + (P_{imax})^2}{2}} \qquad (2-14)$$

其中,P_i 为重金属 i 的污染指数;C_i 为重金属元素 i 的浓度,单位为微克/升;S_i 对应重金属在地表水环境质量标准(GB3838-2002)中的Ⅲ类标准限值,单位为微克/升,地表水环境质量标准中未涉及的金属 N_i 参考生活饮用水卫生标准中的对应限值。$\overline{P_i}$ 和 P_{imax} 分别为所研究的 8 种重金属元素的单因子污染指数的平均值和最大值;$P_{综}$ 即为综合污染指数,对应的水体污染程度分级标准如表 2-9 所示。

表 2-9 　　　　　　　　　　内梅罗水质指数污染级别分级标准

污染级别	Ⅰ	Ⅱ	Ⅲ	Ⅳ	Ⅴ
$P_{综}$	$P_{综} \leqslant 1$	$1 < P_{综} \leqslant 2$	$2 < P_{综} \leqslant 3$	$3 < P_{综} \leqslant 4$	$4 < P_{综} \leqslant 5$
水质等级	清洁	轻污染	中污染	重污染	严重污染

资料来源:笔者根据式(2-13)、式(2-14)计算所得。

　　基于表 2-2 中地表水中重金属的浓度数据,借助单因子指数和内梅罗综合指数的评估结果如表 2-10 所示。单因子污染指数的结果显示,单因子污染指数最高的金属为 Hg 和 Ni 的比率均占已有数据省份的38%,表明这些省份地表水中的 Hg 或 Ni 的污染程度初步来看相较于其他金属高。其余省份中,西藏自治区单因子污染指数最高的为 Cd,山东省单因子污染指数最高的为 Cr,重庆市为 Pb,江苏省和河南省为 Zn。内梅罗综合污染指数的结果显示,除了安徽省和青海省以外,其余省份中的内梅罗综合污染指数的值均小于1,表明水质等级为清洁,地表水受重金属污染程度较轻。安徽省的污染指数为1.45,属于Ⅱ类级别,轻污染水平,其中主要的污染物为单因子污染指数最高的 Hg。青海省的综合污染指数达到了12.12,大于对应Ⅴ级标准的 2 倍,属于严重污染等级,表明青海省的地表水中重金属富集污染程度较重,其单因子污染指数最高的重金属为 Hg,需要相关环保等部门关注并建议进一步评估其健康风险。

表 2 - 10　各省份地表水水质污染指数

省份	P_i								$P_综$
	Cd	Cr	Hg	Pb	As	Cu	Zn	Ni	
北京市	6.02×10^{-3}	2.12×10^{-2}	—	2.25×10^{-3}	4.36×10^{-2}	1.97×10^{-3}	6.32×10^{-4}	1.53×10^{-1}	0.11
天津市	6.00×10^{-3}	1.14×10^{-2}	—	2.40×10^{-3}	—	2.09×10^{-3}	3.80×10^{-4}	1.62×10^{-1}	0.12
辽宁省	1.20×10^{-2}	3.44×10^{-2}	5.00×10^{-1}	6.00×10^{-4}	2.36×10^{-2}	3.67×10^{-3}	7.82×10^{-3}	1.05×10^{-1}	0.36
浙江省	1.96×10^{-1}	1.06×10^{-1}	3.00×10^{-1}	8.46×10^{-2}	3.42×10^{-2}	2.09×10^{-2}	7.21×10^{-2}	—	0.23
福建省	—	9.00×10^{-3}	—	—	—	—	—	5.85×10^{-2}	0.05
山东省	—	1.01×10^{-1}	—	2.00×10^{-3}	5.13×10^{-2}	1.99×10^{-3}	2.26×10^{-3}	6.60×10^{-2}	0.08
广东省	6.82×10^{-2}	1.29×10^{-1}	—	3.83×10^{-2}	1.39×10^{-1}	4.65×10^{-3}	2.22×10^{-2}	2.49×10^{-1}	0.19
湖北省	2.82×10^{-2}	7.38×10^{-2}	—	6.61×10^{-2}	2.24×10^{-2}	4.01×10^{-3}	3.17×10^{-2}	1.77×10^{-1}	0.13
四川省	6.70×10^{-1}	8.12×10^{-1}	1.00×10^{-4}	5.34×10^{-2}	7.49×10^{-2}	1.63×10^{-3}	8.53×10^{-3}	7.95×10^{-2}	0.71
重庆市	9.27×10^{-2}	9.44×10^{-3}	—	1.06×10^{-1}	6.16×10^{-2}	1.26×10^{-3}	2.45×10^{-2}	—	0.08
云南省	9.18×10^{-2}	1.07×10^{-1}	1.20	2.69×10^{-1}	1.02×10^{-1}	3.63×10^{-3}	1.26×10^{-2}	3.17×10^{-1}	0.23
江西省	9.18×10^{-2}	2.17×10^{-1}	—	1.01×10^{-1}	7.33×10^{-2}	3.24×10^{-3}	1.49×10^{-2}	3.27×10^{-2}	0.86
江苏省	1.48×10^{-1}	5.66×10^{-2}	—	9.51×10^{-2}	9.68×10^{-2}	3.40×10^{-4}	3.25×10^{-1}	1.98×10^{-1}	0.25
安徽省	2.30×10^{-2}	5.64×10^{-1}	2.01	2.92×10^{-2}	7.33×10^{-2}	2.40×10^{-2}	4.14×10^{-2}	4.09×10^{-1}	1.45
河南省	6.00×10^{-3}	6.26×10^{-2}	—	3.66×10^{-2}	9.68×10^{-2}	2.68×10^{-2}	2.93×10^{-1}	1.88×10^{-1}	0.22

续表

省份	P_i								$P_综$
	Cd	Cr	Hg	Pb	As	Cu	Zn	Ni	
贵州省	1.20×10^{-1}	4.92×10^{-2}	2.00×10^{-1}	9.78×10^{-2}	1.60×10^{-2}	7.84×10^{-3}	6.58×10^{-3}	1.28×10^{-1}	0.15
湖南省	1.04×10^{-1}	2.96×10^{-2}	6.53×10^{-1}	3.11×10^{-2}	5.93×10^{-2}	1.50×10^{-2}	2.65×10^{-2}	9.00×10^{-2}	0.47
广西壮族自治区	1.74×10^{-2}	1.36×10^{-1}	—	2.46×10^{-3}	4.40×10^{-2}	3.62×10^{-3}	7.03×10^{-3}	1.87×10^{-1}	0.14
青海省	2.71×10^{-3}	3.96×10^{-2}	1.70×10	4.45×10^{-3}	8.78×10^{-2}	1.16×10^{-3}	6.02×10^{-3}	2.50×10^{-1}	12.12
新疆维吾尔自治区	8.63×10^{-2}	8.41×10^{-2}	—	8.18×10^{-2}	2.01×10^{-1}	7.59×10^{-3}	4.84×10^{-2}	3.81×10^{-1}	0.28
西藏自治区	9.20×10^{-1}	5.63×10^{-2}	4.87×10^{-1}	1.84×10^{-4}	4.19×10^{-1}	2.90×10^{-2}	3.47×10^{-2}	—	0.68

资料来源：笔者根据单因子指数和内梅罗综合指数计算所得。

（二）表层沉积物中重金属

地累积指数也叫作穆勒指数，是 20 世纪 70 年代（Pan et al.，2017）发展起来的常用于评估沉积物中重金属污染程度的定量指标，随后也被引用到土壤、灰尘重金属富集污染评价的研究中。污染程度大小用 I_{geo} 来衡量，I_{geo} 越大，污染越严重。其计算公式如下：

$$I_{geo} = \log_2 \left[\frac{C_n}{1.5 \times B_n} \right] \qquad (2-15)$$

其中，C_n 是重金属实测含量，单位为毫克/千克；B_n 是重金属含量背景值（国家环境保护局和中国环境监测总站，1990），单位为毫克/千克。1.5 是为了修正造岩运动引起的背景波动而设定的系数。污染程度分级如表 2-11 所示。

表 2-11 　　　　　　　　基于地累积指数的污染程度分级

等级	I	II	III	IV	V	VI
I_{geo}	≤0	0-1	1-2	2-3	3-4	4-5
污染程度	清洁	轻度污染	偏中污染	中度污染	偏重污染	重度污染

资料来源：笔者根据式（2-15）计算所得。

基于表 2-3 中水体表层沉积物中重金属的浓度数据，结合《中国土壤元素背景值》中各省份的 A 层土壤背景值作为沉积物的背景值，各省份沉积物重金属基于地累积指数值的污染等级的计算结果如表 2-12 所示。水体表层沉积物中 8 种重金属在各个省份的污染等级均值从高到低为：Cd（2.96）＞Hg（1.46）＞As（1.29）＞Zn（1.23）＞Cu（0.95）＞Pb（0.91）＞Ni（0.33）＞Cr（0.26）。其中，Cr 和 Ni 在各省份的污染等级都在 III 级及以下，对应的污染指标为中度污染及以下。除了云南省外，Cu 在所研究的各个省份中的污染等级均在中度污染以下，污染较轻，但是云南省的 Cu 的污染等级达到了 V 级重度污染，值得关注。除此之外，Hg 在云南省、江西省和陕西省，Pb 在辽宁省和陕西省，As 在辽宁省和云南省，Zn 在辽宁省、云南省和青海省的污染等级均达到了偏重污染及以上，污染较严重。Cd 在各个省份的污染等级总体来说在 8 种重金属中最高，有 36% 左右的省份表层沉积物中 Cd 的污染等级达到了偏重污染及以上。从省份上来看，辽宁省、云南省和青海省的表层沉积物中重金属污染等级较高，平均等级达到了Ⅲ级中度污染。辽宁省的 Cd、Pb 和 As，四川省、云南省、贵州省和青海省的 Cd 均达到了Ⅵ级严重污染，重金属污染不容忽视，应加强相应防治工作。

表 2 - 12　　　　水体表层沉积物中基于 I_{geo} 的重金属污染等级

省份	I_{geo} 等级							
	Cd	Cr	Hg	Pb	As	Cu	Zn	Ni
北京市	0	1	—	0	0	0	0	0
河北省	3	0	—	0	0	1	1	0
天津市	1	0	—	1	—	1	1	0
上海市	3	0	0	1	1	1	1	1
辽宁省	6	1	—	6	6	2	5	—
浙江省	2	1	1	0	1	1	1	1
福建省	2	0	—	0	3	0	0	0
山东省	1	0	—	0	0	0	0	0
广东省	4	0	0	0	2	1	2	1
湖北省	1	0	—	0	0	0	0	0
四川省	6	1	0	0	0	0	0	0
重庆市	2	0	—	1	—	1	1	0
云南省	6	1	5	3	4	5	4	1
江西省	5	0	5	1	2	2	2	0
江苏省	2	0	0	0	1	0	0	0
安徽省	0	0	1	0	2	1	1	0
贵州省	6	—						
湖南省	5	0	2	1	1	1	2	0
陕西省	2	0	4	0	0	1	0	1
吉林省	1	0	1	1	0	0	—	0
广西壮族自治区	2	0	—	1	1	0	1	0
青海省	6	1	—	4	2	2	5	2
甘肃省	—	0	0	1	0	0	0	—
内蒙古自治区	2	0	—	0	1	1	0	0

资料来源：笔者根据地累积指数计算所得。

二、土壤重金属的污染评估

前文提到，中国 31 个省级行政区划单位土壤重金属加权的 95% 置信区间长度较大，表现出较高的数据离散性，故而在本节进行省级尺度评价时，采用三角模糊数开展模糊评价。模糊评价是相对于确定性评价而言的。确定性评价采用最概然值或者最大值来代表模型参数与污染物浓度，因为评价过程中的复杂性和模糊性可能会导致有偏的结论。通过文献检索，蒙特卡罗模拟和模糊数理论是常用的控制参数不确定性的方法。对于贫或精度不高的数据集而言，三角模糊数可能更适合进行其参数不确定性控制（Chen et al.，2021）。三角模糊数定义为在实数集 R，有一个三角模糊数 $\tilde{A}$（a_1，a_2，a_3），其隶属度函数为：$\mu_{\tilde{A}}(x)$：$\rightarrow [0, 1]$，$x \in R$，表达式如式（2－16）所示（Van Laarhoven & Pedrycz，1983；Promentilla et al.，2008）：

$$\mu_{\tilde{A}} = \begin{cases} 0 & x < a_1 \\ \dfrac{x - a_1}{a_2 - a_1} & a_1 \leq x < a_2 \\ \dfrac{a_3 - x}{a_3 - a_2} & a_2 \leq x \leq a_3 \\ 0 & x > a_3 \end{cases} \qquad (2-16)$$

其中，a_1、a_2、a_3 为统计量 A 的最小值、数学期望、最大值。α 截集技术常被用于简化模糊数的运算，如式所示：

$$\tilde{A}^{\alpha} = [a_L^{\alpha}, a_U^{\alpha}] = [(a_2 - a_1)\alpha + a_1, -(a_3 - a_2)\alpha + a_3] \qquad (2-17)$$

其中，α 为置信度，一般取 0.9。$\tilde{A}^{\alpha}$ 代表 $\tilde{A}$ 在置信度为 0.9 的情况下的区间数，下限为 a_L^{α}，上限为 a_U^{α}，后文简称为模糊数的 L 和 U 值。从而代入三角模糊数，评价运算结果也将为 1 个模糊区间数。而在土壤重金属评价过程中，相比于冗余的评价模型结果，等级更加直观反映污染程度。因此本书进一步定义基于评价等级的隶属度函数，如下式所示：

$$M = \frac{|[a_L^{\alpha}, a_U^{\alpha}] \cap [a_L^*, a_U^*]|}{|[a_L^{\alpha}, a_U^{\alpha}]|} \qquad (2-18)$$

其中，M 是 $\left[a_L^\alpha, a_U^\alpha\right]$ 相对于评价等级区间 $\left[a_L^*, a_U^*\right]$ 的隶属度。本书评价等级主要包括：地累积指数法评价等级、潜在生态风险评价等级和后面章节中的健康风险评价等级。前两者用于量化省级尺度各重金属富集情况和相对潜在生态风险大小。地累积指数通过比较土壤重金属浓度与背景值，同时考虑自然成岩过程中的背景值的波动，来评价重金属的富集水平，判断人类活动对重金属含量的作用。计算过程如式（2－19）所示。

$$I_{geo} = \log_2(C_n/k\,C_{bv}) \qquad\qquad (2-19)$$

其中，C_n 为土壤重金属浓度，单位为毫克/千克；k 为矫正系数，考虑由于成岩过程造成的背景值变化，取 1.5；C_{bv} 为背景值，单位为毫克/千克，来自中国环境监测总站《中国土壤元素背景值》。[①] 其中，重庆市 1997 年直辖，1990 年四川省背景值包括重庆市区域。另外，广东省背景值明确指出包括海南省区域。已有研究者所忽略的上述两点，可能会造成风险计算较大的偏差。根据地累积指数可以将重金属污染程度进行划分，如表 2－13 所示。

表 2－13　　　　　　　　　　潜在生态风险危险等级划分

指标等级	单一重金属		多种重金属	
	E 范围	潜在生态风险程度	RI 范围	潜在生态风险程度
I	<40	低	<150	低
II	[40, 80)	中等	[150, 300)	中
III	[80, 160)	强	[300, 600)	重
IV	[160, 320)	很强	≥600	严重
V	≥320	极强	—	—

资料来源：笔者根据式（2－20）、式（2－21）计算所得。

地累积指数初步反映浓度的富集情况，然而不同重金属的不同富集程度带来的负面影响是不同的。哈坎逊（Hakanson，1980）建立了重金属潜在生态风险评价方法，该方法考虑了重金属的富集，也基于重金属元素的地球化

---

① 国家环境保护局，中国环境监测总站．中国土壤元素背景值［M］．北京：中国环境科学出版社，1990．

学丰度准则量化刻画不同重金属的毒性水平，从而综合表征重金属的潜在生态风险。

$$E_j = T_j \times C_{s,j}/C_{bv,j} \qquad (2-20)$$

$$RI = \sum E_j \qquad (2-21)$$

其中，RI 为多种重金属的总生态风险指数；E_j 为第 j 种重金属的潜在生态风险指数；T_j 为重金属的毒性响应系数，Zn、Cu、Cr、Cd、Hg、Ni、Pb、As 的毒性响应系数分别为 1、5、2、30、40、5、5、10。上述均无量纲。根据计算结果，参照相关文献对潜在生态风险程度的分级方法（Guan et al.，2016；Li et al.，2021），利用 E 的不同阈值范围将潜在生态风险程度分为 V 级，利用 RI 的不同阈值范围将潜在生态风险程度分为 IV 级，如表 2 - 13 所示。

基于三角模糊数和最大隶属度的计算判别，I_{geo} 最大隶属度下等级如图 2 - 6 所示。全国而言，多数省份土壤地累积指数以 I 级为主，部分省份城市出现了 II 级及以上富集，其中 Cd 和 Hg 是对地累积指数普遍贡献较高的重金属。Cd 地累积指数 $I_{geo,Cd}$ 在河南省取得最高值，为 2.28 [2.13，3.62]，在 IV 级（隶属度：58.4%）到 V 级（隶属度：41.6%）之间。重庆市、四川省、广东省、湖南省、天津市的土壤 Cd 在最大隶属度下，$I_{geo,Cd}$ 也达到 III 级，偏中污染。最大隶属度下 Hg 的地累积指数 $I_{geo,Hg}$ 最高达到 III 级，分别为河南省、宁夏回族自治区（隶属度：100%）、陕西省（隶属度：100%），其中河南省波动较大，III 级隶属度 52.4%，IV 级隶属度 47.6%。吉林省、江苏省、上海市、青海省各种金属地累积指数等级，在最大隶属度下，均为 I 级清洁水平，说明对比 1990 年背景值调查而言，这些省份重金属富集情况较低。对轻度及以上污染（II 级及以上）的重金属元素进行种类累计计算，超标累计最多的是广东省（6 种），其次是安徽省、河南省、陕西省均为 4 种，说明这些省份可能存在较为明显的重金属复合污染。对比具有相同背景值的广东—海南、四川—重庆，发现重庆市和四川省地累积指数评价结果几乎一致。而广东省和海南省地累积指数评价结果相差很大，海南省仅 $I_{geo,Cd}$ 存在 II 级，其余重金属均为 I 级。这种差异可能与经济发展路线有关，四川—重庆强调一体化发展，而广东省和海南省在经济结构上存在较大的差异，海南省 2019

年 GDP 为 5308.94 亿元，三大产业增加值比值为 20.3：20.7：59.0，第二产业以农副产品加工为主。广东省 2019 年 GDP 为 107671.07 亿元，三大产业增加值比值为 4.0：40.5：55.5，第二产业以制造业和高耗能行业（金属冶炼与加工、能源供应和化工）为主，重工业主导工业增加值的增长。

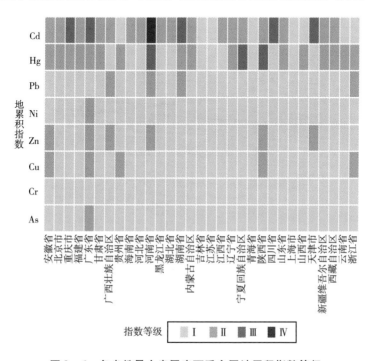

图 2-6　各省份最大隶属度下重金属地累积指数等级

资料来源：笔者采用 R 软件计算所得。

图 2-7 中，点线图和累计柱状图为采用加权平均值 C^* 的计算结果，用于反映总体潜在生态风险（RI）情况及其组成。从累计柱状图来看，Cd 和 Hg 是主要的潜在生态风险（RI）贡献因子。各省份基于三角模糊数的总生态风险指数 RI，用面积图显示，上下轮廓线分别为 RI_U 和 RI_L。由图 2-7 可知，下轮廓线与点线图距离较小，说明忽视数据的波动，确定性评价会低估风险。而结合元素贡献来看，Hg、Cd 浓度的波动造成的结果更为突出。此外，面积图的带宽在部分省份出现较高的波动峰，如河南省、湖南省、宁夏回族自治区、甘肃省、安徽省、内蒙古自治区、湖北省、广西壮族自治区等省份，因此进阶的地市或案例尺度解析是有必要的。

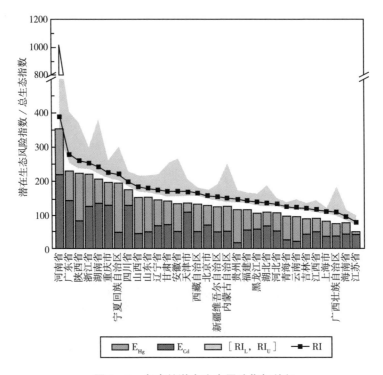

图 2 - 7　各省份潜在生态风险指标特征

资料来源：笔者采用 R 软件计算所得。

三、PM2.5 重金属的污染评估

为了定量区分金属元素富集的自然来源与人为来源，本书采用了广为使用的富集因子法，其计算式如式（2 - 22）所示（Zhou et al. , 2014）。Al 是主要的地壳大量元素，在 EF 的计算中常被用作参考元素（范晓婷等，2016）。因此在本书中选择 Al 作为参考元素。

$$EF_i = \frac{\left(\dfrac{C_i}{C_{Al}}\right)_{PM}}{\left(\dfrac{B_i}{B_{Al}}\right)_{Crust}} \qquad (2-22)$$

其中，EF_i 是 PM2.5 中金属元素 i 的富集因子，无量纲；C_i 是 PM2.5 中金属元素 i 的浓度，单位为纳克/立方米；C_{Al} 是 PM2.5 中参考元素 Al 的浓度采样周期，单位为纳克/立方米；B_i 和 B_{Al} 分别是相应城市土壤元素 i 和 Al 的背景值，单位为毫克/千克。EF 值越高，富集程度越高。EF < 1 表明元素没有富集，即它们来自地壳物质，基本上不受人为干扰；$1 \leqslant EF < 10$ 表明元素被中等富集，即它们受到自然和人为来源的影响；$10 \leqslant EF < 20$ 表明元素被大量富集，并且主要来自人类活动。$EF \geqslant 20$ 表明元素高度富集并被人为排放严重污染（Rodrigo et al.，2019）。

基于表 2 - 8 的 PM2.5 中重金属的浓度数据，根据式（2 - 22）计算得出主要城市中 PM2.5 中重金属的富集因子（EFs），如表 2 - 14 所示。我国主要城市 PM2.5 中典型重金属的富集因子均高于 1，表明均有不同程度的富集。其中，主要城市的平均富集因子分别为：Cd（4264.76）> Hg（1348.93）> Pb（575.75）> Zn（566.68）> Cu（301.10）> As（220.09）> Cr（45.19）> Ni（44.49）。从空间上看，Cd、Hg、Pb、As 和 Zn 的富集因子均远高于 20，表明该 5 种重金属在 PM2.5 中严重富集，并且主要来源于人为排放污染。此外，上述 5 种重金属的最大富集因子值主要聚集在西安、南昌和太原区域，这可能是由于这三座城市的重工业相对发达所致。天津市、沈阳市、厦门市、武汉市、成都市、长沙市和赤峰市的 Cr，乌鲁木齐市的 Cu，武汉市、重庆市、郑州市、长沙市、赤峰市的 Ni 的富集因子值均低于 20 但高于 10，表明元素主要起源于人类活动。对于 Cr 和 Ni，富集因子低于 10 的区域主要在杭州市、乌鲁木齐市和沈阳市，表明两种金属没有明显的人为源贡献。

表 2 - 14　　　　　　　主要城市 PM2.5 中重金属的富集因子

主要城市	Cd	Cr	Hg	Pb	As	Cu	Zn	Ni
北京市	1338.06	49.12	1968.02	246.98	116.11	149.30	362.59	26.51
石家庄市	—	38.33	—	214.29	65.13	56.43	197.50	24.01
天津市	2109.17	15.82	324.56	1120.42	38.65	343.14	602.43	44.32
上海市	2590.63	34.34	372.99	133.62	28.45	59.04	119.08	22.94
沈阳市	722.66	19.31	3043.74	244.40	92.04	—	—	9.79
哈尔滨市	4791.41	74.28	1337.48	636.22	254.32	1137.72	1381.84	31.54
杭州市	837.64	6.89	43.03	74.96	59.57	150.54	498.48	9.39

主要城市	Cd	Cr	Hg	Pb	As	Cu	Zn	Ni
厦门市	4611.56	10.22	0.00	211.94	303.24	177.46	343.71	30.82
济南市	3450.53	66.94	339.28	766.18	211.51	137.26	644.04	63.18
广州市	6030.91	21.08	148.33	185.30	118.92	277.23	744.50	38.22
武汉市	3713.56	13.93	707.04	730.53	262.45	120.47	543.62	10.97
成都市	2118.13	11.54	—	371.71	477.56	81.89	394.41	23.13
重庆市	—	25.60	—	255.12	183.59	71.45	210.43	19.91
昆明市	6664.20	45.75	—	978.64	938.06	320.55	397.00	70.25
兰州市	2203.63	21.82	—	1034.15	56.84	277.74	196.79	72.49
太原市	8234.72	205.73	—	2115.02	39.19	590.29	810.30	195.68
长春市	3453.69	—	—	448.57	—	119.17	604.51	—
南京市	1063.10	26.44	—	315.47	115.19	53.66	353.37	41.77
合肥市	646.58	39.15	—	317.41	—	194.44	631.57	30.36
南昌市	20680.06	44.83	381.44	1400.02	66.34	1186.26	1185.33	175.65
郑州市	12665.27	22.90	—	675.35	167.23	100.81	354.03	16.06
长沙市	761.04	11.51	—	131.38	39.26	58.90	99.76	12.02
海口市	2636.82	182.56	—	37.48	162.23	169.10	355.20	—
贵阳市	2029.41	20.96	—	491.52	155.71	1573.67	817.59	64.20
西安市	3485.86	149.24	8870.21	1313.91	1319.45	206.99	2065.55	58.58
乌鲁木齐市	1551.74	6.34	—	—	102.36	11.87	—	9.55
赤峰市	8228.57	10.34	—	518.86	128.85	203.20	253.46	11.04

资料来源：笔者根据式（2-22）计算所得。

第三节 六大区域全要素环境中重金属污染格局特征评述

为进一步探究我国全要素环境中重金属的综合污染格局特征，根据环境保护部设立规划的 6 个环境保护督察中心的管辖区域划分（翁智雄等，2019），将所研究的全要素环境中重金属所在的省份及主要城市归总为 6 个区域开展分析，具体为：华北地区、华东地区、华南地区、西北地区、西南地区和东北地区。

一、区域水体重金属的污染格局特征

（一）区域地表水中重金属

依据上述区域划分，有关地表水重金属的 21 个省份分为 6 个区域具体为：华北地区（北京市、天津市、河南省）、华东地区（江苏省、浙江省、安徽省、福建省、江西省、山东省）、华南地区（湖北省、湖南省、广东省、广西壮族自治区）、西北地区（青海省、新疆维吾尔自治区），西南地区（重庆市、四川省、贵州省、云南省、西藏自治区）和东北地区（辽宁省）。为综合量化评价重金属的污染概况及污染评价结果，基于 6 大区域重金属的平均含量和单因子污染指数绘制了宏观综合区域分布图，如图 2 - 8 所示。结果表明，各区域地表水中重金属的平均内梅罗综合污染指数总体排序为：西北地区 > 华东地区 > 西南地区 > 东北地区 > 华南地区 > 华北地区，其中西北地区、华东地区和西南地区总体污染水平较高，尤其是西北地区，其内梅罗综合污染指数的平均值为其他区域的 10 倍以上。从重金属浓度的角度来看，东北地区、华南地区和华北地区，三个区域的重金属含量普遍低于其他区域。而西北地区、华东地区和西南地区的重金属平均浓度含量较高，尤其是西南地区的 Cd 和 Cu、华东地区的 Cr 和 Pb、西北地区的 Hg、As 和 Ni。

结合各省份地表水中重金属的分布情况和图 2 - 8，通过对重金属的初步污染概况和污染评价结果的综合分析可得出：（1）各省份地表水中重金属主要分布在西北地区、华东地区和西南地区；（2）地表水重金属污染程度较高的省份有：西北地区的新疆维吾尔自治区，华东地区的江苏省、江西省、浙江省和安徽省，西南地区的西藏自治区；（3）重金属污染程度较高的省份中的主要贡献重金属分别为：新疆维吾尔自治区的 Pb、As，青海省的 Hg，江苏省的 Cd、Zn，浙江省的 Cd、Hg，安徽省的 Cr、Hg，西藏自治区的 Cd、As、Cu，江西省的 Cr、Hg。

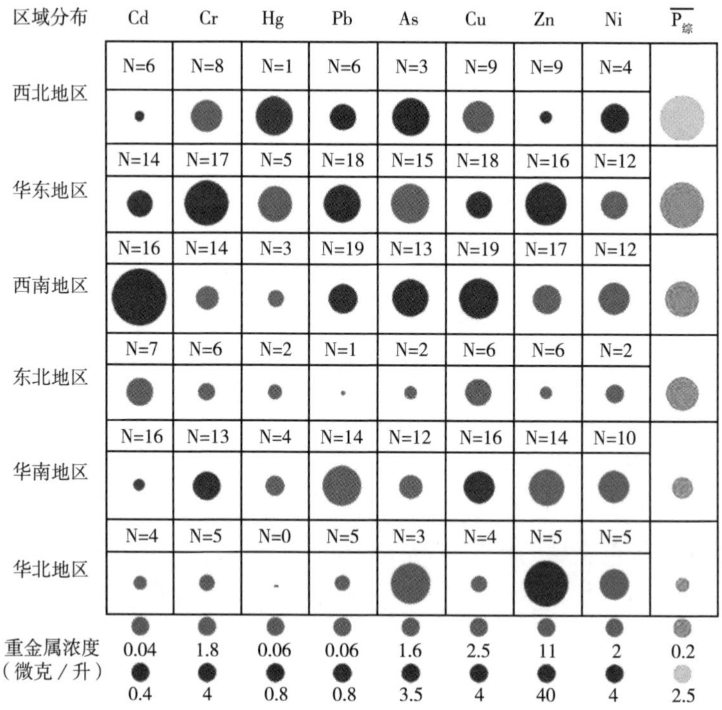

图2-8 地表水重金属的宏观区域分布

资料来源：笔者采用R软件计算所得。

（二）区域表层沉积物中重金属

依据上述区域划分，有关水体表层沉积物重金属的24个省份被分为6个区域具体为：华北地区（北京市、河北省、天津市、内蒙古自治区）、华东地区（上海市、江苏省、浙江省、安徽省、福建省、江西省、山东省）、华南地区（湖北省、湖南省、广东省、广西壮族自治区）、西北地区（甘肃省、陕西省、青海省）、西南地区（重庆市、四川省、贵州省、云南省）、东北地区（辽宁省、吉林省）。为了综合量化评价重金属污染概况和污染评价的结果，基于6个区域重金属的平均含量和平均地累积指数值绘制了宏观综合区域分布图，如图2-9所示。结果表明，各区域水体表层沉积物中重金属的平均地累积指数总体上排序为：东北地区＞西南地区＞西北地区＞华南地区＞华东地区＞华北地区，其中东北地区和西南地区总体的污染水平较高，而华北地区的总体污染水平较低，总体平均地累积指数值小于0，表明华北地区总体上属于清洁等级，受重金属污染较小。从重金属浓度角度来看，华南地区、华东地区和华北地区的各种重金属的平均含量普遍低于其他区域。东北地区、西南地区和西北地区的重金属浓度平均含量较高，其中东北地区的 Pb、As、Zn，西南地区的 Cd、Cr、Hg、Cu，以及西北地区的 Ni 分别为6个区域中相应重金属平均含量最高的区域。

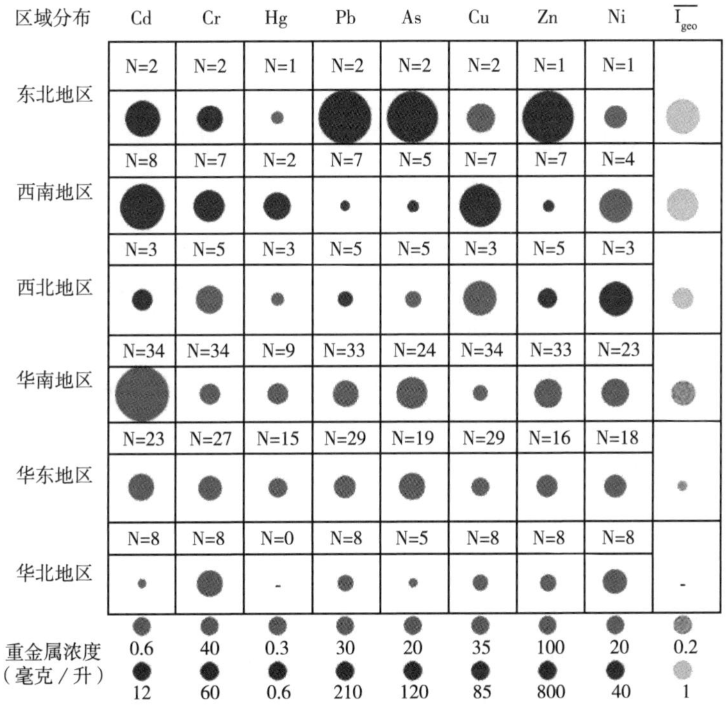

图2-9　表层沉积物重金属的宏观区域分布

资料来源：笔者采用R软件计算所得。

结合各省份中水体沉积物重金属的分布情况和图2-9，通过对重金属的初步污染概况和污染评价结果的综合分析可知：（1）各省份表层沉积物中重金属主要分布在东北地区、西南地区和西北地区，尤其是老工业基地东北地区；（2）水体表层沉积物中重金属污染程度较高的省份有：东北地区的辽宁省、西南地区的云南省、西北地区的青海省和华中地区的湖南省；（3）重金属污染程度较高的省份中的主要贡献重金属分别为：辽宁省（Cd、Cr、Pb、

As、Zn)、云南省（Cd、Hg、Cu)、青海省（Cd、Zn、Ni)、江西省（Hg、Cd)、湖南省（Cd）和贵州省（Cd)。

（三）区域水体重金属污染格局综合评述

综合以上分析结果可以看出，对于水环境中的重金属来说，地表水重金属总体含量水平不高，重金属 Cr、Cd、Pb、As、Cu、Zn 的浓度均满足地表水Ⅲ类标准的要求。内梅罗综合污染指数的结果也表明，除了安徽省和青海省以外，其余省份的水质等级均为清洁。安徽省的综合污染指数虽然不在清洁等级的范围内，属于Ⅱ级轻污染水平，在可接受的范围内。但是青海省的综合污染指数达到了 12.12，大于对应Ⅴ级风险标准的 2 倍，属于严重污染等级，总体的污染水平还是相对较高的，值得注意。而水体表层沉积物中重金属的富集水平相对来说总体较高，与中国的土壤背景值相比，所研究的 8 种重金属含量的超出率均达到了 60% 以上，尤其是 Cd，超出率为100%。地累积指数的评价结果也显示，辽宁省、云南省和青海省的表层沉积物中重金属污染的平均等级达到了Ⅲ级中度污染。辽宁省的 Cd、Pb 和 As，四川省、云南省、贵州省和青海省的 Cd 均达到了Ⅵ级严重污染，重金属富集污染不容忽视。考虑到地表水中重金属可能受到降水、潮汐等多种因素的影响，变化速度比较快，而沉积物中重金属是基于陆源输入、大气输入以及多种物理、化学的综合作用产生，稳定性更强，因此地表水重金属能在一定程度上反映出近期水体的污染状况，而沉积物中重金属的分布规律更能在一定程度上科学地反映长期水体的污染状况。从以上分析结果可以看出，全国水体重金属的污染状况特征空间差异明显，地表水整体向好，沉积物中重金属污染较为严重，虽然近年来有改善趋势但仍需关注其"潜在存续污染"能力。

二、区域土壤重金属的污染格局特征

为了综合量化评价重金属的污染概况和污染评价的结果，基于 6 大区域重金属的平均含量和平均地累积指数值绘制了宏观综合区域分布图，如图 2 - 10 所示。

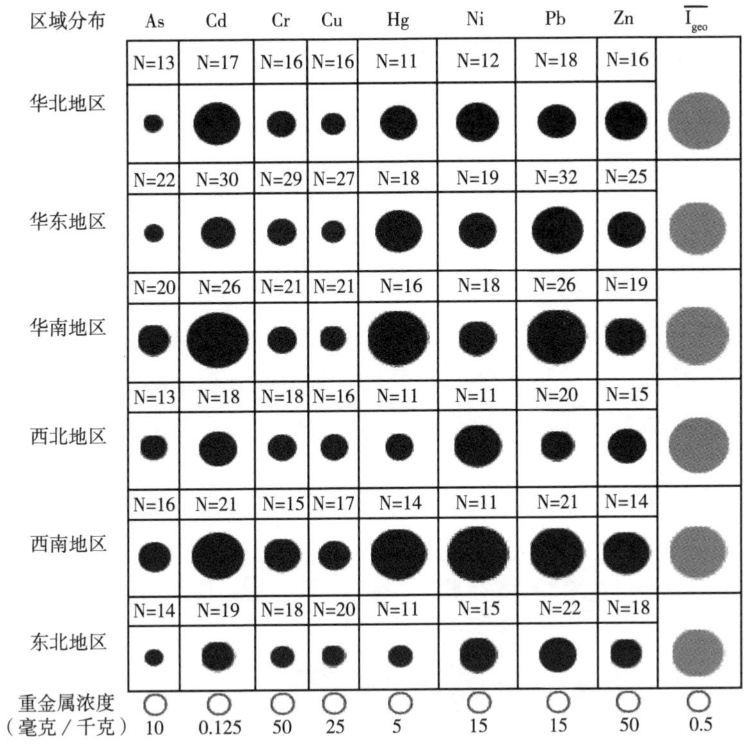

图2-10　土壤重金属的宏观区域分布

资料来源：笔者采用R软件计算所得。

　　结合各省份中土壤重金属的分布情况和宏观综合区域分布图（见图2-10），通过对重金属的初步污染概况和污染评价结果的综合分析可知：（1）各省份土壤中重金属主要分布在西南地区、华南地区和华东地区，尤其是西南地区；（2）土壤中重金属污染程度较高的省份有：西南地区的贵州省、华南地区的湖南省和华东地区的广东省；（3）重金属污染程度较高的省份中的高污染重金属分别为：贵州省的Hg、Zn，湖南省的Cd、Hg，广东省的Cd、Cr、Hg和As，云南省的Hg和Zn。

三、区域PM2.5重金属的污染格局特征

　　依据上述区域划分，有关PM2.5中重金属的27个主要城市分为6个具体区域：华北地区（北京市、天津市、石家庄市、太原市、赤峰市、郑州

市)、华东地区(上海市、南京市、杭州市、合肥市、厦门市、南昌市、济南市)、华南地区(武汉市、长沙市、广州市、海口市)、西北地区(西安市、兰州市、乌鲁木齐市)、西南地区(重庆市、成都市、贵阳市、昆明市)和东北地区(沈阳市、长春市、哈尔滨市)。主要城市 PM2.5 中重金属在上述 6 个区域内的平均含量和平均富集因子值的宏观综合区域分布如图 2 - 11 所示。结果表明,各区域的 PM2.5 中重金属平均富集因子值总体上排序为:华北地区 > 西北地区 > 东北地区 > 华东地区 > 西南地区 > 华南地区。中国主要城市中 PM2.5 中重金属的富集程度从南到北呈逐步增加趋势,北方普遍高于南方。这可能是因为南北产业结构分布不同,南方主要以轻工业为主,而北方的重工业比较发达,潜在的重金属污染相对来说可能较高。

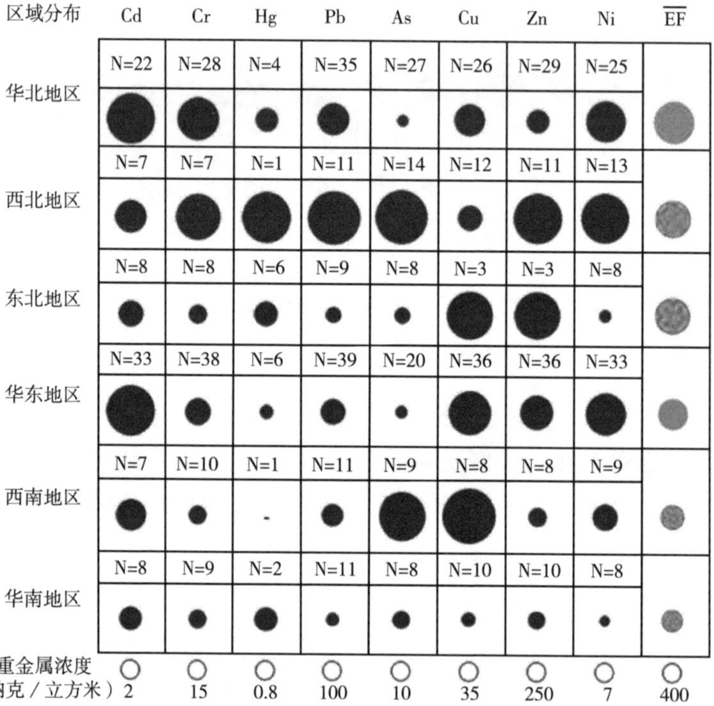

图 2 - 11　主要城市 PM2.5 中重金属的宏观区域分布

资料来源:笔者采用 R 软件计算所得。

结合主要城市中 PM2.5 重金属的分布情况和宏观综合区域分布图(见图 2 - 11),通过对重金属的初步污染概况和污染评价结果的综合分析可知：（1）主要城市中 PM2.5 中重金属主要分布在华北和西北地区；（2）大气 PM2.5 重金属污染程度较高的省市有：华东地区的南昌市和济南市、华北地区的太原市、西北地区的西安市、西南地区的昆明市和华南地区的武汉市；（3）重金属污染程度较高的省市中高污染重金属分别为：南昌市的 Cd 和 Cr，济南市的 Cr，太原市的 Cd 和 Cr，西安市的 Cr，昆明市的 Cr 和 As，武汉市的 As，上海市的 Cr，成都市的 As，广州市的 Cr 和 As，石家庄的 Cr，天津市的 Cr。

四、区域全要素环境中重金属污染格局特征综合评述

综合前述分析结果可知，对于水环境来说，对比地表水和表层沉积物中重金属在六大区域内的污染趋势可以看出，西南地区和西北地区的地表水和水体表层沉积物中的重金属污染程度相对来说都较高。相比较而言，华南地区和华北地区的重金属污染程度相对较低，尤其是华北地区，地表水和表层沉积物中重金属的污染程度均居六大区域之尾。西南地区的云南省不仅地表水重金属富集程度高，水体表层沉积物中重金属富集也相对较高，十分值得注意。除此之外，地表水和表层沉积物中重金属还主要富集在安徽省、江西省、湖南省、贵州省和重庆市等地区，这些地区均为长江经济带所覆盖的区域，重金属富集程度相对较高，亟须进一步探讨。

对于 3 种自然环境要素中的重金属污染格局特征，地表水中重金属主要分布在华东地区的江苏省（Cd、Zn）、江西省（Cr、Hg）、浙江省（Cd、Hg）和安徽省（Cr、Hg）；表层沉积物中的重金属主要分布在西南地区的云南省（Cd、Hg、Cu）和贵州省（Cd），西北地区的青海省（Cd、Zn、Ni）；西南地区、华南地区和华东地区的土壤中重金属浓度平均含量较高，其中西南地区的 Cr、Cu、Ni、Zn，华南地区的 Cd、Hg、Pb 均为 6 个区域中相应重金属平均含量最高的区域。

| 第三章 |

长江经济带全要素环境中重金属污染格局特征调研与解析

　　长江是全球内河货运量第一的黄金水道，长江水系是中国七大水系之一，而长江经济带（Yangtze River Economic Belt，YREB）依托长江黄金通道，由东到西跨越中国，是蓬勃发展的经济带。YREB 占地 200 多万平方千米，地跨上海市、江苏省、浙江省、安徽省、江西省、湖北省、湖南省、重庆市、四川省、贵州省、云南省 9 省 2 市（张静晓等，2020）。YREB 包含了长江三角洲城市群、长江中游城市群和成渝城市群，是我国城市密集带，其中 9 省 2 市按照所在位置可以划分为 3 个区域：上游地区（重庆市、四川省、贵州省、云南省）、中游地区（江西省、湖北省、湖南省）和下游地区（上海市、江苏省、浙江省、安徽省），分别占 YREB 面积的 55%、28% 和17%（Long et al.，2020）。作为中国经济密度最大的流域经济地带，长江经济带人口及其创造的生产总值占全国 40% 以上，具有很大的区位发展优势和潜力，自改革开放以来已发展成为我国综合实力最强的区域之一（Zhu et al.，2019），是中国经济至关重要的组成部分。但快速的城镇化和工业化发展使长江生态环境也遭到不同程度的破坏，长江流域绿色、高质量发展面临着挑战。2016 年以来，习近平总书记先后在重庆市、武汉市、南京市主持召开推动长江经济带发展座谈会并发表重要讲话，对长江保护修复作出系统部署，明确要求持续打好长江保护修复攻坚战，为新时期长江大保护工作指明了方向。

　　由前文所述，重金属在 YREB 所覆盖的省份中的污染程度相对较高，故本书在全国全要素环境重金属污染格局特征的分析背景下，进一步抽提YREB覆盖的9省2市作为进阶研究目标，从整个经济带域的角度去进一步量化解析长江经济带的全要素环境重金属污染格局特征。

第一节　经济带全要素环境中重金属的
污染问题概述

从第一章收集获取的全国全要素环境重金属的含量数据中，抽提选择了YREB覆盖的9省2市的全要素环境重金属的含量数据进行进阶分析。

一、经济带水体重金属的污染问题概述

（一）地表水中重金属

文献计量收集的YREB地表水重金属浓度数据基于时间权重进行整合后的数据如表3-1所示。结果表明，YREB地表水中各类重金属的平均含量从高到低为：Zn（56.4微克/升）> Cr（6.11微克/升）> Cu（6.03微克/升）> Ni（3.58微克/升）> Pb（3.22微克/升）> As（3.17微克/升）> Cd（0.45微克/升）> Hg（0.09微克/升）。与中国地表水环境质量标准Ⅲ类标准限值（GB3838-2002）相比，仅有江西省和安徽省的Hg超过了其对应限值，其余省份Cr、Cd、Pb、As、Cu、Zn均未超过对应的标准限值。与卫生部发布的生活饮用水标准限值（GB5749-2006）相比，各省份所研究8种重金属的含量均未超过其对应的标准限值。综上所述，初步表明YREB地表水中重金属的富集污染程度较轻，这与全国地表水中重金属污染概况研究结果类似（Huang et al.，2018）。除此之外，各类重金属基于时间权重平均含量相对最高的省份分别是：浙江省Cd（0.98微克/升）和Cu（20.90微克/升）；安徽省Cr（28.21微克/升）、Hg（0.2微克/升）和Ni（8.18微克/升）；云南省As（6.97微克/升）；重庆市Pb（5.28微克/升）；江苏省Zn（325.32微克/升）。浙江省和安徽省的高值区相较于其他省份较多，需要一定程度防范。

表 3 – 1   基于时间权重的 YREB 地表水重金属含量

项目	重金属含量（微克/升）							
	Cd	Cr	Hg	Pb	As	Cu	Zn	Ni
安徽省	0.12	28.21	0.20	1.46	3.67	2.40	41.36	8.18
贵州省	0.60	2.46	0.02	4.89	0.80	7.84	6.58	2.56
湖南省	0.52	1.48	0.07	1.56	2.97	15.04	26.48	1.80
湖北省	0.14	3.69	—	3.30	1.12	4.01	31.69	3.54
江西省	0.46	10.87	0.12	5.06	3.08	3.24	14.86	0.65
浙江省	0.98	5.32	0.03	4.23	1.71	20.90	72.10	—
四川省	0.03	0.41	0.10	0.27	3.74	1.63	8.53	1.59
江苏省	0.74	2.83	—	4.76	5.11	0.34	325.32	3.95
云南省	0.46	5.36	—	1.34	6.97	3.63	12.59	6.34
重庆市	0.46	0.47	—	5.28	2.57	1.26	24.49	—
上海市	—	—	—	—	—	—	—	—
平均值	0.45	6.11	0.09	3.22	3.17	6.03	56.40	3.58
地表水Ⅲ类 标准限值 （GB3838 – 2002）	5	50	0.1	50	50	1000	1000	
生活饮用水 标准限值 （GB5749 – 2006）	5	50	1	10	10	1000	1000	20

资料来源：笔者根据时间加权计算所得。

　　根据表 3 – 1 中收集的地表水中重金属含量的省级数据，地表水中各重金属均出现连片的高值区，其中 Cd 和 Zn 主要分布在下游地区的江苏省和浙江省；Cr 和 Hg 的高值区主要分布在安徽省和江西省，除此之外 Hg 在四川省的含量也较高。Pb、As、Cu 和 Ni 主要分布在 YREB 的上游和下游地区，其中 As 和 Ni 主要分布在下游地区的江苏省和安徽省，以及上游地区的云南省，另外，As 在上游的四川省和 Ni 在中游地区的湖北省浓度也相对高。Pb 主要分布在下游地区的江苏省、江西省和浙江省，以及上游地区的重庆市和贵州省。Cu 主要分布在下游地区的浙江省和上游地区的贵州省，另外在中游地区的湖南省浓度也相对高。

（二）表层沉积物中重金属

对文献计量收集的 YREB 水体表层沉积物中重金属浓度数据基于时间权重进行整合，所得结果如表 3 - 2 所示。结果表明，YREB 表层沉积物中各类重金属的平均含量从高到低为：Zn（262.28 毫克/千克）> Cu（87.82 毫克/千克）> Cr（75.92 毫克/千克）> Pb（63.11 毫克/千克）> As（36.61 毫克/千克）> Ni（33.28 毫克/千克）> Cd（11.80 毫克/千克）> Hg（0.53 毫克/千克）。与全国水体表层沉积物中各类重金属的平均含量相比，Zn 的浓度均为最高值，Cd 和 Hg 的浓度均为最低值，这与全国水体表层沉积物中重金属的研究结果基本一致。与各省份的土壤背景值相比（Niu et al.，2013），如表 3 - 2 所示，Cd 在所有省份的含量值均超过了相应的土壤背景值，其余 7 种重金属在各个省份的含量值与土壤背景值相比的超出率从大到小排序为：Pb（80.0%）= Zn（80.0%）= Ni（80.0%）> As（77.8%）> Cr（70.0%）= Cu（70.0%）> Hg（62.5%），可以看出超出率均在 60% 以上。从省级空间尺度来看，湖南省、云南省和重庆市 8 种重金属均超过了相应的背景值，安徽省、江西省和浙江省也均有 7 种重金属均超过了背景值，超出率也达到了 88%，其中云南省 8 种重金属浓度均较高，值得注意。因此，总体来看无论是全国还是 YREB，水体表层沉积物中的重金属富集污染均较为严重。此外，各重金属基于时间加权的平均含量最高的省份分别为：云南省的 Hg（1.68 毫克/千克）、Pb（257.04 毫克/千克）、As（150.60 毫克/千克）、Cu（504.25 毫克/千克）、Zn（1334.98 毫克/千克），贵州省 Cd（50.40 毫克/千克），四川省 Cr（111.00 毫克/千克）和重庆市 Ni（43.00 毫克/千克）。其中，云南省的重金属含量高值区相较于其他省份较多，有 5 种重金属在云南省的含量相较于其他省份高，需关注沉积物对于水体的潜在污染析出风险。综合来说，YREB 的高值区域与全国水体表层沉积物中的高值区域大致相似，也侧面说明了 YREB 表层沉积物中重金属的含量比全国范围平均水平较高（Zhang et al.，2021）。

根据表 3 - 2 中收集的水体表层沉积物中重金属含量的省级数据，Cd 和 Cr 主要分布在 YREB 的上游地区，其中 Cd 主要分布在四川省、云南省和贵州省，而 Cr 主要分布在上游地区的四川省、云南省和重庆市。重金属 Hg、Pb、As、Cu、Zn 和 Ni 主要分布在 YREB 的上游和中游地区，其中 Hg、Pb、As、Zn 和 Cu 主要分布在上游地区的云南省，以及中游地区的湖南省和江西省；Ni 主要分布在上游地区的云南省和重庆市，以及中游地区的湖北省。

表 3-2　　基于时间权重的 YREB 水体表层沉积物中重金属含量　　单位：毫克/千克

项目		重金属含量							
		Cd	Cr	Hg	Pb	As	Cu	Zn	Ni
安徽省		0.53	87.14	0.05	32.99	33.68	24.66	106.50	13.64
贵州省		50.40	—						
湖南省		4.68	84.77	0.59	63.84	41.60	45.44	246.61	34.50
湖北省		0.34	37.99	—	11.03	6.39	30.42	71.44	38.65
江西省		2.50	25.25	1.34	61.75	46.71	85.29	267.08	28.40
浙江省		0.71	72.71	0.15	40.47	15.83	39.87	128.38	36.01
四川省		20.23	111.00	0.11	32.67	3.58	21.24	69.52	24.47
江苏省		0.59	58.29	0.15	25.63	16.99	30.08	109.32	36.19
云南省		47.34	102.49	1.68	257.04	150.60	504.25	1334.98	42.69
重庆市		1.12	96.99	—	56.57	—	59.11	164.47	43.00
上海市		1.41	82.58	0.15	49.15	14.15	37.87	124.51	35.30
平均值		11.80	75.92	0.53	63.11	36.61	87.82	262.28	33.28
土壤背景值*	安徽省	0.365	60.28	0.0322	24.7	8.59	15.84	64.88	31.62
	贵州省	0.11	87.68	0.19	25.68	17.03	33.44	66.66	27.79
	湖南省	0.126	71.4	0.116	22	15.7	20	67.7	31.9
	湖北省	0.172	86	0.18	27.6	12.3	30.7	83.6	37.3
	江西省	0.074	53.9	0.04	23.6	9.2	20	67.7	23.4
	浙江省	0.15	47.5	0.0845	75.1	8.22	17.48	75	24
	四川省	0.16	71.7	0.19	25.2	7.52	33.4	83	28.5
	江苏省	0.19	59	0.17	24.8	10.6	32.2	76.6	35
	云南省	0.074	53.9	0.04	23.6	9.2	20	67.7	23.4
	重庆市	0.296	70.76	0.073	29.055	5.632	23.99	82.562	29.327
	上海市	0.134	64.6	0.216	21.3	8.95	23.5	76.8	23.4

注：＊中国土壤元素背景值，1990 年。

资料来源：笔者采用时间加权计算所得。

二、经济带土壤中重金属的污染问题概述

第一章对全国 31 个省级行政区划单位土壤重金属浓度、富集和相对生态风险进行了统计，可以看到评价结果具有较高的空间异质性。本节按照是否为长江经济带进行进阶统计分析，结果如表 3 – 3 所示。整体而言，长江经济带（YREB）内各省份土壤重金属整体加权 95% 置信区间长度高于其他区域（NYREB）。加权均值方面，各个重金属都表现为 YREB > 全国平均 > NYREB，这说明在长江经济带内发现更多的高污染案例，使得重金属浓度数值分布高值区域样本较多，浓度上限值高，带动平均水平升高。用相对高出率（$C_1^* - C_2^*$）/C_2^* 来表征这种现象（Haase & Nolte，2008），长江经济带相对于其他区域，各个重金属相对高出率从大到小依次为：Cd > Hg > Pb > Cr > Ni > Zn > As > Cu。从研究案例数来看，YREB 各重金属研究案例数占涉各重金属研究案例总数的比例接近一半，说明近 10 年专家学者对于长江经济带内土壤重金属的关注较高（Tang et al.，2022）。以 Cd 为例，本书数据库中共 799 个案例，其中 95 个案例没有测定 Cd，涉 Cd 案例 704 个中 43.6% 的案例分布在 YREB 内，上中下游分别各占全国案例数的 13.4%、10.0% 和 20.2%。

表 3 – 3　　　　　　　　全国重金属浓度区域分组描述性统计

重金属	长江经济带 YREB			非长江经济带 NYREB			全国	相对[a]比例（%）
	案例数（个）	C_1^*（毫克/千克）	LLM_1^*（毫克/千克）	ULM_1^*（毫克/千克）	案例数（个）	C_2^*（毫克/千克）	LLM_2^*（毫克/千克）	ULM_2^*（毫克/千克）	C^*（毫克/千克）	
As	230	10.90	2.44	48.80	293	9.49	2.15	41.80	10.20	15
Cd	307	0.29	0.04	2.14	397	0.21	0.03	1.53	0.25	38
Cr	262	68.60	25.80	182.50	364	55.70	24.30	127.80	61.00	23
Cu	253	32.32	11.70	89.27	373	27.46	10.46	72.13	29.60	18
Hg	192	0.12	0.02	0.64	247	0.09	0.01	0.65	0.11	33
Ni	176	31.13	10.39	93.31	278	25.83	10.22	65.30	27.90	21
Pb	317	35.89	10.24	125.86	419	28.67	7.97	103.23	31.70	25
Zn	222	98.33	32.76	295.17	341	82.26	29.19	231.78	88.20	20

注：a：计算方法为（$C_1^* - C_2^*$）/C_2^*。

资料来源：笔者根据相对高出率公式计算所得。

土壤中的各重金属均出现连片的较高值区。Cu 主要分布在上游地区的重庆市、四川省和云南省，另外在中游地区的湖南省浓度也较高，需要有关部门关注。Zn 和 Pb 主要分布在上游地区的云南省和贵州省。Hg 主要分布在上游地区的贵州省和云南省，及中游地区的湖南省。As、Ni 和 Cd 主要分布在 YREB 上游地区的贵州省和中游地区的湖南省。Cr 的高值区主要分布在湖南省。

三、经济带 PM2.5 中重金属的污染问题概述

（一）PM2.5 浓度的污染概况

2015～2019 年长江经济带 PM2.5 浓度总体呈下降的变化态势，当然其波动较频繁，而上游、中游、下游地区的 PM2.5 浓度波动趋势与流域特征基本一致，始终保持着"上游＜中游＜下游"的演变格局。具体来看，2015～2019 年长江经济带 PM2.5 浓度污染水平在波动中降低，PM2.5 浓度由 54.10 微克/立方米下降至 38.08 微克/立方米，降幅达 29.61%。其中，2015 年是长江经济带大气雾霾由持续恶化向改善转变的转折点，这与 2015 年底环保部调查公布的结果基本一致（Zhang et al.，2019）。长江经济带雾霾污染有所缓解，可能与政府提出的控制重大污染排放总量，加快产业结构调整，建立节能减排统计、监督、考核体系等政策有关。特别是 2013 年中央批准实施《大气污染防治行动计划》以来，长江经济带 PM2.5 浓度污染改善的趋势更加明显。当然进一步关注，2015～2019 年长江经济带内各省域单元 PM2.5 浓度水平及其变化趋势都存在较明显的空间差异特征。

综合来看，长江经济带 PM2.5 高浓度区主要分布在湖北、湖南、江苏等省域，这些区域具有快速工业化和大规模城市化的特征，而 PM2.5 浓度低值区则集中在上游的云南、贵州等省域，这些区域人口密度相对较低，经济活动与交通强度较弱，工业发展和城市建设相对滞后，对区域大气颗粒物浓度影响相对较小，另外，区域本身大气资源禀赋也需要被考虑。

鉴于大气中 PM2.5 具有流动性，研究 PM2.5 浓度的分布特征对于跨区域治理 PM2.5 浓度污染具有重要作用。本书借助 Origin 软件，基于 2015～2019 年的 PM2.5 浓度栅格空间数据分析，来探讨长江经济带中 11 个城市 PM2.5 浓度污染的空间分布特征，见图 3-1。具体来看：（1）2015 年大部

分地区 PM2.5 年均浓度超过 55 微克/立方米，主要分布在长沙市、武汉市、成都市等地区，武汉市的 PM2.5 浓度甚至达到了 70 微克/立方米，至 2019 年已没有城市年均 PM2.5 浓度超过 60 微克/立方米；（2）2019 年 PM2.5 年均浓度较高的区域相较 2015 年已明显减少，高浓度主要分布在成都市、合肥市、武汉市、长沙市等地，其余大部分地区 PM2.5 浓度低于 50 微克/立方米，空气质量持续好转；（3）长江经济带 PM2.5 浓度总体呈现中下游地区高于上游地区，长江北岸大于南岸的对角空间分布格局，低地平原指向性明显；（4）研究期间长江经济带大体形成了 3 个 PM2.5 浓度污染中心，即上游的成渝地区、长江中游地区和下游地区，这可能与人口密度、经济密度存在较为密切的联系（Liu et al.，2020）。

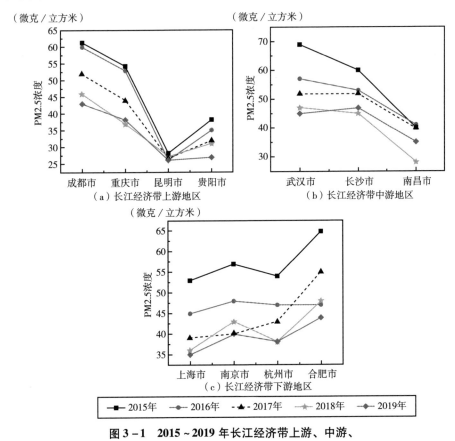

图 3-1　2015~2019 年长江经济带上游、中游、
下游地区 PM2.5 浓度时空分布

资料来源：笔者采用 Origin 软件绘制所得。

　　最后，将经济带 11 个地级市 2015～2019 年 PM2.5 日均浓度超标率情况进行可视化处理，可得图 3-2。结果表明，2015～2019 年 PM2.5 日均浓度超标率范围分别为 29%～81%、22%～73%、25%～71%、26%～60% 和18%～56%，城市 PM2.5 浓度的超标天数在逐年降低。2015～2019 年 PM2.5 日均浓度超标率最低的城市均为昆明市，2015～2018 年 PM2.5 日均浓度超标率最高的城市均为合肥市，2019 年 PM2.5 日均浓度超标率最高的城市为武汉市。

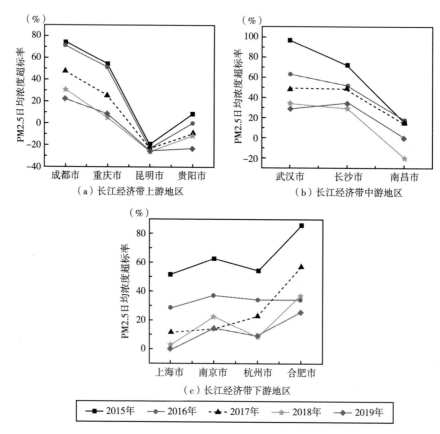

图 3-2　2015～2019 年长江经济带上游、中游、

下游地区 PM2.5 城市超标率时空分布

资料来源：笔者采用 Origin 软件绘制所得。

（二）PM2.5 中重金属

鉴于 PM2.5 中重金属的数据是基于各省份的主要城市汇总的，故选择 YREB 中 9 省 2 市的主要城市中 PM2.5 重金属的含量数据来表征 YREB 的污染概况。将通过文献计量收集的 YREB 中 PM2.5 重金属浓度数据基于时间权重进行整合后的数据如表 3 - 4 所示。

表 3 - 4　　基于时间权重的 YREB 中 PM2.5 重金属的含量　　单位：纳克/立方米

省份	主要城市	重金属含量							
		Cd	Cr	Hg	Pb	As	Cu	Zn	Ni
安徽省	合肥市	2.95	29.50	—	98.00	0.00	38.50	512.20	12.00
贵州省	贵阳市	1.27	10.42	—	71.53	15.03	298.20	308.84	10.11
湖南省	长沙市	0.70	6.00	—	21.10	4.50	8.60	49.30	2.80
湖北省	武汉市	6.05	11.34	1.20	190.87	30.56	35.01	430.23	3.87
江西省	南昌市	20.06	31.67	0.20	433.11	8.00	311.00	1051.90	53.88
浙江省	杭州市	2.07	5.40	0.06	92.89	8.08	43.42	616.87	3.72
四川省	成都市	2.78	6.79	—	76.85	29.46	22.44	268.57	5.41
江苏省	南京市	1.34	10.33	—	51.81	8.09	11.44	179.24	9.68
云南省	昆明市	6.00	30.00	—	281.00	105.00	78.00	327.00	20.00
重庆市	重庆市	—	12.44	—	50.90	7.10	11.77	119.30	4.01
上海市	上海市	5.69	36.36	1.32	46.64	4.17	22.74	149.89	8.80
平均值		4.89	17.30	0.70	128.61	20.00	80.10	364.85	12.21
环境空气质量标准（GB3095 - 2012）		5	—	50	500	6	—	—	—

资料来源：笔者根据时间加权计算所得。

结果表明，主要城市 PM2.5 中各类重金属的平均含量从高到低为：Zn（364.85 纳克/立方米）> Pb（128.61 纳克/立方米）> Cu（80.10 纳克/立方米）> As（20.00 纳克/立方米）> Cr（17.30 纳克/立方米）> Ni（12.21 纳克/立方米）> Cd（4.89 纳克/立方米）> Hg（0.70 纳克/立方米），与全国主要城市 PM2.5 中各种重金属的平均含量排序大致相同，仅 As 和 Cr 调换了排位。参照中国环境空气质量标准（GB3095－2012）的规定，Cd、Hg、Pb 和 As 年平均浓度限值分别为：5 纳克/立方米、50 纳克/立方米、500 纳克/立方米和 6 纳克/立方米。

结合表 3－4 中的浓度分布状况，YREB 覆盖的 11 个主要城市中 PM2.5 中 As 和 Cd 的超标城市分别达到了 9 个和 4 个。其中，昆明（105.00 纳克/立方米）的 As 浓度约为其对应限值的 20 倍，表明 PM2.5 中的 As 污染较为严重。此外，武汉（30.56 纳克/立方米）和成都（29.46 纳克/立方米）的 As 浓度也均超过其限值的 3 倍。因此，上述城市的 PM2.5 中的 As 污染必须给予关注。对于 Cd，在其浓度超过对应限值的所有城市中，南昌（20.06 纳克/立方米）超过了限值的 2 倍。所有城市 PM2.5 中的 Hg 和 Pb 均没有超过其相应的限值，但是 Hg 含量的相对高值区主要分布在上海市（1.32 纳克/立方米）和武汉市（1.20 纳克/立方米）。Pb 的含量相对高值区主要分布在南昌市（433.11 纳克/立方米）和昆明市（281.00 纳克/立方米）。根据表 3－4 中的数据，结果表明，YREB 的各个金属的高值区主要集中在南昌市、上海市、武汉市、昆明市。其中 Cd 和 Cr 主要分布在昆明市、南昌市和上海市，高值区跨越 YREB 的上游、中游、下游 3 个区域；Pb 主要分布在昆明市、南昌市和武汉市；Hg 主要分布在下游地区的上海市。除此之外，Cu、Zn 和 Ni 的含量在南昌市均较高；As 主要分布在上游地区的昆明市和成都市（见图 3－3）。

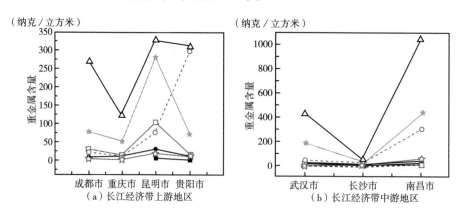

（a）长江经济带上游地区　　　　（b）长江经济带中游地区

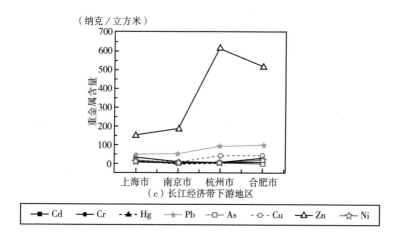

图 3 - 3　长江经济带上游、中游、下游大气

PM2.5 中重金属的空间分布

资料来源：笔者采用 Origin 软件绘制所得。

第二节　经济带全要素环境中重金属的污染评估

一、经济带水体重金属的污染评估

为进一步量化研究 YREB 全要素环境中重金属污染概况，基于前文全国全要素环境中重金属的污染评价结果，整理并评估分析全要素环境中重金属的 YREB 污染特征。

（一）地表水重金属

基于表 3 - 1，YREB 省级地表水单因子指数和内梅罗综合指数的评估结果如表 3 - 5 所示（Li et al.，2018c）。结果显示，省份中单因子污染指数最高的金属 Hg 的比率均占已有数据省份的 60%，表明这些省份地表水中的 Hg 的污染程度初步来看相较于其他金属高。其余省份中，湖北省和云南省的单因子污染指数最高的为 Ni，重庆市为 Pb，江苏省为 Zn。内梅罗综合污染指数的结果显示，除了安徽省以外，其余省份中的内梅罗综合污染指数的值均

表 3 - 5　YREB 各省份地表水水质污染指数

省份	P_i								$P_综$
	Cd	Cr	Hg	Pb	As	Cu	Zn	Ni	
安徽省	2.30×10^{-2}	5.64×10^{-1}	2.01	2.92×10^{-2}	7.33×10^{-2}	2.40×10^{-3}	4.14×10^{-2}	4.09×10^{-1}	1.45
贵州省	1.20×10^{-1}	4.92×10^{-2}	2.00×10^{-1}	9.78×10^{-2}	1.60×10^{-2}	7.84×10^{-3}	6.58×10^{-3}	1.28×10^{-1}	0.15
湖南省	1.04×10^{-1}	2.96×10^{-2}	6.53×10^{-1}	3.11×10^{-2}	5.93×10^{-2}	1.50×10^{-2}	2.65×10^{-2}	9.00×10^{-2}	0.47
湖北省	2.82×10^{-2}	7.38×10^{-2}	—	6.61×10^{-2}	2.24×10^{-2}	4.01×10^{-2}	3.17×10^{-2}	1.77×10^{-1}	0.13
江西省	9.18×10^{-2}	2.17×10^{-1}	1.20	1.01×10^{-1}	6.16×10^{-2}	3.24×10^{-3}	1.49×10^{-2}	3.27×10^{-2}	0.86
浙江省	1.96×10^{-1}	1.06×10^{-1}	3.00×10^{-1}	8.46×10^{-2}	3.42×10^{-2}	2.09×10^{-2}	7.21×10^{-2}	—	0.23
四川省	6.70×10^{-3}	8.12×10^{-3}	1.00	5.34×10^{-2}	7.49×10^{-2}	1.63×10^{-2}	8.53×10^{-3}	7.95×10^{-2}	0.71
江苏省	1.48×10^{-1}	5.66×10^{-2}	—	9.51×10^{-2}	1.02×10^{-1}	3.40×10^{-4}	3.25×10^{-1}	1.98×10^{-1}	0.25
云南省	9.18×10^{-2}	1.07×10^{-1}	—	2.69×10^{-2}	1.39×10^{-1}	3.63×10^{-3}	1.26×10^{-2}	3.17×10^{-1}	0.23
重庆市	9.27×10^{-2}	9.44×10^{-3}	—	1.06×10^{-1}	5.13×10^{-2}	1.26×10^{-3}	2.45×10^{-2}	—	0.08
上海市	—	—	—	—	—	—	—	—	—

资料来源：笔者根据单因子指数和内梅罗综合指数计算所得。

小于 1，表明综合水质污染等级为清洁，YREB 地表水受重金属污染程度较轻。安徽省的污染指数为 1.45，属于 Ⅱ 类级别、轻污染水平，其中主要的污染物为单因子污染指数最高的 Hg（Wu et al.，2020）。

（二）表层沉积物重金属的污染评价

基于表 3-2，YREB 各省份沉积物重金属基于地累积指数值的污染等级的评价结果如表 3-6 所示。水体表层沉积物中 8 种重金属在各个省份的富集污染等级的均值从高到低为：Cd（3.45）> Hg（1.75）> As（1.33）> Zn（1.20）= Cu（1.20）> Pb（0.70）> Ni（0.30）= Cr（0.30）。其中，Cr、Pb 和 Ni 在各省份的污染等级都在 3 级及以下，对应的污染指标为中度污染及以下（Li et al.，2020）。Cr 和 Ni 的污染等级均为 2 级以下，表明 Cr 和 Ni 的污染均为轻度污染及以下。

表 3-6　　　YREB 水体表层沉积物中基于 I_{geo} 的重金属污染等级

省份	I_{geo} 等级							
	Cd	Cr	Hg	Pb	As	Cu	Zn	Ni
安徽省	0	0	1	0	2	1	1	0
贵州省	6	—	—	—	—	—	—	—
湖南省	5	0	2	1	1	1	2	0
湖北省	1	0	—	0	0	0	0	0
江西省	5	0	5	1	2	2	2	0
浙江省	2	1	1	0	1	1	1	1
四川省	6	1	0	0	0	0	0	0
江苏省	2	0	0	0	1	0	0	0
云南省	6	1	5	3	4	5	4	1
重庆市	2	0	—	1	—	1	1	0
上海市	3	0	0	1	1	1	1	1

资料来源：笔者根据地累积指数计算所得。

二、经济带土壤重金属的污染评估

基于表 3-3，YREB 各省份土壤重金属基于地累积指数值的污染等级的计算结果如表 3-7 所示。

表 3 - 7   **YREB 土壤中基于 I_{geo} 的重金属污染等级**

省份	I_{geo} 等级							
	As	Cr	Cu	Zn	Ni	Pb	Hg	Cd
安徽省	I	I	II	II	I	I	II	II
贵州省	I	I	II	I	I	I	II	I
湖南省	I	I	I	I	I	II	II	III
湖北省	I	I	I	I	I	I	I	II
江西省	I	I	I	I	I	I	I	II
浙江省	I	I	II	I	I	II	II	I
四川省	I	I	I	I	I	I	I	III
江苏省	I	I	I	I	I	I	I	I
云南省	I	I	I	I	I	I	II	I
重庆市	I	I	I	I	I	I	II	III
上海市	I	I	I	I	I	I	I	I

资料来源：笔者根据地累积指数计算所得。

土壤中 8 种重金属在 YREB 各个省份的富集污染等级的均值从高到低为：Cd（1.82）> Hg（1.55）> Cu（1.27）> Pb（1.18）> Zn（1.09）= Ni（1.00）= As（1.00）= Cr（1.00）。其中，Cr、As 和 Ni 在各省份的污染等级都在 I 级及以下，对应的污染级别为清洁。Cu、Zn、Pb 和 Hg 的污染等级均为 II 级以下，表明污染均为轻度污染及以下。除了安徽省以外，Zn 在所研究的各个省份的污染等级均在清洁。除此之外，Cd 在各个省份的污染等级总体来说在 8 种重金属中最高，尤其在湖南省、四川省和重庆市的污染等级均达到了偏重污染。

三、经济带 PM2.5 重金属的污染评估

基于表 3 - 4，计算得出 YREB 主要城市中 PM2.5 中重金属的富集因子（Liu et al.，2021），见表 3 - 8。结果表明，主要城市中各种重金属的富集因子均高于 1，表明均有不同程度的富集。其中，主要城市中重金属的平均富集

因子分别为：Cd（4110.43）> Zn（477.33）> Pb（472.76）> Hg（376.13）> Cu（351.90）> As（232.62）> Ni（43.69）> Cr（25.54）。与全国主要城市中 PM2.5 重金属的富集因子相比，Hg 的平均富集因子下降水平最显著，下降了 72% 左右，表明 YREB 主要城市中 PM2.5 中的 Hg 的富集程度低于全国平均水平。从空间上看，Cd、Hg、Pb、As 和 Zn 的富集因子均远高于 20，表明 5 种重金属在 PM2.5 中严重富集，并主要来源于人为排放污染。此外，这 5 种重金属的最大富集因子值主要聚集在南昌市，煤燃烧产生的工业废气和汽车尾气是导致南昌市大气 PM2.5 中重金属富集较高的重要因素。武汉市、成都市和长沙市的 Cr，武汉市、重庆市和长沙市的 Ni 的富集因子值均低于 20 但高于 10，表明这些元素也主要起源于人类活动。对于 Cr 和 Ni，富集因子低于 10 的区域主要聚集在杭州市，表明这两种金属没有明显人为源贡献（Zhou et al.，2005）。

表 3-8　　　　　　　　YREB 主要城市 PM2.5 中重金属的富集因子

省份	主要城市	EF							
		Cd	Cr	Hg	Pb	As	Cu	Zn	Ni
安徽省	合肥市	646.58	39.15	—	317.41	—	194.44	631.57	30.36
贵州省	贵阳市	2029.41	20.96	—	491.52	155.71	1573.67	817.59	64.20
湖南省	长沙市	761.04	11.51	—	131.38	39.26	58.90	99.76	12.02
湖北省	武汉市	3713.56	13.93	707.04	730.53	262.45	120.47	543.62	10.97
江西省	南昌市	20680.06	44.83	381.44	1400.02	66.34	1186.26	1185.33	175.65
浙江省	杭州市	837.64	6.89	43.03	74.96	59.57	150.54	498.48	9.39
四川省	成都市	2118.13	11.54	—	371.71	477.56	81.89	394.41	23.13
江苏省	南京市	1063.10	26.44	—	315.47	115.19	53.66	353.37	41.77
云南省	昆明市	6664.20	45.75	—	978.64	938.06	320.55	397.00	70.25
重庆市	重庆市	—	25.60	—	255.12	183.59	71.45	210.43	19.91
上海市	上海市	2590.63	34.34	372.99	133.62	28.45	59.04	119.08	22.94

资料来源：笔者根据富集因子法计算所得。

第三节 经济带全要素环境中重金属
污染格局特征评述

为了进一步综合探究 YREB 全要素环境中重金属的污染格局特征，将所研究的全要素环境中重金属所在的省份或主要城市依照上游、中游和下游划分为三个区域（Long et al.，2020）。具体为：上游地区（重庆市、四川省/成都市、贵州省/贵阳市、云南省/昆明市）、中游地区（江西省/南昌市、湖北省/武汉市、湖南省/长沙市）和下游地区（上海市、江苏省/南京市、浙江省/杭州市、安徽省/合肥市）。

一、经济带水体重金属的污染格局特征评述

（一）地表水中重金属

为了综合量化评价重金属的污染概况和污染评价的结果，本书绘制了基于 YREB 上游、中游和下游三个区域的重金属平均含量和平均单因子污染指数值宏观综合区域分布图，如图 3 - 4 所示。结果表明，各个区域地表水中重金属的平均内梅罗综合污染指数总体上排序为：下游地区 > 中游地区 > 上游地区，下游地区总体重金属的富集程度较高，整个 YREB 地区地表水中重金属的污染趋势呈现从西向东逐渐增强的趋势。从重金属浓度的角度来看，下游地区各个重金属的浓度普遍高于其他 2 个地区，中游地区和上游地区的重金属富集程度相对较轻，尤其是上游地区。

结合 YREB 各省份地表水中重金属的分布情况和地表水重金属与内梅罗综合污染指数的宏观综合区域分布图（见图 3 - 4），通过对重金属的初步污染概况和污染评价结果的综合分析，可以得出：（1）各省份地表水中重金属主要分布在下游地区，整个 YREB 地区地表水中重金属的污染趋势呈现从西向东逐渐增强的趋势；（2）YREB 地表水重金属污染程度较高的省份有：下游地区的江苏省、浙江省和安徽省，中游地区的江西省和上游地区的贵州省；（3）重金属污染程度较高的省份中对应的高污染重金属分

别为：江苏省的 Cd 和 Zn，浙江省的 Cd 和 Hg，安徽省的 Cr 和 Hg，江西省的 Cr 和 Hg。

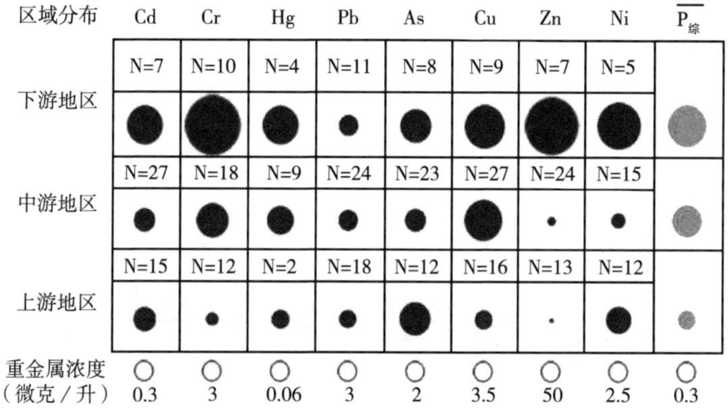

图 3 – 4　地表水重金属的宏观区域分布

资料来源：笔者采用 R 软件绘制所得。

（二）表层沉积物中重金属

为了综合量化评价重金属的污染概况和污染评价的结果，本书绘制了基于 YREB 上游、中游和下游三个区域的重金属平均含量和平均地累积指数值宏观综合区域分布图，如图 3 – 5 所示。结果表明，各个区域水体表层沉积物中重金属的平均地累积指数总体上排序为：上游地区 > 中游地区 > 下游地区，其中上游地区的重金属平均富集程度较高，达到了下游地区地累积指数平均值的 30 倍，整个 YREB 地区水体表层沉积物中重金属的污染趋势呈现从东向西逐渐增强的趋势，与地表水中重金属的污染趋势相反。这可能是矿产资源的开发和冶炼，特别是有色金属的冶炼和工业废水的排放导致的。从重金属浓度的角度来看，上游地区除了 Hg 以外，各种重金属的浓度普遍高于其他两个地区，中游和下游地区的重金属平均含量普遍较低，尤其是下游地区。

结合各省份水体沉积物重金属的分布情况和图 3 – 5，通过对重金属的初步污染概况和污染评价结果综合分析，表明：（1）各省份水体表层沉积物中重金属主要分布在 YREB 的上游地区，整个 YREB 地区水体表层沉积物中重金属的污染趋势呈现从东向西逐渐增强的趋势；（2）YREB 水体表层沉积物中重金属污染程度较高的省市有：上游地区的云南省和重庆市、中游地区的江西省和湖南省，下游地区重金属浓度较低；（3）重金属污染程度较高的省市中的高污染重金属分别为：云南省的 Cd、Hg 和 Cu，江西省的 Hg 和 Cd，湖南省的 Cd，贵州省的 Cd，工矿业冶采、农业生产和水产养殖等人类活动可能是导致 YREB 上游地区水体表层沉积物重金属污染较高的主要因素。

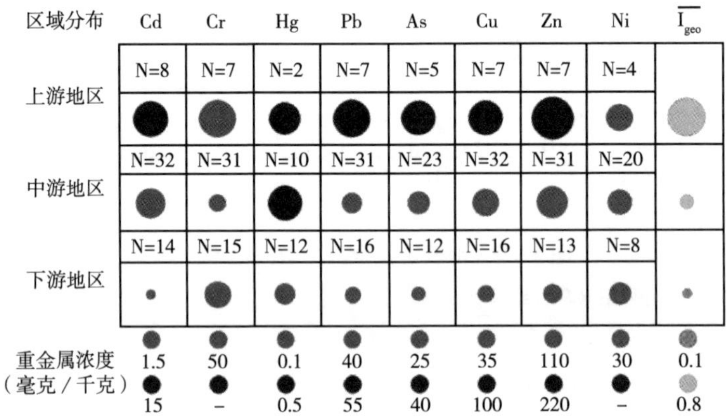

图 3-5　表层沉积物重金属的宏观区域分布

资料来源：笔者采用 R 软件绘制所得。

二、经济带土壤重金属的污染格局特征评述

为了综合量化评价重金属的污染概况和污染评价的结果，本书绘制了基于 YREB 上游、中游和下游三个区域的重金属平均含量和平均地累积指数值的宏观综合区域分布图。由图 3-6 可知，各个区域土壤中重金属的平均地累积指数总体上排序为：上游地区 = 中游地区 > 下游地区，其中上游地区和中游地区重金属平均富集程度较高，但与下游地区地累积指数平均值接近，整个 YREB 地区土壤中重金属污染趋势呈现从东向西逐渐增强的趋势，与地表水中重金属的污染趋势相反，与水体表层沉积物中重金属的污染趋势相同。从重金属浓度的角度来看，上游地区除了 Cd 以外，各个重金属的浓度普遍高于其他两个地区，中游和下游地区的重金属平均含量普遍较低，尤其是下游地区。

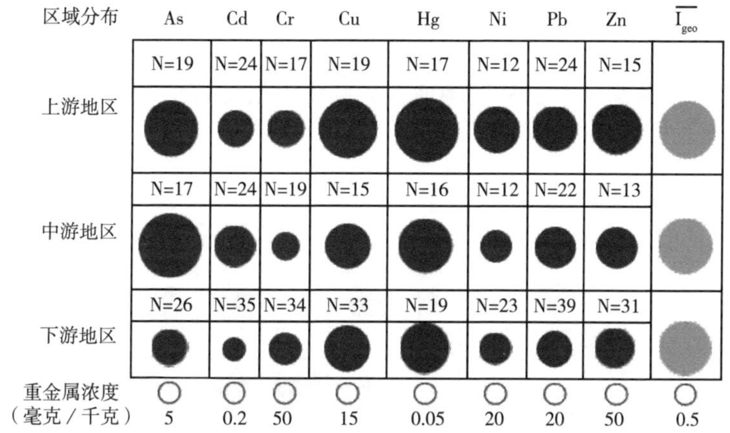

图 3 - 6　土壤重金属的宏观区域分布

资料来源：笔者采用 R 软件绘制所得。

结合各省份土壤重金属的分布情况和土壤重金属与地累积指数的宏观综合区域分布图 3 - 6，通过对重金属的初步污染概况和污染评价结果的综合分析，可以得出：（1）各省份土壤中重金属主要分布在 YREB 的上游地区，整个 YREB 地区土壤中重金属的污染趋势呈现从东向西逐渐增强的趋势；（2）YREB 土壤中重金属污染程度较高的省市有：上游地区的云南省和贵州省以及中游地区的湖南省，下游地区重金属浓度较低；（3）重金属污染程度较高的省市中高污染重金属分别为：云南省的 Hg 和 Zn，贵州省的 Hg 和 Zn，湖南省的 Cd 和 Hg。可能的原因是云南省、贵州省和湖南省是我国有色金属储量最为丰富的地区，有色重金属开采、选矿、冶炼企业众多，矿冶行为导致周边土壤重金属长期较高积累，由此带来的重金属污染问题也较为突出。

三、经济带 PM2.5 中重金属的污染格局特征评述

主要城市 PM2.5 中重金属在上游、中游和下游的平均含量和平均富集因子值的宏观综合区域分布如图 3 - 7 所示。结果表明，各个区域 PM2.5 中重金属的平均富集因子值总体上排序为：中游地区 > 上游地区 > 下游地区，中游地区总体重金属的富集程度较高，下游地区较低，中游地区的平均富集因

子约为下游地区的 5 倍，整个 YREB 地区 PM2.5 重金属的污染呈现两端低、中间高的趋势。从重金属浓度的角度看，除 As 以外，中游地区各个重金属的平均含量普遍高于上游和下游地区。其中上游地区的 As 浓度为三个区域中的最高值，值得注意。

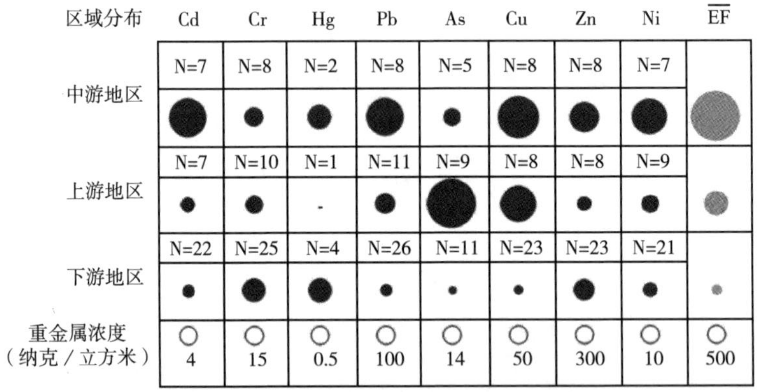

区域分布	Cd	Cr	Hg	Pb	As	Cu	Zn	Ni	$\overline{EF}$
中游地区	N=7	N=8	N=2	N=8	N=5	N=8	N=8	N=7	
	●	●	●	●		●	●	●	●
上游地区	N=7	N=10	N=1	N=11	N=9	N=8	N=8	N=9	
	●	●	·	●	●	●	●	●	●
下游地区	N=22	N=25	N=4	N=26	N=11	N=23	N=23	N=21	
	●	●	●	●	●	·	●	●	·
重金属浓度 （纳克／立方米）	○ 4	○ 15	○ 0.5	○ 100	○ 14	○ 50	○ 300	○ 10	○ 500

图 3-7 主要城市 PM2.5 中重金属的宏观区域分布

资料来源：笔者采用 R 软件绘制所得。

结合主要城市 PM2.5 重金属的分布图和 PM2.5 重金属和富集因子的宏观综合区域分布图，通过对重金属的初步污染概况和污染评价结果的综合分析，可以得出：（1）主要城市 PM2.5 中重金属主要分布在中游地区，整个 YREB 地区 PM2.5 重金属的污染呈现两端低、中间高的趋势；（2）YREB 大气 PM2.5 中重金属污染程度较高的省市有：中游地区的南昌市和武汉市、上游地区的昆明市、下游地区的上海市和合肥市；（3）重金属污染程度较高的省市中的高污染重金属分别为：南昌市的 Cd 和 Cr、武汉市的 As、昆明市的 Cr 和 As、上海市的 Cr、成都市的 As。这些城市人口较为密集，人为活动影响较大，工业排放、燃煤、道路尘和机动车尾气等可能是这些重金属的主要来源。

四、全要素环境中重金属污染格局特征综合评述

综合上述分析可知，YREB 与全国地表水重金属的污染水平类似，总体含量水平不高，重金属 Cr、Cd、Pb、As、Cu、Zn 的浓度均满足地表水Ⅲ类

标准的要求，8 种重金属的含量也均在生活饮用水标准的限值以内。水体表层沉积物中重金属的污染水平研究结果也与全国的结果类似，相对来说总体污染水平较高，与各省份的土壤背景值相比，所研究的 8 种重金属含量的超出率均达到了 60% 以上，尤其是 Cd，超出率为 100%（Yang et al.，2020）。对于水环境中的重金属来说，对比地表水和表层沉积物中重金属在 YREB 上游、中游、下游地区的污染趋势可以看出，带域水体重金属污染在地表水和表层沉积物中的污染趋势相反，其中地表水中重金属主要分布在下游地区，表层沉积物中重金属主要分布在上游地区（Liang et al.，2019）。其中，江西省地表水和水体表层沉积物中重金属的污染程度均较高，其中 Hg 和 Pb 的污染程度均较高。除此之外，地表水重金属主要分布在江苏省、浙江省和安徽省，表层沉积物中重金属主要在云南省、重庆市和湖南省富集程度较高。无论是地表水还是表层沉积物，8 种重金属在不同省份均有较高程度的富集。

对于 3 种主要自然环境要素中的重金属污染格局特征，地表水中重金属主要分布在下游地区，表层沉积物和土壤中重金属主要分布在上游地区，PM2.5 中重金属主要分布在中游地区。其中，对于上游地区，土壤重金属主要分布在上游地区的云南省（Hg、Zn），贵州省（Hg、Zn）；PM2.5 重金属主要分布在上游地区的云南省昆明市（Cr、As）和成都市（As）；表层沉积物中重金属主要分布在上游地区的云南省（Cd、Hg、Cu），贵州省（Cd）。可以看出，上游地区的云南省、贵州省的污染水平较高，3 种自然环境要素中重金属污染均属于高污染水平。这可能与云南省和贵州省丰富的有色金属储量有关，由矿冶行为导致的重金属污染较为突出。对于中游地区，地表水中重金属主要分布在中游地区的江西省（Cr、Hg）；表层沉积物中重金属主要分布在中游地区的江西省（Cd、Hg）；土壤中重金属主要分布在中游地区的湖南省（Cd、Hg）；PM2.5 中重金属主要分布在中游地区的江西省南昌市（Cd、Cr）和湖北省武汉市（As）。江西省的地表水、表层沉积物与 PM2.5 中的重金属污染均较重。工矿业冶采、农业生产和水产养殖等人类活动可能是导致中游地区污染较高的主要因素。对于下游地区，地表水中重金属主要分布在下游地区的江苏省（Cd、Zn），浙江省（Cd、Hg）和安徽省（Cr、Hg）；表层沉积物和土壤中重金属下游地区污染程度较低；PM2.5 中重金属主要分布在下游地区的上海市（Cr）。全要素环境重金属污染概况是初步确定全要素中污染物污染程度和制定进一步污染防控策略的重要参考，在本书中其主要作用是作为健康风险评估前的初步风险识别步骤。在良好不确定性控制下的初步风险识别可以有效地明确后续全要素重金属健康风险评估的评估重点，为高效的风险管理体系提供科学支撑。

| 第四章 |

长江经济带全要素环境中重金属暴露风险识别及源解析

　　基于前述章节结果可知，无论是全国，还是 YREB 地区，全要素环境中重金属的污染均不可忽视，加之长江经济带人口密度整体较高，面对环境重金属污染问题和周边居民存在的暴露风险及可能带来的疾病负担，本书主要采用基于三角模糊数改进的健康风险评价模型，结合时间权重和区域暴露情景模型来综合量化识别 YREB 全要素环境中重金属的区域暴露风险，探究其健康风险的区域分布特征，进而识别优先管控区域以及相应的重金属，以期为层次化的重金属污染防控措施、环境管理政策的有效拟定提供科学依据。

　　由于系统具有复杂性和模糊性，确定性的健康风险评估方法可能会导致由方案、模型和参数的不确定性引起的评估结果的偏差（Cullen & Frey，1999），目前许多学者针对参数的不确定性进行了广泛的研究。研究结果指出，在参数不确定性控制下（王永杰等，2003），环境全要素中的有毒金属健康风险评估使用随机模拟（李飞等，2012）、集对分析（李进军等，2013）和模糊方法（郑德凤等，2015）进行评估，比确定性风险评估获得更多的信息和全面的结果，从而为相关决策者提供了科学依据。本书的数据特征和文献综述的结果表明，采用三角模糊数（以下简称TFNs）定量分析和控制系统参数不确定性在处理缺乏足够信息或准确性的数据方面具有良好的适用性（Li et al.，2019）。本书中的不确定性主要来自所收集的全要素环境中重金属的浓度数据，对于研究尺度在一定程度上可认为是偏"贫"数据集，因此在对全要素环境中重金属的健康风险进行评估时，引入 TFNs 来量化重金属的浓度参数及其不确定性。

TNFs 的计算方法如下：如果实数 R 中有 1 个模糊数，设它的隶属函数 $\mu_{\tilde{C}}(x):\rightarrow[0, 1]$，$x \in R$，$x \in R$，则 $\mu_{\tilde{C}}(x)$ 定义如下：

$$\mu_{\tilde{C}}(x) = \begin{cases} 0, & x < a \\ \dfrac{x-a}{b-a}, & a \leqslant x \leqslant b \\ \dfrac{c-x}{c-b}, & b \leqslant x \leqslant c \\ 0, & x > c \end{cases} \qquad (4-1)$$

其中，$\tilde{C}$ 是三角形模糊数，且 $\tilde{C} = (a, b, c)$。a、b 和 c 都在实数集中，a≤b≤c。根据数理统计方法（Han & Micheline，2006）和数值分析原理（Nazir & Khan，2006），a、b、c 的选择方法如下（Li et al.，2021）：（1）如果数据在选定的文献中包含最大值、最小值、平均值（Mean）和标准差（SD），则 a 在比较数据集的最小值和 Mean – 2SD 后选择较大的值；b 为数据的统计期望，反映了随机变量的总体大小特征，在本书中 b 等于算术平均值；c 为数据集的最大值和 Mean + 2SD 之间的较小的值。（2）如果收集的数据中没有最大值和最小值，取置信水平为 40%，a 在比较 0.6Mean 和 Mean – SD 数据后选择较大的值；b 选择算术平均值；c 在比较 1.4Mean 和 Mean + SD 的数据后选择较小的值。（3）如果在收集的数据中只有 1 个平均值，则 SD 的置信水平设置为 85%，即 SD = 0.15Mean，a、b 和 c 的选择方法与（2）中方法相同。

考虑到环境污染事件的非负性，假设为正三角模糊数，即 a > 0。在实际计算中，经常使用 α – 截集将 TFN 转换成具有一定置信度的相应区间，以简化计算（Li et al.，2021）。α – 截集的定义为（Giachetti & Young，1997）：

$$\tilde{C}_{\alpha} = [C_{\alpha}^{L}, C_{\alpha}^{R}] = [\alpha(b-a)+a, -\alpha(c-b)+c], (\alpha \in (0,1]) \qquad (4-2)$$

其中，$\tilde{C}_{\alpha}$（微克/升）即称为 $\tilde{C}$ 的 α – 截集，α 值越大，数据就越可信，数据出现的频率也就越高。为了使评价结果易于被人们接受，α 通常取 0.9

（李如忠，2007），得到所收集的 YREB 各个省市全要素中重金属浓度的模糊两位矩阵，为进一步消除采样时间较远导致的数据有效性差，引入前文的时间权重对各省市重金属浓度的模糊矩阵加权，得到基于时间加权的 YREB 各省市全要素环境（地表水、土壤、PM2.5）中重金属的整合模糊矩阵见附表4。

第一，健康风险评价模型。

本章节所研究的全要素环境中重金属主要可通过以下三种暴露途径进入人体：一是经手—口摄入，即通过饮水、误食等具体途径进入体内；二是皮肤接触，即人体皮肤接触到被污染的土壤、水体等而摄入重金属元素；三是呼吸接触，即人体直接吸入空气中飘浮的携带重金属的土壤飞尘、PM2.5 等（Li et al.，2019）。通过上述三种暴露途径，可以将水体和土壤中重金属进入人体途径分为经手—口摄入和皮肤接触；PM2.5 方面主要考虑由呼吸途径进入人体的重金属带来的健康风险。采用美国环保局提出的人类接触风险模型（USEPA，1996；USEPA，2002），结合三角模糊数计算通过手—口摄入（$\widetilde{ADD}_{ing}$）、皮肤接触（$\widetilde{ADD}_{derm}$）和呼吸吸入（$\widetilde{ADD}_{inh}$）三种途径人体的模糊健康风险，计算公式如下：

$$\widetilde{ADD}_{ing} = \frac{\widetilde{C}_i \times IR \times EF \times ED}{BW \times AT} \qquad (4-3)$$

$$\widetilde{ADD}_{derm} = \frac{\widetilde{C}_i \times SA \times K_p \times ET \times EF \times ED \times 10^{-3}}{BW \times AT} \qquad (4-4)$$

$$\widetilde{ADD}_{inh} = \frac{\widetilde{C}_i \times DAIR \times ED \times PIAF \times fspo \times EF}{BW \times AT} \qquad (4-5)$$

其中，$\widetilde{ADD}_{ing}$、$\widetilde{ADD}_{derm}$ 和 $\widetilde{ADD}_{inh}$ 分别表示通过手—口摄入、皮肤接触和呼吸吸入三种途径暴露于元素 i 的模糊平均日剂量，微克/（千克·天）。$\widetilde{C}_i$ 是三种自然环境要素（地表水：微克/升，土壤：毫克/千克，PM2.5：纳克/立方米）中重金属元素 i 基于三角模糊数的模糊浓度。其他暴露参数以及对应的参考取值如表4-1所示（Den，1994；USEPA，1996；USEPA，2002）。

表 4 - 1　　　　　　　　　　　　暴露参数的含义及取值

参数	定义		单位	参考值	
				儿童	成人
IR	经手—口摄入频率		升/天	1.5	2.2
EF	暴露频率		天/年	350	350
ED	暴露持续时间		年	6	24
SA	暴露皮肤面积		平方厘米	6660	18000
BW	受体体重		千克	15.9	56.9
DAIR	人群每日的空气呼吸量		立方米/天	7.6	20
ET	日均皮肤接触时间		小时/天	0.6	
PM10	空气中的可吸入颗粒物的含量		毫克/立方米	0.3	
PIAF	吸入的颗粒物在人体内滞留的比例		—	0.75	
fspo	室外空气中来自土壤的颗粒物所占比例		—	0.5	
AT	平均暴露时间	非致癌	天	365 × ED	
		致癌		365 × 70	
Kp	皮肤渗透系数	Cd	厘米/小时	0.001	
		Cr		0.002	
		Hg		0.001	
		Pb		0.0001	
		As		0.001	
		Cu		0.001	
		Zn		0.0006	
		Ni		0.0002	

资料来源：污染场地风险评估技术导则（HJ 25.3 - 2014）。

模糊非致癌风险和模糊致癌风险的计算公式如下：

$$\widetilde{HQ_i} = \frac{\widetilde{ADD_i} \times 10^{-3}}{RfD_i} \tag{4-6}$$

$$\widetilde{HI} = \sum_{i=1}^{n} \widetilde{HQ_i} \tag{4-7}$$

$$\widetilde{CR_i} = \widetilde{ADD_i} \times SF_i \times 10^{-3} \tag{4-8}$$

$$\widetilde{CR} = \sum_{i=1}^{n} \widetilde{CR_i} \tag{4-9}$$

其中，HI 为某种重金属污染物对人体所造成的非致癌风险污染指数；HQ_i 为某暴露途径下的非致癌风险熵数，无量纲，包含 HQ_{ing}、HQ_{derm} 和 HQ_{inh}，分别为经手—口摄入、皮肤接触和呼吸接触三种暴露途径的非致癌风险商数；RfD_{ing}、RfD_{derm} 和 RfD_{inh} 分别为非致癌重金属污染物在上述三种途径下的参考剂量，单位为毫克/（千克·天）。CR_i 为某种重金属的致癌风险污染指数，$\widetilde{CR}$ 为重金属的总致癌风险；SF_i 为某暴露途径下的致癌斜率因子，单位为（千克·天）/毫克，包含 SF_{ing}、SF_{derm} 和 SF_{inh}。生物毒理学参数如表 4 - 2 所示。

表 4 - 2　　　　　　　　　　　　生物毒理学参数取值

重金属元素	RfD			SF		
	RfD_{ing}	RfD_{derm}	RfD_{inh}	SF_{ing}	SF_{derm}	SF_{inh}
Cd	1.00×10^{-3}	1.00×10^{-5}	2.86×10^{-6}	6.1	6.1	6.3
Cr	3.00×10^{-3}	6.00×10^{-5}	2.86×10^{-5}	0.5	20	42
Hg	3.00×10^{-4}	2.10×10^{-5}	8.57×10^{-5}			
Pb	3.50×10^{-3}	5.25×10^{-4}	1.01×10^{-3}			
As	3.00×10^{-4}	1.23×10^{-4}	4.29×10^{-6}	1.5	1.5	15.1
Cu	4.00×10^{-2}	1.20×10^{-2}	1.15×10^{-2}			
Zn	3.00×10^{-1}	6.00×10^{-2}	8.60×10^{-2}			
Ni	2.00×10^{-2}	5.40×10^{-3}	2.57×10^{-5}	—	—	0.84

注：RfD 单位为毫克/（千克·天），SF 单位为（千克·天）/毫克。
资料来源：污染场地风险评估技术导则（HJ 25.3 - 2014）。

对于重金属的非致癌风险，当 HI < 1 或 HQ < 1 时，重金属的非致癌风险可以忽略；否则，则认为存在重金属的非致癌风险，需要政府部门干预。对于重金属的致癌风险，本书根据德尔菲法、美国环保局和国际放射性专业委员会的评估标准以及目前在中国使用的现有标准，将致癌风险水平分为 7 个等级（NSDH，2012），如表 4 - 3 所示。已知 $\widetilde{CR}$ 经过 α - 截集之后得到的是 1 个区间值，因此可能会出现区间值跨越 2 个等级的情况。为了降低这种不确定性，引入隶属度计算跨区域区间值对 2 个区间的隶属度（Li et al.，2021）：

$$A(\lambda) = \frac{\left| \left[CR_1, CR_2 \right] \cap \left[CR_1^*, CR_2^* \right] \right|}{\left[CR_1, CR_2 \right]} \quad (4-10)$$

其中，$A(\lambda)$ 表示对 λ 等级的隶属度，$\left[CR_1^*, CR_2^* \right]$ 表示其对应的等级范围；$\left[CR_1, CR_2 \right]$ 表示对应的跨等级的区间值；$\|$ 表示区间长度；$\cap$ 表示 2 个区间的交点。

表 4-3   致癌风险等级与标准

风险等级		CR	可接受程度
I	极低风险	$< 1.00 \times 10^{-6}$	完全可接受
II	低风险	$[1.00 \times 10^{-6}, 1.00 \times 10^{-5})$	可以接受
III	低—中风险	$[1.00 \times 10^{-5}, 5.00 \times 10^{-5})$	需引起注意
IV	中风险	$[5.00 \times 10^{-5}, 1.00 \times 10^{-4})$	应给予一定的重视
V	中—高风险	$[1.00 \times 10^{-4}, 5.00 \times 10^{-4})$	应引起重视且采取一些的措施
VI	高风险	$[5.00 \times 10^{-4}, 1.00 \times 10^{-3})$	必须采取必要的应对措施
VII	极高风险	$> 1.00 \times 10^{-3}$	不可接受，应立即处理

资料来源：根据德尔菲法、美国环保局和国际放射性专业委员会及中国现有标准整合。

第二，潜在生态风险指数。

潜在生态风险指数是哈坎逊在 1980 年以沉积学原理为基础建立的一种沉积物重金属生态风险评价方法。该方法不仅考虑了沉积物中重金属的含量，还考虑了重金属的种类、毒性水平和沉积物对重金属的敏感性（Lin et al.，2019）。基于潜在生态风险指数法对长江经济带水体表层沉积物中重金属进行潜在生态风险识别。计算方法如式（4-11）、式（4-12）所示：

$$RI = \sum_{i=1}^{n} E_r^i \quad (4-11)$$

$$E_r^i = T_r^i \times C_f^i = T_r^i \times \frac{C_A^i}{C_o^i} \quad (4-12)$$

其中，RI 是多种重金属的潜在生态风险指数，无量纲；n 是重金属种类数；i 为重金属 i；E_r^i 是重金属 i 的潜在生态风险，无量纲；T_r^i 为重金属 i 的毒性响应系数，反映了重金属的环境敏感性和毒性水平。重金属 Cd、Cr、Hg、Pb、As、Cu、Zn 和 Ni 的毒性响应系数分别为：30、2、40、5、10、5、1 和 5；C_f^i 是污染因子；C_A^i 为表层沉积物中重金属实测浓度值，单位为毫克/千克；C_o^i 为沉积物重金属浓度的参考值，单位为毫克/千克，本书采用各省份的土壤背景值作为参考值。参照相关文献的潜在生态风险分级方法（Hakanson，1980；王帅等，2014），根据 E_r^i 的阈值范围可将单一重金属的潜在生态风险从低到高分成 5 个级别，根据 RI 的阈值范围将多种重金属的潜在生态风险分为 4 个等级，如表 4 − 4 所示。

表 4 − 4 潜在生态风险指数等级划分

等级	单一重金属		多种重金属	
	E_r^i 阈值范围	潜在生态风险程度	RI 阈值范围	潜在生态风险程度
Ⅰ	$E_r^i < 40$	低生态风险	$RI < 150$	低度生态风险
Ⅱ	$40 \leqslant E_r^i < 80$	中等生态风险	$150 \leqslant RI < 300$	中度生态风险
Ⅲ	$80 \leqslant E_r^i < 160$	强生态风险	$300 \leqslant RI < 600$	重度生态风险
Ⅳ	$160 \leqslant E_r^i < 320$	很强生态风险	$RI > 600$	严重生态风险
Ⅴ	$E_r^i \geqslant 320$	极强生态风险	—	—

资料来源：笔者根据式（4 − 11）、式（4 − 12）计算所得。

第一节　水体重金属的模糊风险识别与源解析

基于水体重金属的污染研究分为地表水和表层沉积物两方面，鉴于人群对水体表层沉积物接触较少，在水体表层沉积物中的暴露剂量较低（Fang et al.，2020），因此本节对地表水重金属进行模糊健康风险识别，水体表层沉积物中的重金属采用潜在生态风险指数法进行评估来标志水体生态的潜在恶化可能。

一、全国水体重金属的模糊风险评估

（一）地表水重金属的模糊健康风险评估

1. 模糊非致癌风险评估

本书基于模糊健康风险评价模型式（4 − 3）~式（4 − 8），计算出了基于时间权重的全国各省份地表水中重金属的模糊健康风险（包括非致癌风险和致癌风险评价结果），计算结果见全国各省份地表水中重金属的模糊健康风险表（附表7）。结果显示，在所研究的全国各省份中，儿童的总非致癌风险从 0.02（福建省）到 9.54（西藏自治区）不等，成人的总非致癌风险从 0.01（福建省）到 3.98（西藏自治区）不等。儿童和成人平均总非致癌风险的平均水平分别为 1.53 和 0.65，表明全国地表水中重金属的非致癌风险水平不是很高，但是地表水中微量重金属仍会对儿童产生一定的非致癌风险。52% 的省份中地表水重金属的儿童总非致癌风险均超过了阈值1，表明存在非致癌风险，仅有安徽省、云南省、新疆维吾尔自治区和西藏自治区的成人总非致癌风险超过了阈值1。非致癌风险存在的城市中，云南省、安徽省、江苏省、青海省、新疆维吾尔自治区、西藏自治区的儿童模糊非致癌风险超过了阈值1，需要引起重视。

全国各省份地表水中重金属非致癌风险贡献率的堆积图如图 4-1 所示。结果表明，就单个重金属的非致癌风险而言，As 是各省份地表水中重金属的非致癌风险贡献率最高的重金属。其中，新疆维吾尔自治区和西藏自治区地表水中 As 的非致癌风险很高，儿童和成人的非致癌风险均超过了阈值1，其中儿童的非致癌风险分别达到了 2.78~3.35 和 5.73~8.79。此外，四川省、云南省、江苏省、安徽省、河南省和青海省的 As 的儿童模糊非致癌风险也均超过了阈值1，表明非致癌风险的存在，其中云南省、江苏省和河南省的儿童非致癌风险在上述省份中位居前3名。除 As 以外，全国各省份非致癌风险贡献率为 Cr > Pb > Cd > Cu > Ni > Zn > Hg，并且这7种重金属非致癌风险几乎所有都低于可接受风险标准（HQ = 1），风险较低可接受。

2. 模糊致癌风险评估

结合全国各省份地表水中重金属的模糊健康风险表（见附表7）可知，各省份地表水中重金属的儿童总模糊致癌风险的范围为：1.93×10^{-6}（福建省）到 5.77×10^{-4}（西藏自治区）；而成人的总模糊致癌风险的范围为：3.64×10^{-6}（福建省）到 9.52×10^{-4}（西藏自治区）。儿童和成人平均总致癌风险的平均水平分别为 9.00×10^{-5} 和 1.53×10^{-4}，分别隶属于 Ⅳ 级和 Ⅴ 级风险水平，且由于成人摄入量相较于儿童较大，成人的致癌风险普遍高于儿童。所有省份中的重金属儿童和成人的总模糊致癌风险均超过了可接受的风险限值（10^{-6}），表明致癌风险均不可忽略。其中西藏自治区地表水中成人和儿童（58.33%隶属于Ⅵ级）的总模糊致癌风险均达到了Ⅵ级高风险水平，十分值得注意，必须采取必要的应对措施来降低风险。除此之外，分别有23.8%和47.6%的省份中的儿童和成人的总模糊致癌风险达到了Ⅴ级风险水平。其中儿童的Ⅴ级风险水平省份按照致癌风险均值排序为：安徽省（1.81×10^{-4}）＞新疆维吾尔自治区（1.59×10^{-4}）＞云南省（1.29×10^{-4}）＞江西省（1.26×10^{-4}）＞江苏省（1.08×10^{-4}）。成人的Ⅴ级风险水平位居致癌风险均值前五名的省份排序为：安徽省（3.30×10^{-4}）＞新疆维吾尔自治区（2.66×10^{-4}）＞江西省（2.20×10^{-4}）＞云南省（2.19×10^{-4}）＞江苏省（1.81×10^{-4}）。

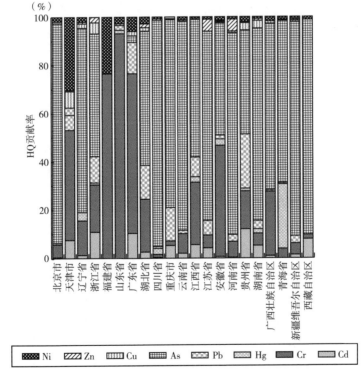

图4-1　全国各省份地表水中重金属非致癌风险贡献率的堆积图

资料来源：笔者采用 R 软件绘制所得。

就单种重金属的致癌风险而言，如图4－2所示，3种致癌重金属对致癌风险的平均贡献顺序为：As（53.79%）＞Cr（28.48%）＞Cd（23.39%），As的贡献率最高。值得注意的是，本书中Cr选用的生物毒理学参数为对人类具有致癌作用的Cr（Ⅵ）的参数，但是在地表水中，Cr（Ⅲ）的含量远高于Cr（Ⅵ），因此上述结果一定程度上可能高于实际情况。

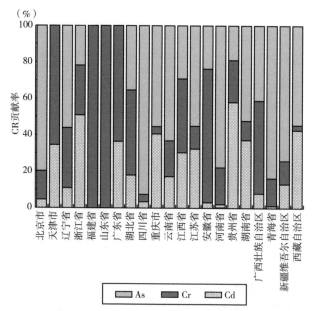

图4－2　全国各省份地表水中重金属致癌风险贡献率的堆积图

资料来源：笔者采用R软件绘制所得。

基于全国各省份地表水中重金属的模糊健康风险表（见附表7）中各省份地表水中重金属的致癌风险值，以及隶属度函数的计算，结合最大隶属度原则，即可得出各种重金属的致癌风险等级以及相应的等级隶属度。结果显示，成人的模糊致癌风险普遍高于儿童，并且各种致癌重金属在各省份的模糊致癌风险的隶属度均为1，因此选择成人的模糊致癌风险等级以及相应的隶属度为代表进一步探究模糊致癌风险的区域分布，对于成人的模糊致癌风险，各个省份地表水中3种致癌重金属的模糊致癌风险范围分别为：Cd，9.83×10^{-7}（青海省）~ 3.70×10^{-4}（西藏自治区）；Cr，3.45×10^{-6}（四川省）~ 4.09×10^{-4}（安徽省）；As，1.52×10^{-5}（贵州省）~ 5.56×10^{-4}（西藏自治区）。总体来看，3种致癌重金属的总体风险水平为：As＞Cr＞Cd。

对于 As 来说，所有省份中的模糊致癌风险均达到了Ⅲ级及以上水平，其中云南省、新疆维吾尔自治区和西藏自治区（71.13% 隶属于Ⅴ级）的模糊致癌风险均达到了Ⅴ级风险水平，风险较高。除此之外，四川省、江西省、江苏省、安徽省、河南省、湖南省和青海省的 As 的模糊致癌风险也均达到了Ⅳ级风险水平，其中江苏省、河南省和青海省位居致癌风险值的前三名。对于 Cr 来说，仅有安徽省的 Cr 的模糊致癌风险达到了Ⅴ级风险水平，广东省、江西省和广西壮族自治区的 Cr 的模糊致癌风险也均达到了Ⅳ级风险水平，上述省份中地表水 Cr 的致癌风险较高，值得注意。对于 Cd，仅有西藏自治区的模糊致癌风险达到了Ⅴ级风险水平，另外浙江省、江西省和江苏省的模糊致癌风险也均达到Ⅳ级风险水平。

综上所述，基于各个省份地表水中重金属的非致癌风险和致癌风险，As 主要集中分布在西北地区（青海省、新疆维吾尔自治区）、华东地区（江苏省、安徽省、江西省）和西南地区（四川省、云南省、西藏自治区），尤其以西南地区的污染最为严重。各个省份中的 Cr 主要分布在华东地区（安徽省、江西省）和华南地区（广东省、广西壮族自治区）。Cd 主要分布在华东地区（江苏省、浙江省、江西省），西南地区的西藏自治区污染也较为严重，但需要注意案例数低于各省份案例数平均数的结果不确定性，即污染研究文献的偏爱性。

（二）水体表层沉积物的生态风险评估

根据式（4 - 10）、式（4 - 11）结合相应参数可以计算得出重金属的潜在生态风险指数，基于表 4 - 4 中的潜在生态风险指数划分，可以得到所研究的全国各省份水体表层沉积物的生态风险，如表 4 - 5 所示。云南省、贵州省、青海省、辽宁省、四川省、江西省、湖南省、陕西省和广东省的重金属的潜在生态风险指数均达到了Ⅳ级严重生态风险，其中，按照潜在生态风险指数值的大小排序为：云南省 > 贵州省 > 青海省 > 辽宁省 > 四川省 > 江西省 > 湖南省 > 陕西省 > 广东省，云南省、贵州省、青海省、辽宁省位居前四名，潜在生态风险指数值达到了Ⅳ级严重生态风险阈值（600）的 16 倍到 35 倍，潜在生态风险很严重。除此之外，上海市的潜在生态风险达到了Ⅲ级重度生态风险，风险水平也较高。

表 4-5   各省份水体表层沉积物的生态风险等级

省份	E_r^i								RI
	Cd	Cr	Hg	Pb	As	Cu	Zn	Ni	
北京市	II	I		I	I	I	I	I	I
河北省	IV	I		I	I	I	I	I	II
天津市	II	I		I	—	I	I	I	I
上海市	IV	I	I	I	I	I	I	I	III
辽宁省	V	I	—	IV	V	I	I	—	IV
浙江省	III	I	II	I	I	I	I	I	II
福建省	III	I	—	I	III	I	I	I	II
山东省	II	I	I	I	I	I	I	I	I
广东省	V	I	II	I	II	I	I	I	IV
湖北省	II	I	—	I	I	I	I	I	I
四川省	V	I	I	I	I	I	I	I	IV
重庆市	III	I	—	I	—	I	I	I	I
云南省	V	I	V	II	IV	III	I	I	IV
江西省	V	I	V	I	II	I	I	I	IV
江苏省	III	I	I	I	I	I	I	I	II
安徽省	II	I	II	I	I	I	I	I	II
贵州省	V	—			—	—	—	—	IV
湖南省	V	I	IV	I	I	I	I	I	IV
陕西省	III	I	V	I	I	I	I	I	IV
吉林省	III	I	III	I	I	I	—	I	II
广西壮族自治区	III	I	—	I	I	I	I	I	II
青海省	V	I	—	III	I	I	I	I	IV
甘肃省	—	I	II	I	I	—	I	—	I
内蒙古自治区	III	I	I	I	I	I	I	I	II

资料来源：笔者根据式 (4-10)、式 (4-11) 计算所得。

对于单种重金属的潜在生态风险，各种重金属在所研究的各个省份中的单一潜在生态风险均值从大到小为：Cd（2662.16）＞Hg（353.12）＞As（67.20）＞Pb（25.82）＞Cu（14.53）＞Ni（6.52）＞Zn（5.90）＞Cr（2.23），其中 Cd 和 Hg 的平均潜在风险均达到了 V 级极强生态风险水平，尤其是 Cd，生态风险极高。其余重金属 As、Pb、Cu、Ni、Zn 和 Cr 的平均生态风险值均为 II 级中等生态风险及以下，风险水平不高。

另外，各个重金属在各省份的潜在生态风险对总的潜在生态风险指数值的贡献率均值排序为：Cd（68%）＞Hg（32%）＞As（8%）＞Pb（4%）＞Cu（3%）＞Ni（3%）＞Zn（1%）＞Cr（1%），Cd 和 Hg 是贡献率最高的 2 种金属，尤其是 Cd，再次表明了所研究全国各省份水体表层沉积物重金属中 Cd 和 Hg 的污染最强。对于 Cd，除了北京市、天津市、山东省、湖北省和安徽省以外，各省份 Cd 的潜在生态风险均为Ⅲ级强生态风险及以上。33%的省份（云南省＞贵州省＞青海省＞辽宁省＞四川省＞湖南省＞江西省＞广东省）中 Cd 的潜在生态风险达到了Ⅴ级极强生态风险，其中云南省、贵州省和青海省的风险值达到了Ⅴ级生态风险阈值（320）的 35 倍到 60 倍左右，风险极高。Hg 的生态风险水平位居第二，云南省、江西省和陕西省的 Hg 的潜在生态风险达到了Ⅴ级极强生态风险，另外湖南省的 Hg 也达到了Ⅳ级很强生态风险。As 位居生态风险水平的第三位，各省份中辽宁省、云南省和福建省的生态风险较高，分别达到了Ⅴ级、Ⅳ级和Ⅲ级风险水平。除此之外，辽宁省和青海省的 Pb 生态风险分别达到了Ⅳ级和Ⅲ级，云南省的 Cu 生态风险也达到了Ⅲ级强生态风险。Cr、Zn 和 Ni 的生态风险在各个省份均较低，均为Ⅰ级低生态风险，表明水体表层沉积物中 Cr、Zn 和 Ni 的总体污染水平较低。

二、经济带水体重金属的模糊风险评估

（一）地表水重金属的模糊健康风险评估

1. 模糊非致癌风险评估

基于全国各省份地表水中重金属的综合模糊健康风险结果，抽出分析 YREB 覆盖的九省二市的污染状况，结果见表 4-6、图 4-3。结果显示，在所研究的 YREB 覆盖的 11 个省市中，儿童的总非致癌风险值的范围为从 0.55（贵州省）到 2.55（云南省）不等，成人的总非致癌风险从 0.24（贵州省）到 1.07（云南省）不等。儿童和成人平均总非致癌风险的平均水平分别为 1.40 和 0.60，均略高于全国各省份的相应均值，但是地表水中重金属的儿童非致癌风险均大大高于成人，总体来看，各省份地表水中重金属的非致癌风险水平不是很高。YREB 各个省份儿童和成人的总非致癌风险值的

平均水平排序为：云南省（1.75）>安徽省（1.71）>江苏省（1.41）>江西省（1.18）>四川省（0.85）>湖南省（0.82）>浙江省（0.73）>重庆市（0.71）>湖北省（0.45）>贵州省（0.41），仅有云南省、安徽省、江苏省和江西省的总致癌风险均值超过了可接受的非致癌风险阈值1，表明了相应非致癌风险的存在。对于儿童来说，除了贵州省和湖北省以外，其余各省份的儿童模糊非致癌风险均超过了阈值1，其中安徽省（2.32~2.40）、云南省（2.37~2.55）和江苏省（1.98~1.99）的非致癌风险远超过阈值，表明这两个省份的儿童面临着较高的非致癌风险。

表4-6　　　　YREB 各省份中重金属的总模糊非致癌风险与致癌风险

省/直辖市	非致癌风险				致癌风险	
	儿童		成人		儿童	成人
安徽省	2.32	2.40	1.03	1.07	V	V
贵州省	0.55	0.58	0.24	0.25	IV	IV
湖南省	1.08	1.22	0.45	0.51	IV	V
湖北省	0.59	0.66	0.25	0.28	III	IV
江西省	1.58	1.70	0.69	0.74	V	V
浙江省	1.01	1.03	0.44	0.45	IV	V
四川省	1.18	1.23	0.49	0.51	III	IV
江苏省	1.98	1.99	0.83	0.84	V	V
云南省	2.37	2.55	0.99	1.07	V	V
重庆市	0.98	1.02	0.41	0.42	IV	IV
上海市	—	—	—	—	—	—

资料来源：笔者根据模糊健康风险评估公式计算所得。

成人的模糊非致癌风险远低于儿童，YREB 各省份中成人的模糊非致癌风险中，仅有安徽省（1.03~1.07）和云南省（0.99~1.75）超过了阈值1。就单种重金属的非致癌风险而言，结合前文全国各省份中重金属非致癌风险贡献率的堆积图，无论是全国还是 YREB，As 是各省份地表水中重金属的非致癌风险贡献率最高的重金属。YREB 所有省市中各个重金属的成人模糊非致癌风险均超过阈值1，表明非致癌风险均不存在，对于儿童模糊非致癌风险，仅有安徽省、江西省、四川省、江苏省和云南省的 As 超过了阈值1，表明这些省份的儿童面临着 As 的非致癌风险，其中云南省的 As 的儿童模糊非致癌风险为 2.06~2.19，建议立即复查并采取措施。

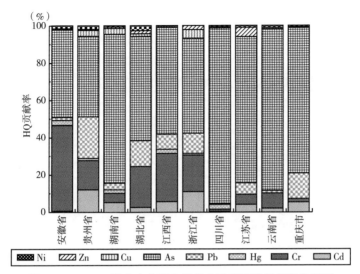

图 4 - 3　YREB 地表水中重金属的非致癌风险贡献率堆积图

资料来源：笔者采用 R 软件绘制所得。

2. 模糊致癌风险评估

如表 4 - 6 所示，YREB 各省份地表水中重金属的模糊总致癌风险均为 Ⅲ
级及以上水平，风险较高。其中儿童的模糊总致癌风险值的范围为：3.49×10^{-5}（湖北省）到 1.83×10^{-4}（安徽省）；成人的模糊总致癌风险值的范围为：6.13×10^{-5}（湖北省）到 3.33×10^{-4}（安徽省）。各省份中儿童和成人总模糊致癌风险的平均水平分别为：8.91×10^{-5} 和 1.54×10^{-4}，且成人的致癌风险普遍高于儿童。

YREB 各省份的总致癌风险值的平均水平排序为：安徽省（2.55×10^{-4}）>
云南省（1.74×10^{-4}）>江西省（1.73×10^{-4}）>江苏省（1.44×10^{-4}）>浙江省（1.24×10^{-4}）>湖南省（9.01×10^{-5}）>重庆市（7.19×10^{-5}）>贵州省（6.67×10^{-5}）>四川省（6.26×10^{-5}）>湖北省（5.15×10^{-5}）。可以看出，各省份中的重金属总模糊致癌风险均超过了可接受的风险限值（10^{-6}），表明致癌风险均不可忽略。其中，安徽省、江西省、江苏省和云南省的成人和儿童的总模糊致癌风险均达到了 Ⅴ 级风险水平，致癌风险较高，另外湖南省和浙江省的成人总模糊致癌风险也均达到了 Ⅴ 级。如图 4 - 4 所示，就单个重金属的致癌风险而言，3 种致癌重金属对致癌风险的平均贡献顺序为：

As（44.71%）> Cd（29.13%）> Cr（26.16%）。结合前文全国各省份地表水中重金属致癌风险贡献率的堆积图也可以看出，As 的贡献率最高。

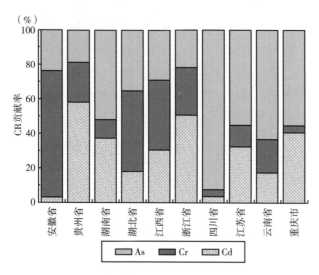

图 4 - 4　YREB 地表水中重金属的致癌风险贡献率堆积图

资料来源：笔者采用 R 软件绘制所得。

3. 模糊致癌风险的区域分布

基于 YREB 覆盖的各省份地表水中重金属的致癌风险值，以及隶属度函数的计算，结合最大隶属度原则即可得出各种重金属的致癌风险等级以及相应的等级隶属度。由上述研究结果可知，成人的模糊致癌风险普遍高于儿童，并且各种致癌重金属在各省份的模糊致癌风险的隶属度均为 1，因此选择成人的模糊致癌风险等级以及相应的隶属度为代表进一步探究模糊致癌风险的区域分布，如表 4 - 7 所示。结果显示，对于成人的模糊致癌风险，YREB 各个省份地表水中 3 种致癌重金属的模糊致癌风险范围分别为：Cd：2.49×10^{-6}（四川省）~ 7.73×10^{-5}（浙江省）；Cr：3.45×10^{-6}（四川省）~ 9.79×10^{-5}（江西省）；As：1.52×10^{-5}（贵州省）~ 1.39×10^{-4}（云南省）。3 种致癌重金属的总体平均致癌风险水平为：As（6.12×10^{-5}）> Cr（5.42×10^{-5}）> Cd（3.81×10^{-5}），总体上看，YREB 地表水中 3 种致癌金属的致癌风险水平不是很高，均为 10^{-5} 数量级。对于 As 来说，所有省份中的模糊致癌风险均达到了Ⅲ级及以上水平，其中云南省的模糊致癌风险达到了Ⅴ级风险水平，风险较高。除此之外，四川省、江西省、江苏省、安徽省和湖南省的 As 的模糊致癌风险也均达到了Ⅳ级风险水平。对于 Cr 来说，仅有安徽省的 Cr 的模糊致癌风险达到了Ⅴ级风险水平，仅有江西省的 Cr 的模糊致癌风险达到了Ⅳ级风险水平，其余均为Ⅲ级风险及以下水平，表明这2个省份地表水 Cr 的致癌风险较高，值得注意。对于 Cd，仅有浙江省、江西省和江苏省的模糊致癌风险达到了Ⅳ级风险水平，其余均为Ⅲ级风险及以下水平。

表4-7　　　　　　YREB 各省份地表水中重金属的致癌风险分布

省/直辖市		CR				CR$_{Cd}$	CR$_{Cr}$	CR$_{As}$
		儿童		成人				
上游	四川省	4.62×10^{-5}	4.81×10^{-5}	7.65×10^{-5}	7.97×10^{-5}	Ⅱ	Ⅱ	Ⅳ
	重庆市	5.31×10^{-5}	5.51×10^{-5}	8.79×10^{-5}	9.13×10^{-5}	Ⅲ	Ⅱ	Ⅲ
	云南省	1.23×10^{-4}	1.36×10^{-4}	2.08×10^{-4}	2.30×10^{-4}	Ⅲ	Ⅲ	Ⅴ
	贵州省	4.77×10^{-5}	5.10×10^{-5}	8.11×10^{-5}	8.69×10^{-5}	Ⅲ	Ⅲ	Ⅲ
中游	湖北省	3.49×10^{-5}	3.98×10^{-5}	6.13×10^{-5}	7.01×10^{-5}	Ⅲ	Ⅲ	Ⅲ
	湖南省	6.34×10^{-5}	7.15×10^{-5}	1.06×10^{-4}	1.20×10^{-4}	Ⅲ	Ⅲ	Ⅳ
	江西省	1.22×10^{-4}	1.30×10^{-4}	2.13×10^{-4}	2.26×10^{-4}	Ⅳ	Ⅳ	Ⅳ
下游	江苏省	1.07×10^{-4}	1.09×10^{-4}	1.79×10^{-4}	1.83×10^{-4}	Ⅳ	Ⅲ	Ⅳ
	浙江省	9.03×10^{-5}	9.27×10^{-5}	1.54×10^{-4}	1.59×10^{-4}	Ⅳ	Ⅲ	Ⅲ
	安徽省	1.79×10^{-4}	1.83×10^{-4}	3.27×10^{-4}	3.33×10^{-4}	Ⅱ	Ⅴ	Ⅳ

资料来源：笔者根据研究思路计算所得。

综上所述，结合表4-7可以看出，YREB 地表水中 Cd 和 Cr 的致癌风险总体水平不是很高，并且污染趋势均为下游地区＞中游地区＞上游地区。其中 Cr 的下游地区的平均致癌风险值远大于中游和上游地区。进一步分析可以看出，Cr 的高致癌风险区主要集中在下游地区的安徽省（Ⅴ级风险）和中游地区的江西省（Ⅵ级风险）。Cd 的高致癌风险主要集中在下游地区的江苏省和浙江省、中游地区的江西省。综上所述，YREB 地表水中 Cr 和 Cd 的污染分布比较类似，主要分布在下游地区和中游地区。对于 As，其在 YREB 的污染趋势为上游地区＞下游地区＞中游地区，3 个区域内的平均致癌风险值比较接近，表明 3 个区域内 As 的致癌风险分布比较均匀。进一步分析可以看出，As 的高致癌风险区主要集中在上游地区的云南省和四川省，下游地区的江苏省和安徽省的风险也较高。

（二）表层沉积物的潜在生态风险评估

基于全国各省份水体表层沉积物中重金属的潜在生态风险结果，抽出分析 YREB 覆盖的九省二市的污染状况，结果如表 4－8 所示。云南省、贵州省、四川省、江西省和湖南省的重金属的潜在生态风险指数均达到了Ⅳ级严重生态风险，其中按照潜在生态风险指数值的大小排序为：云南省 ＞ 贵州省 ＞ 四川省 ＞ 江西省 ＞ 湖南省，云南省和贵州省位居前两名，潜在生态风险指数值达到了Ⅳ级严重生态风险阈值（600）的 23 倍到 35 倍，生态风险很严重，十分值得注意。除此之外，上海市的潜在生态风险指数达到了Ⅲ级重度生态风险，风险水平也较高。对于单个重金属的潜在生态风险，各种重金属的在所研究的各个省份中的单一潜在生态风险均值从大到小排序为：Cd（3602.17）＞ Hg（430.83）＞ As（37.91）＞ Cu（21.11）＞ Pb（12.63）＞ Ni（5.98）＞ Zn（3.74）＞ Cr（2.43），与全国相比，Cd 和 Hg 的生态风险有所增加，而 As、Cu、Pb、Ni、Zn 和 Cr 的平均生态风险均有所下降，初步表明 YREB 各省份水体表层沉积物中的 Cd 和 Hg 污染比全国各省份的平均水平严重。与之类似的是，Cd 和 Hg 的平均潜在风险均达到了 V 级极强生态风险水平，尤其是 Cd，生态风险极高。其余重金属 As、Pb、Cu、Ni、Zn 和 Cr 的平均生态风险值均为Ⅱ级中等生态风险及以下，风险水平不高。另外，各种重金属在各省份的潜在生态风险对总的潜在生态风险指数值的贡献率均值的前三名仍是 Cd（71%）、Hg（22%）和 As（6%），Cd 和 Hg 是贡献率最高的两种金属，尤其是 Cd，再次表明了无论是全国还是 YREB，各省份水体表层沉积物重金属中 Cd 和 Hg 的污染最强。

表 4－8　　　　　YREB 水体表层沉积物中重金属的潜在生态风险

省/直辖市	E_r^i								RI
	Cd	Cr	Hg	Pb	As	Cu	Zn	Ni	
安徽省	Ⅱ	Ⅰ	Ⅱ	Ⅰ	Ⅰ	Ⅰ	Ⅰ	Ⅰ	Ⅱ
贵州省	V	—	—	—	—	—	—	—	Ⅳ

省/直辖市	E_r^i								RI
	Cd	Cr	Hg	Pb	As	Cu	Zn	Ni	
湖南省	V	I	Ⅳ	I	I	I	I	I	Ⅳ
湖北省	Ⅱ	I	—	I	I	I	I	I	I
江西省	V	I	V	I	Ⅱ	I	I	I	Ⅳ
浙江省	Ⅲ	I	Ⅱ	I	I	I	I	I	Ⅱ
四川省	V	I	I	I	I	I	I	I	Ⅳ
江苏省	Ⅲ	I	I	I	I	I	I	I	Ⅱ
云南省	V	I	V	Ⅱ	Ⅳ	Ⅲ	I	I	Ⅳ
重庆市	Ⅲ	I	—	I	—	I	I	I	I
上海市	Ⅳ	I	I	I	I	I	I	I	Ⅲ

资料来源：笔者根据潜在生态风险指数计算所得。

对于 Cd，除了湖北和安徽省以外，各省份 Cd 的潜在生态风险均为Ⅲ级强生态风险及以上。贵州省、湖南省、江西省、四川省和云南省（云南省＞贵州省＞四川省＞湖南省＞江西省）中的 Cd 的潜在生态风险达到了Ⅴ级极强生态风险，其中云南省和贵州省的风险值分别达到了Ⅴ级生态风险阈值（320）的 43 倍和 60 倍左右。云南省的 As、Cu 和 Pb 分别达到了Ⅳ级、Ⅲ级和Ⅱ级生态风险，江西省的 As 达到了Ⅱ级生态风险，除此之外，Pb、As、Cu、Zn、Ni 和 Cr 在各省份的生态风险值均为Ⅰ级低风险水平，生态风险较低。

三、经济带水体重金属的污染源解析

（一）相关性分析

首先对 YREB 地表水中 8 种重金属进行夏皮罗—威尔克正态检验，结果如表 4 - 9 所示，Cd、Cr、Hg、Pb、As、Cu 和 Zn 的 p 值均大于 0.05，符合高斯分布。Ni 的 p 值小于 0.05，进一步对其进行对数转化，转化后的结果进行正态检验，服从高斯分布。

表 4 - 9   YREB 地表水中重金属的相关系数矩阵

元素	Cd	Cr	Hg	Pb	As	Cu	Zn	Ni
Cd	1							
Cr	- 0.298	1						
Hg	- 0.738	0.840 *	1					
Pb	0.591	- 0.197	- 0.445	1				
As	- 0.068	0.123	0.805	- 0.425	1			
Cu	0.6	- 0.15	- 0.67	0.027	- 0.398	1		
Zn	0.424	- 0.077	- 0.026	0.306	0.307	- 0.165	1	
Ni	- 0.105	0.385	0.419	- 0.307	0.347	- 0.224	0.227	1

注：* 表示在 0.05 显著性水平（双尾），相关性显著。

资料来源：笔者采用 SPSS 软件计算所得。

YREB 地表水中 8 种重金属的皮尔逊相关系数的检验结果如表 4 - 10 所示。结果显示，Cr - Hg 在 0.05 显著性水平上具有正相关性，相关性系数为 0.84，表明 YREB 地表水中的 Cr 和 Hg 具有相同来源。进一步对 YREB 水体表层沉积物中 8 种重金属进行夏皮罗—威尔克正态检验，结果显示，仅有 Cr 和 Ni 服从高斯分布，$p > 0.05$。依据数据类型，对其余重金属含量数据进行了变换，其中 Cd、Pb 和 As 采用对数变换，Hg、Cu 和 Zn 采用倒数变换，变换后的数据均符合高斯分布，$p > 0.05$。

表 4 - 10   YREB 地表水中重金属的相关系数矩阵

元素	Cd	Cr	Hg	Pb	As	Cu	Zn	Ni
Cd	1							
Cr	0.547	1						
Hg	- 0.504	0.285	1					
Pb	0.733 *	0.435	- 0.623	1				
As	0.328	0.033	- 0.414	0.806 **	1			
Cu	- 0.343	0.112	0.786 *	- 0.766 **	- 0.815 **	1		
Zn	- 0.392	- 0.055	0.686	- 0.870 **	- 0.939 **	0.897 **	1	
Ni	0.101	- 0.03	- 0.782 *	0.264	0.169	- 0.612	- 0.342	1

注：* 表示在 0.05 显著性水平（双尾），相关性显著；** 在 0.01 显著性水平（双尾），相关性显著。

资料来源：笔者采用 SPSS 软件计算所得。

（二）主成分分析

KMO（凯泽—迈耶—奥尔金）检验是主成分分析的前提，KMO 统计值小于 0.5 说明不适合作主成分分析。YREB 大气 PM2.5 中重金属含量数据的 KMO 检验值为 0.637，适合作主成分分析。YREB 地表水中重金属含量数据的 KMO 检验值为 0.542，适合作主成分分析。主成分分析计算结果如表 4-11 所示。

表 4-11　　　　　　YREB 地表水中重金属主成分分析结果

成分	初始特征值			重金属	因子载荷矩阵	
	总特征值	方差贡献率（%）	累积方差贡献率（%）		PC1	PC2
1	3.102	38.779	38.779	Cd	0.846	-0.025
2	1.182	14.779	53.558	Cr	0.022	-0.666
3	0.973	12.169	65.727	Hg	-0.225	0.77
4	0.934	11.673	77.4	Pb	0.837	0.115
5	0.839	10.491	87.891	As	0.651	-0.058
6	0.532	6.656	94.547	Cu	0.664	-0.116
7	0.32	4.001	98.547	Zn	0.269	0.289
8	0.116	1.453	100	Ni	0.835	0.178

资料来源：笔者采用 SPSS 软件计算所得。

主成分分析结果得到 2 个特征值大于 1 的主成分，累积贡献了总变量的 53.558%，表明这 2 个主成分足以反映全部数据的大部分信息。主成分 1 贡献了总变量的 38.779%，主成分 2 贡献了总变量的 14.779%。其中，主成分 1 中，Cd、Pb、Ni、Cu 和 As 占据主要成分，其载荷分别为：0.846，0.837、0.835、0.664 和 0.651。主成分 2 中，Hg 占据主要成分，其载荷为 0.770。

YREB 水体表层沉积物中重金属含量数据的 KMO 检验值为 0.779，适合作主成分分析。主成分分析计算结果如表 4-12 所示。主成分分析结果得到 2 个特征值大于 1 的主成分，累计贡献了总变量的 69.779%，表明这 2 个主成分足以反映全部数据的大部分信息。主成分 1 贡献了总变量的 52.533%，主成分 2 贡献了总变量的 17.246%。其中，主成分 1 中，Cu、As、Pb、Hg、

Zn 和 Cd 占据主要成分，其载荷分别为：0.882，0.877、0.865、0.824、0.814 和 0.717。主成分 2 中，Cr 和 Ni 占据主要成分，其载荷分别为 0.817 和 0.749。

表 4-12　　　　　YREB 水体表层沉积物中重金属主成分分析结果

成分	初始特征值			重金属	因子载荷矩阵	
	总特征值	方差贡献率（%）	累积方差贡献率（%）		PC1	PC2
1	4.203	52.533	52.533	Cd	0.717	-0.16
2	1.380	17.246	69.779	Cr	0.17	0.817
3	0.744	9.301	79.080	Hg	0.824	-0.327
4	0.567	7.090	86.171	Pb	0.865	0.096
5	0.411	5.143	91.314	As	0.877	-0.005
6	0.344	4.296	95.610	Cu	0.882	-0.026
7	0.215	2.688	98.298	Zn	0.814	0.098
8	0.136	1.702	100	Ni	0.145	0.749

资料来源：笔者采用 SPSS 软件计算所得。

四、经济带水体重金属污染的优先控制重金属和区域识别

参考全国范围内水体重金属健康风险识别分析结果，对 YREB 水体重金属进行进一步风险评估和污染源解析，从空间分布特征综合分析，安徽省、云南省、江苏省地表水中的总模糊非致癌风险也均超过了阈值，并且该地区的儿童和成人的模糊致癌风险均达到了 V 级风险水平，健康风险总体较高。江西省的成人和儿童致癌风险也达到了 V 级高风险水平，值得优先管控。对于优先控制重金属来说，无论是非致癌风险还是致癌风险，As 的贡献率最高，污染最为严重，除此之外，安徽省的 Cr 和西藏自治区的 Cd 也均达到了 V 级风险水平。综上所述，结合各种重金属的区域分布情况，可以确定全国各省份地表水中重金属的优先控制区及相应的重金属为：新疆维吾尔自治区的 As，西藏自治区的 As 和 Cd，安徽省的 As 和 Cr，云南省的 As，江苏省的 As 和 Cd，江西省的 As，Cd 和 Cr。经过全国各省份水体表层沉积物中重金

属的潜在生态风险评估结果可以得出，云南省、贵州省、青海省、辽宁省、四川省、江西省、湖南省、陕西省和广东省的重金属的潜在生态风险指数均达到了Ⅳ级严重生态风险，值得优先管控。对于优先控制重金属，Cd 和 Hg 在各个省份的平均潜在风险均达到了Ⅴ级极强生态风险水平，而且是总潜在生态风险指数贡献率最高的 2 种重金属，As 位居第三位。其中 Cd 的潜在生态风险高值区（Ⅴ级极强生态风险）主要分布在云南省、贵州省、青海省、辽宁省、四川省、湖南省、江西省和广东省，Hg 主要分布在云南省、江西省和陕西省。除此之外，辽宁省的 As 的潜在生态风险也较高，值得注意。因此全国水体表层沉积物中的优先控制区及重金属为：云南省的 Cd 和 Hg，贵州省的 Cd，青海省的 Cd，辽宁省的 Cd 和 As，四川省的 Cd，江西省的 Cd 和 Hg，湖南省的 Cd，陕西省的 Hg 和广东省的 Cd。

从上述结果可以看出，全国各省份地表水中 6 个优先控制区中 4 个均属于 YREB 所覆盖的范围内，水体表层沉积物的 9 个优先控制区中也有 5 个属于 YREB 范围。进一步分析 YREB 各省份地表水和表层沉积物中重金属污染的结果表明，对于地表水，安徽省和云南省的儿童和成人均面临着非致癌风险和高致癌风险（Ⅴ级）的存在，江苏省的儿童非致癌风险也很高，江苏省和江西省的儿童和成人的致癌风险均达到了Ⅴ级水平，因此上述城市应值得优先管控。对于优先控制重金属，非致癌重金属中风险贡献率最高的为 As，并且 3 种致癌重金属的总体平均致癌风险水平为：As > Cr > Cd，因此 As 首先值得优先管控。致癌重金属中，Cd 和 Cr 的致癌风险总体水平不是很高，并且污染趋势均为下游地区 > 中游地区 > 上游地区。Cr 的高致癌风险区主要集中在下游地区的安徽省（Ⅴ级风险）和中游地区的江西省（Ⅵ级风险）。Cd 的高致癌风险主要集中在下游地区的江苏省和浙江省、中游地区的江西省。As 在 YREB 的污染趋势为上游地区 > 下游地区 > 中游地区，3 个区域内 As 的致癌风险水平比较均匀，主要集中在上游地区的云南省和四川省，下游地区的江苏省和安徽省的风险也较高。综上所述，YREB 地表水中重金属的优先控制区及相应的重金属为：下游地区安徽省的 As 和 Cr，江苏省的 As、Cd 和 Cr；中游地区江西省的 As 和 Cr；上游地区云南省的 As 和四川省的 As。对于水体表层沉积物，云南省、贵州省、四川省、江西省和湖南省的重金属的潜在生态风险指数均达到了Ⅳ级严重生态风险，应首先列为优先管控区域。优先重金属与全国的一致，均为 Cd 和 Hg，As 也较为严重。结合表层沉积物中的重金属生态风险的分布情况，Cd 的高风险区（Ⅴ级极强生态风险）主要分布在贵州省、湖南省、江西省、四川省和云南省。Hg 主要分布在云南省和江西省，云南省的 As 也达到了Ⅳ级强生态风险。综上所述，YREB 水体表层沉积物中重金属的优先控制区及重金属可以确定为：上游地区云南省的 Cd 和 As，贵州省的 Cd，四川省的 Cd 和 As；中游地区的湖南省的 Cd，江西省的 Cd 和 Hg。结合地表水和表层沉积物的优先控制区和优先控制重金属可以看出，中游地区的江西省和上游地区的云南省和贵州省，不仅地表水重金属污染较为严重，表层沉积物中重金属的污染也需要刻不容缓开展相关环境修复工作。

第二节 土壤重金属的模糊风险识别与源解析

一、全国土壤重金属模糊风险评估

土壤重金属污染可以直接对人体健康造成危害。土壤重金属可以经口（ing）、呼吸（inh）、皮肤接触（derm）进入人体，危害人体健康（USEPA，1986）。致癌风险（CR）和非致癌风险（HQ）计算公式如式（4-13）~式（4-17）所示（HJ 25.3-2019）：

$$\widetilde{\mathrm{ADD}}_{ing} = \frac{C_s \times \mathrm{IngR} \times \mathrm{CF} \times \mathrm{EF} \times \mathrm{ED}}{\mathrm{BW} \times \mathrm{ALE}} \quad (4-13)$$

$$\widetilde{\mathrm{ADD}}_{inh} = \frac{C_s \times \mathrm{InhR} \times \mathrm{EF} \times \mathrm{ED}}{\mathrm{PEF} \times \mathrm{BW} \times \mathrm{ALE}} \quad (4-14)$$

$$\widetilde{\mathrm{ADD}}_{derm} = \frac{C_s \times \mathrm{AF} \times \mathrm{CF} \times \mathrm{TSE} \times \mathrm{SER} \times \mathrm{ABS} \times \mathrm{EF} \times \mathrm{ED}}{\mathrm{BW} \times \mathrm{ALE}} \quad (4-15)$$

$$\mathrm{CR} = \mathrm{ADD} \times \mathrm{SF} \quad (4-16)$$

$$\mathrm{HQ} = \mathrm{ADD}/\mathrm{RfD} \quad (4-17)$$

其中，ADD_{ing}、ADD_{inh} 和 ADD_{derm} 分别是通过口（ing）、呼吸（inh）、皮肤接触（derm）的日均土壤重金属暴露量，毫克/（千克·天）；C_s 是土壤重金属

浓度，毫克/千克；HQ 和 CR 分别是非致癌危害熵和致癌风险，无量纲。毒性参数如表 4-2 所示。

USEPA 的 IRIS 系统提供了不同重金属详细的毒性作用和毒性参数，成为多个国家和地区重金属管理的重要依据，例如中国标准《建设用地土壤污染风险评估技术导则》（HJ 25.3-2019）。HJ 25.3-2019 推荐的重金属毒性参数如表 4-13 所示。同时有研究指出，Cd 和 Pb 经口摄入会导致致癌风险（Sandeep et al.，2019），所以 Pb 和 Cd 的 SF_o 通过文献综述添加。另外，有调查指出，Pb 的暴露会对人体多个组织器官造成伤害（Baloch et al.，2020），所以通过文献综述，表 4-13 添加了 Pb 的 3 种暴露途径的非致癌毒性参数。

表 4-13　　　　　　　　　　　　暴露参数和取值

参数	全称	单位	取值和来源
EF	暴露频率	天/年	350[a]
IngR	摄入量	毫克/天	[20, 100][b]
CF	转换因子	千克/毫克	1.00×10^{-6}[c]
PEF	颗粒排放因子	立方米/千克	1.36×10^{-9}[c]
AF	黏附因子	毫克/平方厘米	0.2[a]
SER	皮肤暴露率	/	[0.18, 0.32][d]
ALE	平均期望寿命	天	
ED	暴露周期	年	
BW	体重	千克	因省而异，后文讨论[d]
InhR	土壤吸入率	立方米/天	
SA	皮肤表面积	平方厘米	

注：a. 中华人民共和国生态环境部. 建设用地土壤污染风险评估技术导则（HJ 25.3-2019）[S]. 2019.

b. 中华人民共和国环境保护部. 中国人群暴露参数手册（成人卷）[M]. 北京：中国环境出版社，2014.

c. Zeng, S. Y., Ma, J., Yang, Y. J., et al. Spatial assessment of farmland soil pollution and its potential human health risks in China [J]. Science of the Total Environment, 2019, 687: 642-653.

d：来自 b 中所提及的《中国人群暴露参数手册（成人卷）》，并经讨论而得。

资料来源：建设用地土壤污染风险评估技术导则（HJ25.3-2019）。

本书建立的数据库中，各个案例中 As、Hg 和 Cr 通过湿法酸解，然后通过质谱或者光谱方法进行定量分析，参照国标 GB/T 22105、GB/T 17136 和

HJ 491 等进行实验操作,所测得结果为土壤样品中的总量。实际上 As、Hg 和 Cr 在自然环境要素中存在多种形态,《建设用地土壤污染风险评估技术导则》(HJ 25.3 – 2019)和 USEPA 都提供了土壤中六价铬、三价铬、无机总砷、甲基汞和无机汞的毒性参数。其中六价铬具有更高的迁移性,且毒性高出三价铬 10 ~ 100 倍,具有"三致"效应(Muhammad et al.,2017)。然而自然条件下,非铬渣场地,表层土壤中较高的土壤有机质与 Fe-Mn 矿物、活跃的土壤微生物代谢以及植物根系活动,为六价铬向三价铬的转化创造了还原条件,这一还原过程相比于人类的暴露过程是短暂的(Debra & Scott,2017)。同时本书在收集文献时,避免了工业场地内部的土壤以及矿山开采场内土壤,这些可能存在较高六价铬污染的地块。对于汞元素,无机汞具有强的迁移能力,在甲基化后随食物链累积效应明显(Driscoll et al.,2003)。对比毒性参数,甲基汞比无机汞具有较低的 RfD,两者相差 3 倍。但是,已有研究大多在水生生态系统发现甲基汞,例如在本书所涉及的水田体系中,土壤总汞:土壤甲基汞的比值一般为 10 ~ 100(Tang et al.,2020a)。至于 As 元素,已有研究指出相比于有机砷,无机总砷是土壤中主要的 As 组分(Tang & Zhao,2020b)。综上所述,本书采用三价铬、无机砷和无机汞的毒性参数作为相应重金属健康风险评价的依据。

本书暴露参数主要来自手册和国标 HJ 25.3 – 2019 推荐的暴露情景和模式。HJ 25.3 – 2019 推荐的第二类用地的暴露情景被用于进行评估。第二类用地包括 GB50137 – 2016 规定的城市建设用地中的工业用地、物流仓储用地、商业服务业设施用地、道路与交通设施用地、公用设施用地、公共管理与公共服务用地,以及绿地与广场用地,但是除去有儿童暴露的土地。而中国目前并没有专门针对农田的暴露情景模式标准,所以本书通过手册和文献进行修正,以显示地区差异,并使暴露情景更具有科学性和普遍性(Chen et al.,2021)。具体而言,平均期望寿命(ALE)、体重(BW)、土壤摄入率(IngR)和皮肤表面积(SA)被用来刻画不同省份的差异。手册提供了上述参数各省份的分位数和平均值,通过第一章构建三角模糊数。另外程和纳坦内尔(Cheng & Nathanail,2009)计算中国农民从 16 岁开始的务农暴露周期,庞等(Pang et al.,2004)发现中国 42% 的 65 岁以上农民仍然参与农业耕作,所以本书将暴露周期 ED 设定了平均期望寿命扣去 16 年,从而最大限度地保障当地农民的耕作自由。尘/土摄入调查的专家一般认为，没有食土癖"Chthonophagia"的正常人的日均土壤摄入率大约在 20 ~ 100 毫克/天（王宗爽等，2012）。HJ 25.3 - 2019 推荐的取值为 100 毫克/天，但是手册推荐的值为 50 毫克/天。因此初步设定三角模糊区间为［20，100］毫克/天，并在后文加以讨论。HJ 25.3 - 2019 推荐了 2 种皮肤暴露模式，18% 和 32% 暴露，因此皮肤暴露率初步设定为［18，32］%，以刻画不加各种约束的农民自由着装的状态。

　　基于上述不确定参数的讨论，代入三角模糊数后，最终的健康风险也为 1 个区间数，参考第一章隶属度的计算公式，对评价结果等级进行划分。本书非致癌风险分为两级：风险可接受 HQ < 1；风险不可接受 HQ > 1。另外，HJ 25.3 - 2019 定义了土壤暴露对于 RfD 的贡献比例 SAF，因为非致癌风险阈值 1 为全暴露标准，包括某一重金属通过土壤暴露、食品消费、饮水等途径的全部风险。为了方便比较，初始预评估采用 SAF 取 100%，在后文进行细致的讨论。对于致癌风险，1.0×10^{-6} 或者 1.0×10^{-4} 都被选择作为风险可接受阈值（Antoniadis et al.，2019a；陈伟伟和杨悦，2020），具体选择参见后文。对于选定的风险阈值，风险类似于 HQ 分为可接受和不可接受两级。

　　基于上述评价方法，全国 31 个省级行政区划单位土壤重金属非致癌风险结果如表 4 - 14 所示。累计非致癌风险（TTHQ）表示土壤全暴露途径各个重金属非致癌风险之和，可以看到表中全国各省 TTHQ 都小于 1，大约为 0.01 ~ 0.1。对于不同重金属，土壤全暴露途径非致癌风险 THQ 从大到小依次为 $1 > THQ_{As} > THQ_{Cd} > THQ_{Pb} \approx THQ_{Ni} > THQ_{Hg} > THQ_{Cu} \approx THQ_{Cr} > THQ_{Zn}$，并且这个趋势基本在全国各省份类似。只有广西壮族自治区、湖南省、贵州省和河南省等省份的 Cd 和 As 的 THQ > 1。但是非致癌风险并不能忽视，因为前文中提到 SAF 初始取值较高。如果其他自然环境要素参与 RfD 的分配，表 4 - 15 中的 HQ 会随着 SAF 的降低而升高。实际上，中国生态环境部 2019 年发布的典型区域报告指出，土壤暴露对于重金属全暴露途径的贡献最高为 17.21%。[①]

---

① 中华人民共和国生态环境部. 建设用地土壤污染风险评估技术导则（HJ25.3 - 2019）［S］. 2019.

表4-14　各省份模糊非致癌风险（1.0×10⁻²）

省份	As		Cr		Cu		Cd		Zn		Ni		Pb		Hg		TTHQ	
	L	U	L	U	L	U	L	U	L	U	L	U	L	U	L	U	L	U
广西壮族自治区	1.0	14.7	0.0	0.2	0.0	0.3	0.5	6.6	0.0	0.1	0.5	2.7	0.3	4.1	0.1	0.6	2.5	29.3
湖南省	1.2	12.0	0.0	0.2	0.0	0.2	0.9	7.7	0.0	0.1	0.5	2.7	0.3	3.4	0.1	1.2	3.1	27.5
贵州省	1.1	11.2	0.0	0.2	0.1	0.4	0.6	3.8	0.0	0.1	1.1	5.1	0.3	3.0	0.2	1.1	3.4	24.9
河南省	0.5	4.1	0.0	0.1	0.0	0.2	0.8	10.3	0.0	0.1	0.6	3.4	0.2	2.3	0.1	1.3	2.2	21.8
广东省	0.8	8.6	0.0	0.3	0.0	0.3	0.4	3.6	0.0	0.0	0.4	2.6	0.2	3.0	0.1	0.7	2.0	19.1
西藏自治区	1.5	11.2	0.1	0.3	0.0	0.2	0.2	1.3	0.0	0.0	0.7	3.5	0.2	1.7	0.0	0.2	2.8	18.4
云南省	0.9	7.6	0.1	0.2	0.1	0.4	0.3	1.8	0.0	0.1	1.0	4.8	0.3	3.0	0.1	0.4	2.6	18.3
安徽省	0.5	7.8	0.0	0.2	0.0	0.3	0.2	3.0	0.0	0.1	0.7	4.4	0.2	2.3	0.0	0.3	1.8	18.3
湖北省	0.6	6.1	0.0	0.2	0.0	0.3	0.6	4.8	0.0	0.0	0.6	3.2	0.1	1.7	0.1	0.3	2.1	16.8
陕西省	0.6	5.6	0.0	0.2	0.0	0.3	0.4	2.6	0.0	0.1	0.7	3.3	0.1	1.9	0.1	0.6	2.0	14.6
甘肃省	0.6	5.7	0.0	0.2	0.0	0.2	0.4	3.3	0.0	0.0	0.6	3.3	0.1	1.4	0.0	0.2	1.9	14.3
天津市	0.6	5.8	0.0	0.2	0.0	0.2	0.4	2.7	0.0	0.1	0.6	3.4	0.1	1.2	0.0	0.3	1.8	13.9
新疆维吾尔自治区	0.7	7.4	0.0	0.1	0.0	0.2	0.3	1.7	0.0	0.0	0.5	2.6	0.1	1.1	0.0	0.1	1.7	13.4
重庆市	0.5	4.1	0.1	0.3	0.0	0.3	0.5	3.0	0.0	0.0	0.6	3.5	0.2	1.7	0.1	0.4	2.0	13.4
浙江省	0.4	4.0	0.0	0.2	0.0	0.2	0.4	2.6	0.0	0.1	0.4	2.7	0.2	2.2	0.1	0.9	1.6	12.9

续表

省份	As		Cr		Cu		Cd		Zn		Ni		Pb		Hg		TTHQ	
	L	U	L	U	L	U	L	U	L	U	L	U	L	U	L	U	L	U
四川省	0.4	3.3	0.0	0.2	0.0	0.2	0.5	3.0	0.0	0.1	0.5	3.2	0.2	1.8	0.0	0.3	1.8	12.1
江西省	0.5	5.1	0.0	0.2	0.0	0.2	0.3	1.9	0.0	0.1	0.4	2.2	0.2	2.1	0.1	0.4	1.5	12.1
江苏省	0.4	4.5	0.0	0.2	0.0	0.2	0.2	1.6	0.0	0.0	0.5	2.9	0.2	1.8	0.0	0.3	1.4	11.5
青海省	0.7	6.1	0.0	0.2	0.0	0.1	0.2	1.2	0.0	0.0	0.5	2.4	0.1	1.1	0.0	0.1	1.6	11.2
宁夏回族自治区	0.5	4.5	0.0	0.2	0.0	0.2	0.3	1.9	0.0	0.0	0.6	2.8	0.1	1.1	0.1	0.4	1.6	11.1
山西省	0.5	4.7	0.0	0.2	0.0	0.2	0.3	1.6	0.0	0.0	0.5	2.7	0.1	1.2	0.0	0.3	1.6	10.9
上海市	0.4	3.9	0.1	0.2	0.0	0.2	0.2	1.6	0.0	0.1	0.5	2.9	0.1	1.3	0.1	0.4	1.4	10.5
内蒙古自治区	0.2	5.5	0.0	0.1	0.0	0.2	0.1	1.0	0.0	0.0	0.3	1.9	0.1	1.2	0.0	0.5	0.8	10.3
辽宁省	0.3	2.8	0.0	0.2	0.0	0.2	0.3	2.4	0.0	0.0	0.5	2.7	0.2	1.6	0.0	0.3	1.4	10.3
福建省	0.3	3.0	0.0	0.1	0.0	0.1	0.2	1.3	0.0	0.0	0.2	1.6	0.3	3.2	0.1	0.6	1.2	10.0
吉林省	0.5	4.8	0.0	0.1	0.0	0.1	0.2	1.1	0.0	0.0	0.4	2.2	0.1	1.3	0.0	0.2	1.4	9.9
北京市	0.4	4.0	0.0	0.2	0.0	0.2	0.2	1.4	0.0	0.0	0.4	2.3	0.1	1.3	0.1	0.4	1.3	9.7
河北省	0.4	3.9	0.0	0.2	0.0	0.2	0.2	1.4	0.0	0.0	0.5	2.5	0.1	1.4	0.0	0.2	1.4	9.7
黑龙江省	0.4	4.0	0.0	0.2	0.0	0.2	0.2	1.5	0.0	0.0	0.4	2.3	0.1	1.3	0.0	0.2	1.3	9.6
山东省	0.3	3.1	0.0	0.2	0.0	0.2	0.2	1.2	0.0	0.0	0.5	2.5	0.1	1.4	0.0	0.2	1.2	8.7
海南省	0.2	1.8	0.0	0.1	0.0	0.1	0.1	0.8	0.0	0.0	0.2	1.7	0.1	1.6	0.0	0.3	0.7	6.6

资料来源：笔者根据模糊非致癌风险评估公式计算所得。

表4-15 各省份模糊致癌风险（1.0×10^{-6}）

省份	TCR_{As}		TCR_{Cd}		TCR_{Pb}		TCR_{Ni}		TTCR		$M_{>CR-6}$	$M_{>CR-5}$	TCR_{BVAs}	
	L	U	L	U	L	U	L	U	L	U	%	%	L	U
安徽省	2.57	43.00	0.01	0.19	0.03	0.48	0.002	0.006	2.60	43.68	100	82	2.52	22.26
北京市	1.97	21.87	0.01	0.08	0.02	0.27	0.001	0.003	1.99	22.23	100	60	2.37	22.42
重庆市	2.34	22.93	0.01	0.21	0.03	0.37	0.002	0.005	2.38	23.51	100	64	2.00	18.13
福建省	1.43	16.36	0.00	0.08	0.05	0.67	0.001	0.002	1.49	17.12	100	46	1.82	16.32
甘肃省	2.91	31.35	0.01	0.21	0.02	0.30	0.002	0.004	2.94	31.88	100	76	3.63	30.48
广东省	3.93	47.66	0.01	0.23	0.03	0.63	0.001	0.003	3.98	48.53	100	86	2.57	23.36
广西壮族自治区	5.27	81.52	0.01	0.45	0.04	0.89	0.001	0.004	5.33	82.85	100	94	6.13	54.90
贵州省	5.55	61.94	0.02	0.24	0.04	0.62	0.003	0.007	5.61	62.81	100	92	6.32	52.20
海南省	0.78	10.09	0.00	0.05	0.02	0.34	0.000	0.002	0.81	10.49	98	5	2.38	21.96
河北省	2.21	21.39	0.01	0.08	0.02	0.28	0.001	0.003	2.24	21.76	100	60	3.65	31.75
黑龙江省	2.21	21.74	0.01	0.09	0.02	0.27	0.001	0.003	2.23	22.11	100	61	1.95	17.46
河南省	2.31	22.52	0.02	0.63	0.03	0.48	0.001	0.004	2.36	23.63	100	64	3.17	27.45
湖北省	3.21	33.88	0.01	0.31	0.02	0.37	0.002	0.005	3.24	34.56	100	78	3.46	30.46
湖南省	5.87	66.07	0.02	0.49	0.04	0.71	0.001	0.004	5.93	67.27	100	93	4.63	40.85
内蒙古自治区	1.17	30.40	0.00	0.06	0.01	0.24	0.001	0.003	1.18	30.70	100	70	2.02	17.54
江苏省	1.86	24.66	0.01	0.10	0.02	0.37	0.001	0.004	1.89	25.13	100	65	2.68	24.32
江西省	2.37	28.07	0.01	0.12	0.03	0.45	0.001	0.003	2.41	28.64	100	71	4.47	39.29

续表

省份	TCR_As		TCR_Cd		TCR_Pb		TCR_Ni		TTCR		$M_{>CR-6}$	$M_{>CR-5}$	TCR_BVAs	
	L	U	L	U	L	U	L	U	L	U	%	%	L	U
吉林省	2.63	26.43	0.00	0.07	0.02	0.26	0.001	0.003	2.65	26.77	100	70	2.16	19.18
辽宁省	1.45	15.57	0.01	0.14	0.02	0.32	0.001	0.004	1.48	16.04	100	41	2.31	20.62
宁夏回族自治区	2.60	24.87	0.01	0.11	0.02	0.23	0.001	0.004	2.63	25.22	100	67	3.36	28.64
青海省	3.58	33.74	0.00	0.07	0.02	0.23	0.001	0.003	3.60	34.04	100	79	4.09	33.08
陕西省	3.14	30.88	0.01	0.16	0.02	0.41	0.002	0.004	3.17	31.46	100	76	3.20	28.19
山东省	1.71	16.89	0.00	0.07	0.02	0.29	0.001	0.003	1.74	17.26	100	47	2.44	21.87
上海市	2.17	21.51	0.01	0.09	0.02	0.26	0.001	0.004	2.19	21.87	100	60	2.37	22.60
山西省	2.73	26.08	0.01	0.09	0.02	0.25	0.001	0.004	2.76	26.42	100	69	2.68	23.30
四川省	1.81	18.34	0.01	0.19	0.03	0.38	0.001	0.004	1.85	18.92	100	52	3.04	26.71
天津市	3.02	32.13	0.01	0.16	0.02	0.24	0.001	0.005	3.04	32.54	100	76	2.39	22.29
新疆维吾尔自治区	3.35	40.88	0.01	0.11	0.02	0.24	0.001	0.004	3.37	41.23	100	82	3.17	26.71
西藏自治区	7.49	61.82	0.01	0.08	0.03	0.37	0.002	0.005	7.53	62.28	100	95	6.51	51.10
云南省	4.46	41.86	0.01	0.11	0.05	0.64	0.002	0.007	4.51	42.62	100	86	5.91	47.53
浙江省	1.99	22.19	0.01	0.17	0.03	0.45	0.001	0.004	2.02	22.82	100	62	2.53	23.40

资料来源：笔者根据模糊致癌风险评估公式计算所得。

相较于非致癌风险，致癌风险评价结果更为可观，如表 4－16 所示。设定不同的风险可接受水平，会造成评价结果的不确定性：当以 1.0×10^{-6} 为累计致癌风险（TTCR）的可接受水平时，除海南省，各个省份 TTCR 模糊区间数对应 "$>1.0 \times 10^{-6}$" 的隶属度 $M_{>CR-6}$ 几乎全为 100%。而当可接受水平为 "$>1.0 \times 10^{-5}$" 时，各省份隶属度 $M_{>CR-5}$ 表现出了一定的差异，87.1% 的省份 $M_{>CR-5}$ 超过了 50%，说明在 TTCR 模糊区间中，超过 1.0×10^{-5} 部分占比较大，致癌风险较高。从 TTCR 的各元素贡献来看，累计致癌风险（TTCR）几乎完全由 As 的经口、皮肤、呼吸暴露产生的风险（TCR_{As}）造成。而当暴露浓度设定为背景值时，计算的致癌风险（TCR_{BVAs}）与 TCR_{As} 数量级相同。这种结果可能与 As 的致癌斜率因子及其在地球背景中含量较高有关。而与 As 相比，Cd、Pb、Ni 造成的致癌风险低 1～3 个数量级，Ni 的致癌风险在 1.0×10^{-9} 左右，基本可以忽略。而 Cd、Pb 的致癌风险区间数上限（TCR_U）达到了 1.0×10^{-7}，在部分高污染区 Cd 和 Pb 的致癌风险可能超过 1.0×10^{-6}。综上所述，As、Pb 和 Cd 被选择为优先控制重金属。由于 Cd、Pb 和 As 背景值和毒性参数的差异，单一对累计致癌风险 TTCR 进行评价的管理，可能会造成 As、Cd 和 Pb 在管理效益上出现较大的差异，而这是已有研究所没有关注到的。所以本书划定 1.0×10^{-6} 为 Cd 和 Pb 致癌风险可接受水平临界值。而 As 的污染应充分考虑当地背景值与富集情况，以较高的 1.0×10^{-4} 为风险控制水平，结合生态风险和背景值分析，对 As 进行综合控制。前文中提到 Hg 对生态风险贡献大，故而 Hg 被补充作为优先控制重金属。

选定致癌风险优先控制重金属和相应的风险可接受水平（CR^*）后，补充定义致癌风险计算公式中土壤重金属以外的暴露参数和毒性参数的积为 "ES"，暴露情景参数（exposure scenario），则按照前文三角模糊数计算规则，风险可接受水平下浓度限值可通过式（4－18）、式（4－19）求得：

$$ES = \frac{EF \times ED}{BW \times ALE}\left(IngR \times CF + \frac{InhR}{PEF} + AF \times CF \times TSE \times SER \times ABS \right)$$

$$(4-18)$$

$$\left[C_{j,CR^*,L}, C_{j,CR^*,U} \right] = CR^* / \widetilde{ES}^{\alpha}$$

$$(4-19)$$

表4-16　综合风险等级判定准则（IRGC）

IRGC		1	2	3	4	5
Cd		$<C_{E40}$	$[C_{E40},\ C_{E80})$	$[C_{E80},\ C_{CR-6,L})$	$[C_{CR-6,L},\ C_{CR-6,U})$	$\geq C_{CR-6,U}$
Hg		$<C_{E40}$	$[C_{E40},\ C_{E80})$	$\geq C_{E80}$	/	/
Pb		$<C_{-6L}$	$[C_{CR-6,L},\ C_{E40})$	$[C_{E40},\ C_{E80})$	$[C_{E80},\ C_{CR-6,U})$	$\geq C_{CR-6,U}$
As	低背景值	$<C_{E40}$	$[C_{CR-4,L},\ C_{E40})$	$[C_{CR-4,L},\ C_{E80})$	$[C_{E80},\ C_{CR-4,U})$	$\geq C_{CR-4,U}$
	高背景值	$<C_{CR-4,L}$	$[C_{CR-4,L},\ C_{E40})$	$[C_{E40},\ C_{E80})$	$[C_{E80},\ C_{CR-4,U})$	$\geq C_{CR-4,U}$

资料来源：笔者根据式（4-18）、式（4-19）计算所得。

其中，$\widetilde{ES}^\alpha$ 为前文参数和三角模糊数方法计算后的暴露情景，单位为毫克/千克。$[C_{j,CR*,L}, C_{j,CR*,U}]$ 为计算得到的风险可接受的浓度限值区间，单位为毫克/千克，其 L 值代表较高的暴露水平，U 值代表较低的暴露水平，j 表示重金属的类别。从而优先控制重金属的浓度可以划分为 3 个区间：$(0,C_{j,CR*,L})$、$[C_{j,CR*,L}, C_{j,CR*,U}]$ 和 $[C_{j,CR*,U}, +\infty)$，分别代表：（1）在设定暴露情景下，致癌风险完全可接受；（2）当下致癌风险不可以忽略，但是对暴露进行一定的调整可以使风险接受；（3）致癌风险很难通过暴露水平的调节达到可接受的水平。显然由于健康风险评价不确定性和 ES 的模糊数长度较大，导致上述 3 个区间较为宽泛。且前文提到，健康风险的管理可能需要结合自然背景值的地区差异。所以生态风险 I 级、II 级和 III 级之间的浓度限值 $C_{j,E40}$ 和 $C_{j,E80}$ 被用于进一步切割上述 3 个区间，从而可以制定出基于浓度的综合风险等级判定准则（integrated risk grade criterion，IRGC），如表 4 - 16 所示。因 As 背景值地区差异和 $C_{As,E40}$ 和 $C_{As,CR*,L}$ 大小关系不同，出现两种情况。

不同重金属不同等级（IRGC1 ~ 5）的风险内涵不同。As：致癌风险可接受水平设定为 1.0×10^{-4}，同时要考虑地区差异，分为低背景值（$C_{E40} < C_{-4L}$，如安徽省）和高背景值（$C_{E40} > C_{-4L}$，如广西壮族自治区）两种情况。As 低背景值区域：IRGC2 级（$C_s \in [C_{E40}, C_{CR-4,L})$），为中等生态风险，且该区域内即便人群具有较高暴露水平，As 的致癌风险也可能低于本书的风险可接受水平 1.0×10^{-4}；IRGC3 和 IRGC4 均为（$C_s \in [CC_{R-4,L}, C_{E80}) \cup [C_{E80}, C_{CR-4,U})$）需要进行暴露水平调控，使 As 致癌风险不超过风险可接受水平 1.0×10^{-4}，但是前者生态风险仍为中等，后者则为强等级生态风险。As 高背景值区域：IRGC2 ~ 4（$C_s \in [C_{CR-4,L}, C_{E40}) \cup [C_{E40}, C_{E80}) \cup [C_{E80}, C_{CR-4,U})$）均为需要进行暴露水平调控，使 As 致癌风险不超过风险可接受水平 1.0×10^{-4}，但 3 个等级生态风险水平不同，分别为低、中等、强生态风险。Cd：生态风险管理要严于致癌风险，C_{E40} 和 C_{E80} 的引入，将可忽略的致癌风险下的浓度区间 $(0, C_{Cd,CR-6,L})$，划分为低（$< C_{E40}$）、中等（$[C_{E40}, C_{E80})$）、强（$[C_{E80}, C_{CR-6,L})$）生态风险水平区间。Pb：IRGC2 ~ 4 级的浓度区间为模糊致癌风险低于 1.0×10^{-6} 的浓度区间 $[C_{-6L}, C_{-6R}]$ 的子区间，反映的是该区间内，可以通过暴露行为的管理尽可能降低致癌风险，

同时生态风险等级也会得到显著的降低，从强生态风险（[C_{E80}，$C_{CR-6,U}$)），降到中等（[C_{E40}，C_{E80})），其至低生态风险（[$C_{CR-6,L}$，C_{E40})）。表 4 - 17 中，Cd、Pb 和 As 的 IRGC4 ~ 5 级具有相似的浓度区间特征，表现为具有较高的生态风险和难以通过暴露行为规避的高健康风险，将研究案例中平均重金属浓度达到 IRGC4 ~ 5 级的情况命名为热点案例。另外对于 Hg，参考其非致癌毒性参数和各省份暴露参数，非致癌 HQ 为 1 时的浓度限值，为 28 ~ 148 毫克/千克，高出背景值 2 ~ 3 个数量级，所以在综合风险等级体系中只考虑 Hg 的生态风险。

二、经济带土壤重金属模糊风险评估

根据 IRGC，各省份各个风险区段的案例个数统计如图 4 - 5 所示。对 As 而言，各省份研究案例均以 IRGC1 级为主（94.0%）。2 ~ 5 级案例共计 31 个，占比 6.0%，所在省份与案例个数如下：安徽省（4）、北京市（1）、福建省（1）、甘肃省（2）、广东省（3）、广西壮族自治区（4）、贵州省（6）、河南省（1）、湖南省（4）、内蒙古自治区（1）、新疆维吾尔自治区（2）、云南省（1）、浙江省（1），长江经济带内案例达到 16 个，过半。全国热点案例（IRGC4 ~ 5 级）16 个，其中长江经济带占到 9 个。各省 Pb 等级频率分布累积如图 4 - 5 （b）所示。整体来看 IRGC1 ~ 4 级案例占比分别为 91.7%、5.0%、1.4%、1.9%。说明绝大多数的案例处于 IRGC1 级，即较高的暴露水平健康风险仍可接受且低生态风险。而非 1 级案例总共 61 个，其中长江经济带内案例达到了 35 个。Cd 情况比较复杂。各省 Cd 等级频率分布累积如图 4 - 5 （c）所示。全国 IRGC1 ~ 5 级分别占 24.9%、28.7%、39.0%、7.0%、0.4%。3 级风险（$C_s \in$ [C_{E80}，$C_{CR-6,L}$]）占到主导地位，即单元素土壤暴露致癌风险可接受，但是具有强的生态风险，这种情况要求在关注 Cd 的致癌风险的同时，Cd 的生态风险，尤其是土—植物—动物—人类的生物富集作用可能需要关注（Antoniadis et al.，2019a；Sandeep et al.，2019）。处于 IRGC4 ~ 5 级的热点案例地区（$C_s \geq C_{CR-6,L}$），主要分布在安徽省（5 个案例）、广东省（4 个）、广西壮族自治区（5 个）、河南省（4 个）、湖北省（7 个）、湖南省（9 个）等省份，总计 51 个研究案例，其中长江经济带内有 29 个。

表4-17 各省份优先控制重金属 IRGC 判定限值情况

单位：毫克/千克

省份	As					Cd					Pb					Hg	
	C_{bv}	C_{E40}	$C_{CR*,L}$	C_{E80}	$C_{CR*,U}$	C_{bv}	C_{E40}	C_{E80}	$C_{CR*,L}$	$C_{CR*,U}$	C_{bv}	$C_{CR*,L}$	C_{E40}	C_{E80}	$C_{CR*,U}$	C_{E40}	C_{E80}
安徽省	9.0	36.0	42.8	72.0	337.6	0.097	0.129	0.259	2.216	24.534	26.6	99.3	212.8	425.6	1107.8	0.033	0.066
北京市	9.7	38.8	45.7	77.6	388.0	0.074	0.099	0.197	2.401	28.921	25.4	107.6	203.2	406.4	1306.6	0.069	0.138
重庆市	10.4	41.6	40.8	83.2	330.2	0.079	0.105	0.211	2.080	23.307	30.9	93.2	247.2	494.4	1051.9	0.061	0.122
福建省	6.3	25.2	40.9	50.4	326.1	0.074	0.099	0.197	2.117	23.692	41.3	94.9	330.4	660.8	1069.8	0.093	0.186
甘肃省	12.6	50.4	43.7	100.8	328.6	0.116	0.155	0.309	2.261	23.877	18.8	101.3	150.4	300.8	1078.3	0.020	0.040
广东省	8.9	35.6	40.4	71.2	326.2	0.056	0.075	0.149	2.087	23.641	36.0	93.5	288.0	576.0	1067.2	0.078	0.156
广西壮族自治区	20.5	82.0	39.4	164.0	316.7	0.267	0.356	0.712	2.011	22.350	24.0	90.1	192.0	384.0	1008.9	0.152	0.304
贵州省	20.0	80.0	40.6	160.0	298.9	0.659	0.879	1.757	2.097	21.658	35.2	94.0	281.6	563.2	977.9	0.110	0.220
海南省	8.9	35.6	39.0	71.2	316.7	0.056	0.075	0.149	1.989	22.351	36.0	89.1	288.0	576.0	1008.9	0.078	0.156
河北省	13.6	54.4	45.3	108.8	353.0	0.094	0.125	0.251	2.377	26.315	21.5	106.5	172.0	344.0	1188.7	0.036	0.072
黑龙江省	7.3	29.2	44.6	58.4	350.4	0.086	0.115	0.229	2.343	26.121	24.2	105.0	193.6	387.2	1180.0	0.037	0.074
河南省	11.4	45.6	44.0	91.2	339.5	0.074	0.099	0.197	2.307	25.314	19.6	103.3	156.8	313.6	1143.2	0.034	0.068
湖北省	12.3	49.2	42.7	98.4	336.0	0.172	0.229	0.459	2.213	24.414	26.7	99.1	213.6	427.2	1102.7	0.080	0.160
湖南省	15.7	62.8	40.7	125.6	319.9	0.126	0.168	0.336	2.109	23.173	29.7	94.5	237.6	475.2	1046.4	0.116	0.232
内蒙古自治区	7.5	30.0	45.4	60.0	349.0	0.053	0.071	0.141	2.383	26.030	17.2	106.8	137.6	275.2	1176.0	0.040	0.080
江苏省	10.0	40.0	43.6	80.0	352.5	0.126	0.168	0.336	2.257	25.613	26.2	101.1	209.6	419.2	1156.6	0.289	0.578
江西省	14.9	59.6	40.3	119.2	313.6	0.108	0.144	0.288	2.087	22.726	32.3	93.5	258.4	516.8	1025.9	0.084	0.168

续表

省份	As					Cd					Pb					Hg	
	C_{bv}	C_{E40}	$C_{CR*,L}$	C_{E80}	$C_{CR*,U}$	C_{bv}	C_{E40}	C_{E80}	$C_{CR*,L}$	$C_{CR*,U}$	C_{bv}	$C_{CR*,L}$	C_{E40}	C_{E80}	$C_{CR*,U}$	C_{E40}	C_{E80}
吉林省	8.0	32.0	44.1	64.0	350.9	0.099	0.132	0.264	2.316	26.156	28.8	103.8	230.4	460.8	1181.6	0.037	0.074
辽宁省	8.8	35.2	45.2	70.4	360.2	0.108	0.144	0.288	2.375	26.844	21.4	106.4	171.2	342.4	1212.8	0.037	0.074
宁夏回族自治区	11.9	47.6	44.1	95.2	333.2	0.112	0.149	0.299	2.318	24.840	20.6	103.9	164.8	329.6	1122.1	0.021	0.042
青海省	14.0	56.0	44.8	112.0	323.3	0.137	0.183	0.365	2.325	23.483	20.9	104.2	167.2	334.4	1060.7	0.020	0.040
陕西省	11.1	44.4	41.7	88.8	327.6	0.094	0.125	0.251	2.160	23.742	21.4	96.7	171.2	342.4	1071.8	0.030	0.060
山东省	9.3	37.2	45.1	74.4	359.3	0.084	0.112	0.224	2.369	26.782	25.8	106.1	206.4	412.8	1209.7	0.019	0.038
上海市	9.1	36.4	42.8	72.8	361.2	0.138	0.184	0.368	2.245	26.926	25.0	100.6	200.0	400.0	1216.1	0.095	0.190
山西省	9.8	39.2	44.5	78.4	345.9	0.128	0.171	0.341	2.334	25.784	15.8	104.6	126.4	252.8	1164.8	0.027	0.054
四川省	10.4	41.6	41.2	83.2	323.9	0.079	0.105	0.211	2.128	23.470	30.9	95.3	247.2	494.4	1059.6	0.061	0.122
天津市	9.6	38.4	45.7	76.8	378.5	0.090	0.120	0.240	2.399	28.212	21.0	107.5	168.0	336.0	1274.5	0.084	0.168
新疆维吾尔自治区	11.2	44.8	44.4	89.6	334.0	0.120	0.160	0.320	2.299	24.266	19.4	103.0	155.2	310.4	1096.1	0.017	0.034
西藏自治区	19.7	78.8	41.0	157.6	284.8	0.081	0.108	0.216	2.118	20.634	29.1	94.9	232.8	465.6	931.6	0.024	0.048
云南省	18.4	73.6	41.1	147.2	293.4	0.218	0.291	0.581	2.122	21.262	40.6	95.1	324.8	649.6	960.0	0.058	0.116
浙江省	9.2	36.8	41.6	73.6	343.1	0.070	0.093	0.187	2.154	24.929	23.7	96.5	189.6	379.2	1125.7	0.086	0.172

资料来源：笔者根据式（4-18）、式（4-19）计算所得。

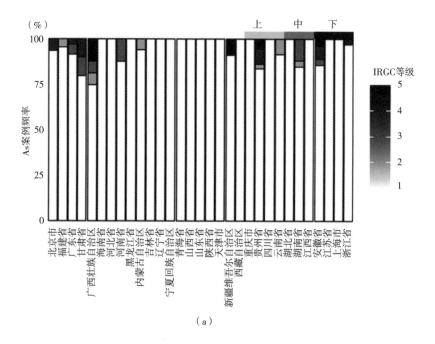

（a）

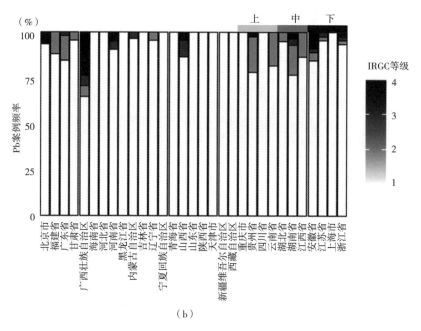

（b）

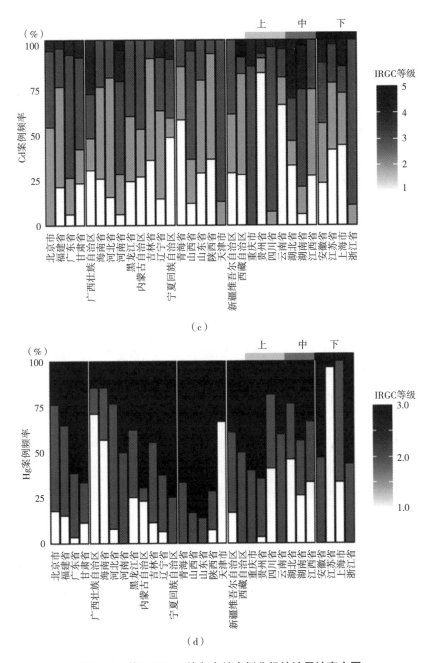

（c）

（d）

图 4-5　基于 IRGC 的各省份案例分级统计累计直方图

资料来源：笔者采用 R 软件绘制所得。

需要特别注意的是，有研究指出湖南株洲市 Cd 污染特别严重。王等（Wang et al.，2013）采集的 112 份土壤样品，覆盖 35 平方千米的株洲核心区域，发现土壤 Cd 均值浓度为 43.7 毫克/千克，整体浓度范围为 0.2～334.5 毫克/千克，说明可能很大范围的土壤超过了湖南省 IRGC 5 级限值 23.2 毫克/千克。总体而言，Hg 的案例 IRGC1～3 级分别占 19.9%、33.9% 和 46.2%。IRGC3 级（Cs≥CE80）在 31 个研究省份中都有分布，说明 Hg 的污染具有广泛性。IRGC3 级案例（生态风险 >80，强生态风险）占全省研究案例的比例在山东省（86%）、陕西省（83%）、宁夏回族自治区（75%）、山西省（71%）、内蒙古自治区（69%）、甘肃省（67%）、青海省（67%）、贵州省（65%）等省份分布较为集中。

三、经济带土壤重金属的污染源解析

基于前述研究，结合已有案例的文献综述法，分别对土壤中重金属污染源进行解析。对于土壤中 As 污染，追溯全国 16 个热点案例研究，对于研究区域所在地的土地利用方式的描述，村田—矿—厂模式是最主要的土地利用模式，依托当地的自然资源：如有色金属矿（王威等，2019）和煤炭（刘文政等，2015），发展采选、冶炼、锻造等产业（杨伟光等，2019），而这些地区内存在村镇组等农村人口聚集地，当地居民从事农业生产活动，种植蔬菜（王莉霞等，2021）、玉米（黎承波等，2018）等自食与外销作物。另外值得注意的是，在上述城郊或者农村为主导的村田—矿—厂模式外，浙江富阳（陈惠芳等，2013）全市 258 个农田采样点，As 浓度（均值 ± 标准差）为 94.81 ±62.28，表现出全市大范围农田区域超过综合风险 IRGC4 级，即 $[C_{E80}, C_{CR-4,U})$，表现出高生态风险，高致癌风险。除了矿产开采—冶炼—锻造—消费产业链条中，处于末端的电子拆卸、金属回收行业，也成为区域的潜在污染源（Lin et al.，2020），但是该类案例主要发生在广东，且数量较少。

对于 Pb 污染，4 级案例虽然较少，但是一般案例集中在长江经济带。追溯 4 级案例土地利用方式，发现这 1.9% 的案例主要是村—矿模式研究。而在湖南株洲均值浓度为 601.5 毫克/千克，整体浓度范围为 10～3600 毫克/

千克、安徽马鞍山均值浓度为 464 毫克/千克，整体浓度范围为 212～711 毫克/千克。根据已发表研究（Wang et al.，2013；张俊等，2017）进行的系统采样研究，两地处于综合风险 IRGC4 的区域可能占该地区比重较大，具有广泛 Pb 污染。

Cd 情况比较复杂。全国 Cd 污染中，3 级风险（$C_s \in [C_{E80}, C_{CR-6,L})$）占到主导地位，即单元素土壤暴露致癌风险可接受，但是具有强的生态风险，这种情况要求在关注 Cd 的致癌风险的同时，Cd 的生态风险，尤其是土—植物—动物—人类的生物富集作用可能需要关注（Antoniadis et al.，2019a；Chen et al.，2020）。中国常见蔬菜都具有较高的 Cd 富集能力（Fang et al.，2019），因此需要进行土壤—作物的联合监测，栽培该地区土壤性质下具有低富集能力的作物，从而保障食品与生态安全（Huang et al.，2020）。处于 IRGC4～5 级的热点案例地区（$C_s \geq C_{CR-6,L}$），主要分布在安徽省（5 个案例）、广东省（4 个）、广西壮族自治区（5 个）、河南省（4 个）、湖北省（7 个）、湖南省（9 个）等省份，总计 51 个研究案例，其中长江经济带内有 29 个。需要特别注意的是，有研究指出湖南株洲市 Cd 污染特别严重。王等（Wang et al.，2013）采集的 112 份土壤样品，覆盖 35 平方千米的株洲核心区域，发现土壤 Cd 均值浓度为 43.7 毫克/千克，整体浓度范围为 0.2～334.5 毫克/千克，说明可能很大范围的土壤超过了湖南省 IRGC5 级限值 23.2 毫克/千克。溯源 IRGC4～5 级的热点案例的土地利用方式，一方面，和 As 相似，田—厂—矿模式是重要的土地利用方式，具有矿产和矿业的村镇对于 Cd 风险管理十分重要（姜苹红等，2012；彭友娣等，2013；Yang et al.，2017）；另一方面，城市或者城郊工业园区附近的土壤也是需要重点关注的对象，而在这些案例中，工业园区内的工业部门，除选矿与冶矿企业，出现了多部门联合的工业园区，如医药、化工、机械、建材、水泥、塑料、食品工业区、硅铁、电石、PVC 树脂、活性炭、电子制造业等多种产业（Fan et al.，2013；王学锋等，2013；王学锋等，2014；Wu et al.，2018）。随着城市化和工业化，土地征收与流转使农村农田逐渐破碎化，农田与工业之间必要的地理隔离被缩短。这些破碎化的农田往往为城市提供重要的生态服务功能，并且可能成为当地居民自种自食菜园、主城区的蔬菜供应基地，甚至是商品粮基地（李兴平，2012；李继宁，2013；周开胜，2018；Deng et al.，2019）。从污染源管理的角度来看，大多数研究仅仅关注有限的污染物质进行实验室分析，很难在上述研究区域内进行详细有效的源解析，所以在上述区域开展基于产业的特征指纹物质的分析对于后续土地管理非常重要（Fernández et al.，2020；Kruge et al.，2020）。

对于 Hg 污染，IRGC3 级（Cs≥CE80）在 31 个研究省份中都有分布，说明 Hg 的污染具有广泛性。IRGC3 级案例（生态风险 >80，强生态风险）占全省研究案例的比例在山东省（86%）、陕西省（83%）、宁夏回族自治区（75%）、山西省（71%）、内蒙古自治区（69%）、甘肃省（67%）、青海省（67%）、贵州省（65%）等省份分布较为集中。说明相较于当地背景值，汞的人为源富集现象明显而广泛。Hg 非致癌 HQ 为 1 时的浓度限值，为 28～148 毫克/千克。虽然这个区间高出背景值 2～3 个数量级，但是在湖南省娄底市为 178.19 毫克/千克，整体浓度范围为 1.20～3601.1 毫克/千克，河南省焦作市均值浓度为 66.49 毫克/千克，整体浓度范围为 22.2～262.9 毫克/千克，内蒙古自治区包头市均值浓度为 15.98 毫克/千克，整体浓度范围为 8.8～48.5 毫克/千克，可能存在较高的非致癌健康风险（Liang et al.，2017；刘素青，2011；廖蕾等，2012）。上述包头市、娄底市案例为区域系统采样案例，采样点分别为 6078 个和 2820 个，研究范围较广。综合来看，上述案例的研究区域内汞的高风险区域占比较大。

四、经济带土壤重金属污染的优先控制重金属及区域识别

本书中全国 31 个省级行政区划单位，长江经济带成员只有 11 个。而优先控制重金属热点案例长江经济带占到半数。从各个重金属来看，上述分析可以看出 Hg 和 Cd 的热点案例存在区域性特征，即省级层面上热点案例广泛分布。而 As、Pb 则以零星分布为主。上述特征在统计上的表现为，仅有 IRGC$_{Cd}$>1，IRGC$_{Cd}$>2 和 IRGC$_{Hg}$>2 满足正态分布检验，即各省份大于 IRGC$_{Cd}$1 级，或者大于 IRGC$_{Cd}$2 级，或者大于 IRGC$_{Hg}$1 级的累计案例百分比（CF），均匀地分布在相应平均 CF 附近，记作 CF$_{Cd1}$、CF$_{Cd2}$ 和 CF$_{Hg2}$，而例如 As 和 Pb 的污染问题和 Cd 的高风险问题都是局部问题（上述正态分布检验如表 4-18 所示）。CF$_{Cd1}$、CF$_{Cd2}$ 和 CF$_{Hg2}$，还表明虽然不同省份发表出来的

研究案例不同，但是总体来看探明的污染问题较为一致，这 3 个指数可以反映出一定程度的省级重金属人为源和自然源的相对富集状况。

表 4 - 18 　　　　　　　 优先控制重金属不同 IRGC 等级累计频率正态分布检验

IRGC	大于 1 级	大于 2 级	大于 3 级	大于 4 级
Cd	0.200	0.118	0.01	0.00
Hg	0.00	0.200	—	—
Pb	0.00	0.00	0.00	0.00
As	0.00	0.00	0.00	0.00

资料来源：笔者采用 SPSS 软件计算所得。

综上所述，1 个省份优先控制重金属的特征可以通过 3 个值进行描述，背景值（C_{bv}）、加权平均值（C^*）和 IRGC 累计频率（CF）。而前文通过分析已经指出，实际上已有研究表现出一方面大量研究监测浓度在背景值附近，一方面大量研究表现出高污染特征，即土壤重金属浓度序列表现出长尾纺锤形分布。所以 C_{bv} 和 CF 可以更好地描述上一特征。斯皮尔曼相关性分析发现，$C_{bv,Cd}$ 和 CF_{Cd2} 表现出负相关，－0.373（p = 0.039 < 0.05）。而 Hg 的情况更为突出，$C_{bv,Hg}$ 和 CF_{Hg2} 负相关系数为 － 0.598（p = 0.00 < 0.01）。分别以上述两组指标，对 31 个省级行政区划单位进行 K-mean 聚类，聚类结果命名为 A、B 和 C。

如表 4 - 19 所示，从 Cd 角度来看，背景值表现出较高的空间异质性，对数转换被用来使 C_{bv} 和 CF_{Cd2} 满足正态分布，消除量纲，减小样本间差距。A 类表现出高背景值和低频风险（CF_{Cd2} 较低），说明总体上在云南省、贵州省、广西壮族自治区三省份人为源污染相对较高的背景 Cd 含量，影响较小。相比于 B 类，C 类 Cd 人为源干扰程度更高，更多的 Cd 富集案例在这些省份被发现。空间上 C 类区域分布在中国中部和西部，位于 A 类和 B 类之间。除去异常高背景值的 A 类区域，CF_{Cd2} 在经度方向表现出低—高—低的分布，说明相较于东部和西部，中部地区表现出更多的案例存在较高的富集，这种分布可能满足库兹涅茨倒 "U" 型曲线分布。而长江经济带组成成员包含了 3 种类型，且从上游到下游表现出 A－C－B 分布。而对于 Hg，A、B 和 C 三类分别代表低背景值—高 CF_{Hg2}，高背景值—低 CF_{Hg2} 和中背景值—中 CF_{Hg2}。可以看出以长江为界，南北差异巨大。北方背景值较低，但是被研究者发现

Hg 富集程度普遍较高，只可能与大气汞沉降有关。彭等（Peng et al.，2019）发现相较于南方，北方大气沉降更多的 Hg 进入土壤。陈等（Chen et al.，2019）也通过环境多区域投入产出表核算发现，北方通过地区消费导致更多的 Hg 排放和 Hg 沉降。而以四川省、湖北省、江苏省、上海市为主的长江北岸城市背景值相应较高，而长江南岸省份则背景值略低，但是更多的案例表现出较高富集。

表 4-19   **Cd 和 Hg 的综合风险等级标准（IRGC）**

省份	Cd					Hg	
	C_{bv}	C_{E40}	C_{E80}	$C_{CR*,L}$	$C_{CR*,U}$	C_{E40}	C_{E80}
安徽省	0.097	0.129	0.259	2.216	24.534	0.033	0.066
北京市	0.074	0.099	0.197	2.401	28.921	0.069	0.138
重庆市	0.079	0.105	0.211	2.080	23.307	0.061	0.122
福建省	0.074	0.099	0.197	2.117	23.692	0.093	0.186
甘肃省	0.116	0.155	0.309	2.261	23.877	0.020	0.040
广东省	0.056	0.075	0.149	2.087	23.641	0.078	0.156
广西壮族自治区	0.267	0.356	0.712	2.011	22.350	0.152	0.304
贵州省	0.659	0.879	1.757	2.097	21.658	0.110	0.220
海南省	0.056	0.075	0.149	1.989	22.351	0.078	0.156
河北省	0.094	0.125	0.251	2.377	26.315	0.036	0.072
黑龙江省	0.086	0.115	0.229	2.343	26.121	0.037	0.074
河南省	0.074	0.099	0.197	2.307	25.314	0.034	0.068
湖北省	0.172	0.229	0.459	2.213	24.414	0.080	0.160
湖南省	0.126	0.168	0.336	2.109	23.173	0.116	0.232
内蒙古自治区	0.053	0.071	0.141	2.383	26.030	0.040	0.080
江苏省	0.126	0.168	0.336	2.257	25.613	0.289	0.578
江西省	0.108	0.144	0.288	2.087	22.726	0.084	0.168
吉林省	0.099	0.132	0.264	2.316	26.156	0.037	0.074
辽宁省	0.108	0.144	0.288	2.375	26.844	0.037	0.074
宁夏回族自治区	0.112	0.149	0.299	2.318	24.840	0.021	0.042
青海省	0.137	0.183	0.365	2.325	23.483	0.020	0.040
陕西省	0.094	0.125	0.251	2.160	23.742	0.030	0.060
山东省	0.084	0.112	0.224	2.369	26.782	0.019	0.038

续表

省份	Cd					Hg	
	C_{bv}	C_{E40}	C_{E80}	$C_{CR*,L}$	$C_{CR*,U}$	C_{E40}	C_{E80}
上海市	0.138	0.184	0.368	2.245	26.926	0.095	0.190
山西省	0.128	0.171	0.341	2.334	25.784	0.027	0.054
四川省	0.079	0.105	0.211	2.128	23.470	0.061	0.122
天津市	0.090	0.120	0.240	2.399	28.212	0.084	0.168
新疆维吾尔自治区	0.120	0.160	0.320	2.299	24.266	0.017	0.034
西藏自治区	0.081	0.108	0.216	2.118	20.634	0.024	0.048
云南省	0.218	0.291	0.581	2.122	21.262	0.058	0.116
浙江省	0.070	0.093	0.187	2.154	24.929	0.086	0.172

资料来源：笔者采用源解析所得。

热点案例（IRGC4~5）地级市分布情况虽然散布在全国，但是在长江经济带存在聚集。以 Cd 风险为主要风险来源。Pb 和 As 的热点不单独存在，伴随着 Cd 的高风险。多金属复合污染主要发生在矿—村—厂模式下的村镇，而单一 Cd 高风险则以城郊工业区附近的农田、土地、荒地为主。YREB 土壤中重金属的优先控制区及重金属可以确定为：下游地区安徽省的 Pb，浙江省的 As；中游地区湖南省的 Hg 和 Pb；上游地区云南省的 Cd，贵州省的 Cd 和 Hg。

第三节　PM2.5 中重金属的模糊风险识别与源解析

一、全国大气 PM2.5 中重金属的模糊健康风险评估

（一）模糊非致癌风险评估

本书基于上述模糊健康风险评价模型计算出了基于时间权重的全国主要城市 PM2.5 中重金属的模糊健康风险，计算结果见附表 8。结果显示，在所研究的全国主要城市中，儿童的总非致癌风险从 0.55（长春市）到 14.51（西安市）不等，成人的总非致癌风险从 0.30（长春市）到 7.84（西安市）不等。儿童和成人平均总非致癌风险的平均水平分别为 3.13 和 1.69，表明

全国主要城市大气 PM2.5 中重金属的儿童非致癌风险大大高于成人。
88.89% 的主要城市（长春市、长沙市、赤峰市除外）PM2.5 中重金属的总
非致癌风险均超过了阈值 1，表明存在非致癌风险，33% 的主要城市（沈阳
市、杭州市、厦门市、重庆市、南京市、合肥市、海口市和乌鲁木齐市）的
成人非致癌风险也相对较高，但是没有超过 1。非致癌风险存在的城市中，
西安市、南昌市和昆明市的风险特别高，其儿童模糊非致癌风险分别达到了
13.39 ~ 14.51、12.78 ~ 13.17 和 5.59 ~ 5.76。此外，武汉市、郑州市、太原
市、成都市和济南市也有较高的非致癌风险。就单种重金属的非致癌风险而
言，如图 4 - 6 所示，As、Cd 和 Cr 是各个主要城市 PM2.5 中重金属的非致
癌风险贡献率前三的重金属。其中，西安市和昆明市 PM2.5 中 As 的非致癌
风险很高，儿童的非致癌风险达到了 11.12 ~ 12.05 和 10.90 ~ 11.24。此外，
南昌市、郑州市、太原市的 Cd 以及太原市和西安市的 Cr，对儿童产生的非
致癌风险也均超过阈值 1，表明了这些地区的儿童面临着非致癌风险。主要
城市 PM2.5 中 Hg、Pb、Cu、Zn 和 Ni 的非致癌风险一般低于可接受的风险
标准（HQ = 1），风险较低。

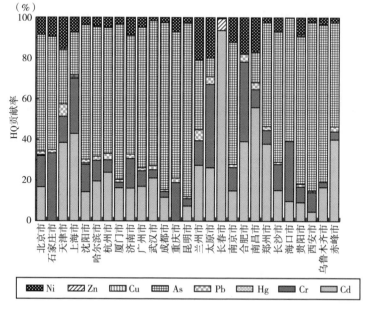

图 4 - 6　主要城市 PM2.5 中重金属非致癌风险贡献率的堆积图

资料来源：笔者采用 R 软件绘制所得。

（二）模糊致癌风险评估

如附表 8 所示，主要城市 PM2.5 中重金属的总模糊致癌风险从 4.86×10^{-6} 到 1.3×10^{-3} 不等。所有主要城市中的重金属总模糊致癌风险均超过了可接受的风险限值（10^{-6}），表明致癌风险均不可忽略。其中，太原市和西安市是总模糊致癌风险水平最高的前 2 个城市，相应的风险值超过 10^{-3}（Ⅶ级），表明这 2 个城市的致癌风险极高，属于不可接受的水平，必须立即采取必要的措施。昆明市的总致癌风险等级达到Ⅵ级，风险水平也较高，需要采取一些必要措施来降低风险。此外，分别有 66.67% 和 14.81% 的主要城市的总模糊致癌风险达到了Ⅴ级（中高风险）和Ⅳ级（中风险），只有赤峰市的总致癌风险是Ⅲ级。就单个重金属的非致癌风险而言，如图 4-7 所示，4 种致癌重金属对致癌风险的平均贡献顺序为：Cr（68.69%）>As（24.40%）>Cd（6.08%）>Ni（0.82%），Cr 和 As 的贡献率最高。值得注意的是，本书中 Cr 选用的生物毒理学参数为对人类具有致癌作用的 Cr（Ⅵ）的参数，但是在大气中，Cr（Ⅲ）的含量远高于 Cr（Ⅵ），因此上述结果在一定程度上可能高于实际情况。

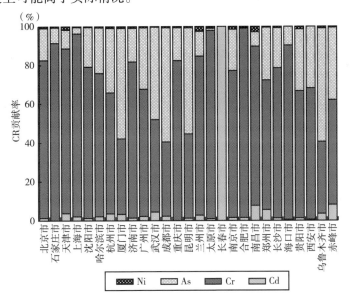

图 4-7　主要城市中 PM2.5 中重金属致癌风险贡献率的堆积图

资料来源：笔者采用 R 软件绘制所得。

基于全国主要城市 PM2.5 中重金属的模糊健康风险表（见附表 8）中各个主要城市 PM2.5 重金属的致癌风险值，以及隶属度函数的计算，结合最大隶属度原则即可得出各种重金属的致癌风险等级以及相应的等级隶属度。结果显示，所有主要城市 PM2.5 中的 Cr（$1.96 \times 10^{-5} \sim 1.08 \times 10^{-3}$）和 As（$1.3 \times 10^{-5} \sim 4.09 \times 10^{-4}$）的致癌风险均不可忽略。对于 Cr 来说，太原市和西安市 PM2.5 中 Cr 的致癌风险等级分别达到Ⅶ级和Ⅵ级，表明致癌风险明显较高，需要尽快采取相关措施。并且除了沈阳市（88.24% 隶属于Ⅴ级，11.76% 隶属于Ⅳ级）和武汉市（86.84% 隶属于Ⅴ级，13.16% 隶属于Ⅳ级）以外，其他主要城市中 63% 的城市 PM2.5 中 Cr 的致癌风险均已达到了Ⅴ级高风险水平，其中石家庄市、上海市、济南市和南昌市不仅 Cr 的致癌风险等级高，其所在城市的总致癌风险也位居Ⅴ级 Cr 风险水平城市的前四位。对于 As，除了广州市（90.57% 隶属于Ⅲ级，9.43% 隶属于Ⅱ级）以外，其余主要城市中 PM2.5 中 As 致癌风险均为Ⅲ级及以上，风险水平也较高。其中西安市、昆明市、成都市、武汉市（84.87% 隶属于Ⅴ级）相应 As 的致癌风险水平高达Ⅴ级，风险较高，需要采取措施应对。Cd 和 Ni 的致癌风险范围分别为 $1 \times 10^{-6} \sim 3.04 \times 10^{-5}$ 和 $2.29 \times 10^{-7} \sim 1.09 \times 10^{-5}$。对于 Cd，除了太原市（55.56% 隶属于Ⅲ级）、南昌市（Ⅲ级）和郑州市（Ⅲ级）以外，其余主要城市中的致癌风险等级均为Ⅱ级，风险水平较低。其中长沙市、海口市、乌鲁木齐市、厦门市和杭州市的 Cd 致癌风险普遍低于其他城市。至于 Ni，沈阳市、杭州市、厦门市、武汉市、重庆市、长沙市、乌鲁木齐市和赤峰市的 PM2.5 中 Ni 的致癌风险均属于可接受水平（Ⅰ级），其他主要城市除了南昌市为Ⅲ级风险水平以外，其余均为Ⅱ级低风险。

综上可知，PM2.5 中 Cr 的区域致癌风险水平从南到北呈上升趋势，其中西北市和华北地区总体致癌风险水平较高，这与重金属浓度的区域分布大致相同。PM2.5 中 As 的区域致癌风险水平从西到东逐渐降低，西北地区和西南地区 PM2.5 中 As 的致癌风险总体高于其他地区。

二、经济带大气 PM2.5 中重金属的模糊健康风险评估

（一）模糊非致癌风险评估

基于全国主要城市 PM2.5 中重金属的综合模糊健康风险结果，抽出分析

YREB 覆盖的九省二市的污染状况，结果如表 4－20 所示。结果显示，在所研究的 YREB 覆盖的 11 个省市的主要城市中，儿童的总非致癌风险值的范围为从 0.71（长沙市）到 13.17（昆明市）不等，成人的总非致癌风险从 0.38（长沙市）到 7.11（昆明市）不等。儿童和成人平均总非致癌风险的平均水平分别为 3.36 和 1.81，均略高于全国主要城市的相应均值，但是与之相似的是主要城市大气 PM2.5 中重金属的儿童非致癌风险均大大高于成人。各个主要城市儿童和成人的总致癌风险值的平均水平排序为：昆明市（9.99）＞南昌市（4.37）＞武汉市（3.48）＞成都市（2.92）＞贵阳市（1.67）＞上海市（1.62）＞南京市（1.10）＞杭州市（1.06）＞合肥市（0.92）＞重庆市（0.80）＞长沙市（0.57），除了合肥市、重庆市和长沙市以外，各个主要城市的总致癌风险均值均大大超过了阈值1，表明非致癌风险不仅存在，还属于较高水平。

表 4－20　　　　YREB 大气 PM2.5 中重金属的模糊健康风险评价结果

主要城市	HI				CR	
	儿童		成人			
合肥市	1.17	1.21	0.63	0.65	2.96×10^{-4}	3.05×10^{-4}
贵阳市	2.01	2.34	1.08	1.26	1.53×10^{-4}	1.70×10^{-4}
长沙市	0.71	0.77	0.38	0.42	7.44×10^{-5}	8.06×10^{-5}
武汉市	4.06	4.98	2.20	2.69	2.01×10^{-4}	2.63×10^{-4}
南昌市	5.59	5.76	3.02	3.11	3.79×10^{-4}	3.91×10^{-4}
杭州市	1.32	1.43	0.72	0.77	8.38×10^{-5}	8.94×10^{-5}
成都市	3.67	3.90	1.98	2.11	1.73×10^{-4}	1.83×10^{-4}
南京市	1.40	1.44	0.76	0.78	1.34×10^{-4}	1.38×10^{-4}
昆明市	12.78	13.17	6.91	7.11	6.77×10^{-4}	6.98×10^{-4}
重庆市	1.02	1.06	0.55	0.57	1.48×10^{-4}	1.52×10^{-4}
上海市	1.95	2.25	1.05	1.21	3.71×10^{-4}	4.03×10^{-4}

资料来源：笔者根据模糊健康风险评价公式计算所得。

合肥市和重庆市虽未超过阈值，其相应的总非致癌风险均值也属于较高水平，不容忽视。因此总体来看，YREB 主要城市 PM2.5 中重金属的总非致癌风险均属于较高水平。其中对于儿童来说，除了长沙市以外，其余主要城市中的儿童总非致癌风险均超过了阈值1，而长沙市的儿童总非致癌风险值为 0.71 ~ 0.77，虽未超过可接受的风险阈值1，但是风险值也较高。对于成人来说，55% 的主要城市（贵阳市、武汉市、南昌市、成都市、昆明市、上海市）PM2.5 中重金属的成人总非致癌风险也均超过了阈值 1。值得注意的是，在非致癌风险存在的城市中，昆明市的儿童总模糊非致癌风险值达到了 12.78 ~ 13.17，为可接受致癌风险阈值的 12 ~ 13 倍，致癌风险很高。

就单种重金属的非致癌风险而言，结合图 4 – 8 中 YREB 主要城市 PM2.5 中重金属非致癌风险贡献率的堆积图可以看出，无论是全国，还是 YREB，As、Cd 和 Cr 均是各主要城市 PM2.5 中重金属的非致癌风险贡献率前三的重金属。

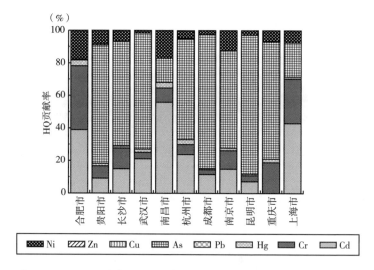

图 4 – 8　YREB 大气 PM2.5 中重金属的非致癌风险贡献率堆积图

资料来源：笔者采用 R 软件绘制所得。

其中，昆明市 PM2.5 中 As 的非致癌风险很高，儿童的非致癌风险达到了 10.90 ~ 11.24。此外，南昌市的 Cd 以及武汉市和成都市的 As 对儿童和成人产生的非致癌风险也均超过了阈值 1，表明了这些地区的群众已面临着不同程度的非致癌风险，需要相关部门关注并开展环境健康管控工作。另外，主要城市 PM2.5 中 Hg、Pb、Cu、Zn 和 Ni 的非致癌风险一般低于可接受的风险标准（HQ = 1），风险较低。

（二）模糊致癌风险评估

整体来说，主要城市 PM2.5 中重金属的总模糊致癌风险从 7.44×10^{-5}

（长沙市）到 6.77×10^{-4}（昆明市）不等。各个主要城市的总非致癌风险值平均水平排序为：昆明市（6.88×10^{-4}）＞上海市（3.87×10^{-4}）＞南昌市（3.85×10^{-4}）＞合肥市（3.01×10^{-4}）＞武汉市（2.32×10^{-4}）＞成都市（1.78×10^{-4}）＞贵阳市（1.61×10^{-4}）＞重庆市（1.50×10^{-4}）＞南京市（1.36×10^{-4}）＞杭州市（8.66×10^{-5}）＞长沙市（7.75×10^{-5}）。所有主要城市中的重金属总模糊致癌风险均超过了可接受的风险限值（10^{-6}），表明致癌风险均不可忽略。其中，昆明的总致癌风险等级达到Ⅵ级高风险水平，必须要采取必要措施来降低风险。除了Ⅵ级高风险的昆明以外，剩余 10 个主要城市中 8 个城市的总模糊致癌风险等级均达到了Ⅴ级（中高风险），剩余 2 个城市杭州市和长沙市的风险水平也均达到了Ⅳ级（中风险）。总体来看 YREB 大气 PM2.5 中重金属的致癌风险水平较高，重金属污染较为严重。

就单种重金属的致癌风险而言，4 种致癌重金属对致癌风险的平均贡献顺序为：Cr（69.67%）＞As（26.93%）＞Cd（2.70%）＞Ni（0.94%），结合图 4 - 9 主要城市 PM2.5 中重金属致癌风险贡献率的堆积图也可看出，Cr 和 As 的贡献率最高。值得注意的是，本书 Cr 选用的生物毒理学参数为对人类具有致癌作用的 Cr（Ⅵ）的参数，但在大气中，Cr（Ⅲ）含量远高于 Cr（Ⅵ），因此上述结果一定程度可能高于实际情况。

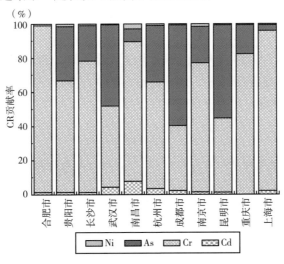

图 4 - 9　YREB 大气 PM2.5 中重金属的致癌风险贡献率堆积图

资料来源：笔者采用 R 软件绘制所得。

（三）模糊致癌风险的区域分布

基于附表 8 中 YREB 覆盖的 11 个主要城市 PM2.5 中重金属的致癌风险值，以及隶属度函数的计算，结合最大隶属度原则即可得出各种重金属的致癌风险等级以及相应的等级隶属度，分布如表 4-21 所示。结果显示，11 个主要城市 PM2.5 中的 Cr 的致癌风险值的范围为：5.23×10^{-5}（杭州市）$\sim 3.75 \times 10^{-4}$（上海市）；As 的致癌风险值的范围为 1.3×10^{-5}（上海市）$\sim 3.82 \times 10^{-4}$（昆明市），Cr 和 As 的致癌风险在各个主要城市中均不可忽略。对于 Cr 来说，除了武汉市（86.84% 隶属于 V 级，13.16% 隶属于 Ⅳ 级）以外，其他 10 个主要城市中 6 个城市（按照致癌风险值排序为：上海市 > 南昌市 > 昆明市 > 合肥市 > 重庆市 > 南京市 > 贵阳市）PM2.5 中的 Cr 的致癌风险均已达到了 V 级高风险水平，其中上海市、南昌市和昆明市 PM2.5 中 Cr 的致癌风险值位居 V 级 Cr 风险水平城市的前三位。对于 As，YREB 覆盖的 11 个主要城市 PM2.5 中的 As 的致癌风险均为 Ⅲ 级及以上，风险水平也较高。其中昆明市、成都市、武汉市（84.87% 隶属于 V 级）相应的 As 的致癌风险水平高达 V 级中—高风险，风险较高，需要采取措施应对。Cd 和 Ni 的致癌风险范围分别为 1×10^{-6}（长沙市）$\sim 3.04 \times 10^{-5}$（南昌市）和 5.35×10^{-7}（长沙市）$\sim 1.09 \times 10^{-5}$（南昌市）。最低值均在长沙市，最高值均在南昌市。对于 Cd，除了南昌市（Ⅲ 级）以外，其余主要城市的致癌风险等级均为 Ⅱ 级，风险水平较低。其中长沙市和杭州市的 Cd 的致癌风险普遍低于其他城市。至于 Ni，杭州市、武汉市、重庆市和长沙市 4 个城市的 PM2.5 中 Ni 的致癌风险均属于可接受水平（Ⅰ 级），其他主要城市除了南昌市为 Ⅲ 级风险水平以外，其余均为 Ⅱ 级低风险。综上所述，PM2.5 中 Cd 和 Ni 除了南昌市的风险水平稍高，其余地区的风险水平均较低。

表 4-21　主要省份 PM2.5 中 Cd、Cr、As、Ni 的综合致癌风险等级分布

省份		CR		CR_{Cd}	CR_{Cr}	CR_{As}	CR_{Ni}
		儿童	成人				
上游	四川省	1.73×10^{-4}	1.83×10^{-4}	Ⅱ	Ⅲ	V	Ⅱ
	重庆市	1.48×10^{-4}	1.52×10^{-4}	Ⅱ	V	V	Ⅰ
	云南省	6.77×10^{-4}	6.98×10^{-4}	Ⅱ	V	V	Ⅱ
	贵州省	1.53×10^{-4}	1.70×10^{-4}	Ⅱ	V	Ⅳ	Ⅱ

续表

省份		CR		CR_{Cd}	CR_{Cr}	CR_{As}	CR_{Ni}
		儿童	成人				
中游	湖北省	2.01×10^{-4}	2.63×10^{-4}	Ⅱ	Ⅴ/Ⅵ	Ⅴ	Ⅰ
	湖南省	7.44×10^{-5}	8.06×10^{-5}	Ⅱ	Ⅳ	Ⅳ	Ⅰ
	江西省	3.79×10^{-4}	3.91×10^{-4}	Ⅲ	Ⅴ	Ⅳ	Ⅲ
下游	江苏省	1.34×10^{-4}	1.38×10^{-4}	Ⅱ	Ⅴ	Ⅳ	Ⅱ
	浙江省	8.38×10^{-5}	8.94×10^{-5}	Ⅱ	Ⅳ	Ⅳ	Ⅰ
	安徽省	2.96×10^{-4}	3.05×10^{-4}	Ⅱ	Ⅴ	Ⅳ	Ⅱ

资料来源：笔者根据研究思路计算所得。

综上所述，YREB 大气 PM2.5 中 Cd 和 Ni 的致癌风险总体水平较低，均为Ⅲ级及以下风险水平，并且污染趋势均为中游地区 > 上游地区 > 下游地区。其中 Cd 和 Ni 的中游地区的平均致癌风险值均远大于上游地区和下游地区，进一步分析可以看出，Cd 和 Ni 的高致癌风险区主要集中在中游地区的南昌市。Cr 的污染趋势为下游地区 > 中游地区 > 上游地区，总体致癌风险水平较高，污染分布较为均匀，上游地区、中游地区、下游地区的平均致癌风险值均达到了 10^{-4} 数量级，属于Ⅴ级高风险水平。对于 As，其在 YREB 的污染趋势为上游地区 > 中游地区 > 下游地区，其中上游地区的平均致癌风险值达到了 10^{-4} 数量级，属于Ⅴ级高风险水平，而中游地区和下游地区的平均致癌风险水平为 10^{-5} 数量级，分别属于Ⅳ级和Ⅲ级风险水平。进一步分析可以看出，As 的高致癌风险区主要集中在上游地区的昆明市和成都市，中游地区的武汉市风险也较高。

三、经济带大气 PM2.5 中重金属的污染源解析

（一）相关性分析

首先对 YREB 大气 PM2.5 中的 8 种重金属进行夏皮罗—威尔克正态检验，结果显示，Cd、Cr、Hg、Pb 和 Zn 的 p 值均大于 0.05，符合高斯分布。As、Cu 和 Ni 的 p 值小于 0.05，进一步对其进行对数转化，对转化后的结果进行正态检验，p 值大于 0.05，服从高斯分布。YREB 大气 PM2.5 中 8 种重

金属的皮尔逊相关系数的检验结果如表4-22所示。结果显示，Cd与Pb和Zn在0.01显著性水平上具有正相关性，Cd与Ni在0.05显著性水平上呈正相关。另外，Pb与Zn和Ni在0.01显著性水平上具有正相关性，Zn与Ni也具有显著正相关性（p=0.05）。综上所述可以得出，YREB大气PM2.5中Cd-Pb-Zn-Ni具有同源性。除此之外，Pb-Cu-Zn-Ni也均在0.01或者0.05显著性水平上两两正相关，具有同源性。Cr-Ni也具有显著的正相关性（p=0.05）。

表4-22　　　　　　YREB大气PM2.5中重金属的相关系数矩阵

元素	Cd	Cr	Hg	Pb	As	Cu	Zn	Ni
Cd	1							
Cr	0.58	1						
Hg	-0.297	0.312	1					
Pb	0.900**	0.501	-0.435	1				
As	0.004	0.062	0.163	0.4	1			
Cu	0.577	0.352	-0.651	0.677*	0.313	1		
Zn	0.788**	0.328	-0.806	0.799**	0.091	0.712*	1	
Ni	0.754*	0.730*	-0.311	0.768**	0.214	0.700*	0.629*	1

注：*表示在0.05显著性水平（双尾），相关性显著；**在0.01显著性水平（双尾），相关性显著。

资料来源：笔者采用SPSS软件计算所得。

（二）主成分分析

主成分分析计算结果如表4-23所示。主成分分析结果得到3个特征值大于1的主成分，累积贡献了总变量的63.63%，表明这3个主成分足以反映全部数据的大部分信息。

主成分1贡献了总变量的33.12%，主成分2贡献了总变量的16.90%，主成分3贡献了总变量的13.60%。主成分1中，Zn、Pb、Cr和Cd占据主要成分，其载荷分别为：0.698、0.692、0.688和0.674。主成分2中，As和Hg占据主要成分，其载荷分别为0.666和0.417。主成分3中，Ni占据主要成分，其载荷为0.546。

表 4 – 23　　　　　　**YREB 大气 PM2.5 中重金属主成分分析结果**

成分	初始特征值			重金属	因子载荷矩阵		
	总特征值	方差贡献率（%）	累积方差贡献率（%）		PC1	PC2	PC3
1	2.65	33.12	33.12	Cd	0.674	– 0.1	– 0.278
2	1.35	16.90	50.02	Cr	0.688	– 0.108	0.531
3	1.09	13.60	63.63	Hg	– 0.003	0.417	0.38
4	0.93	11.60	75.23	Pb	0.692	0.139	– 0.344
5	0.65	8.09	83.32	As	0.448	0.666	0.146
6	0.63	7.81	91.13	Cu	0.491	– 0.554	– 0.309
7	0.39	4.89	96.02	Zn	0.698	0.406	– 0.228
8	0.32	3.98	100.00	Ni	0.56	– 0.471	0.546

资料来源：笔者采用 SPSS 软件计算所得。

四、经济带 PM2.5 重金属污染的优先控制重金属及区域识别

前文的分析表明，全国主要城市中 PM2.5 中重金属污染的综合程度从南到北呈加重趋势，其中西北地区和华北地区总体致癌风险水平较高。基于主要城市的综合模糊健康风险评估结果，太原市（华北地区）和西安市（西北地区）不仅具有较高的致癌风险（Ⅶ级），而且具有较高的非致癌风险。此外，昆明市（西南地区）和南昌市（华东地区）也具有较高的致癌风险，风险等级分别达到了Ⅵ和Ⅴ级，存在较高的非致癌风险。因此，这 4 个城市要考虑优先管控。对于优先控制重金属，As、Cd 和 Cr 对主要城市 PM2.5 中重金属非致癌风险的贡献率位居前 3 位，并且 Cr 和 As 还是主要城市 PM2.5 中重金属的总致癌风险主要贡献者。此外，Cr 的致癌风险主要分布在华北地区（太原市、石家庄市、济南市）、华东地区（南昌市、上海市）和西北地区（西安市）。As 的致癌风险高值区主要集中在中国西北地区（西安市）和西南地区（昆明市、成都市）。综上所述，全国大气 PM2.5 中重金属的优先控制区和相应的重金属分别为：西安市（Cr）、太原市（Cr、Cd）、昆明市（Cr、As）、石家庄市（Cr）、济南市（Cr）、南昌市（Cr，Cd）、上海市（Cr）和成都市（As）。

上述结果表明，全国大气 PM2.5 中重金属污染的 8 个优先控制区中 4 个城市均属于 YREB 所覆盖的范围内，概率达到了 50%。进一步分析 YREB 大气 PM2.5 中重金属污染的结果表明，YREB 各个城市的非致癌风险和致癌风险均属于高风险水平，需严格管控。为了使重金属管控措施得到高效落实，本书进一步进行了详细分析来识别优先管控区域。昆明市（上游地区）和南昌市（中游地区）不仅具有较高的致癌风险（Ⅵ级和Ⅴ级），而且具有较高的非致癌风险，应首先考虑优先管控。对于致癌风险，Cd 和 Ni 的致癌风险水平总体较低，高值区均集中在南昌市。Cr 和 As 的致癌风险水平较高，其中，Cr 致癌风险水平排名前三位的为：上海市、南昌市和昆明市。对于 As，昆明市、成都市和武汉市的风险水平高达Ⅴ级高风险，也值得优先管控。综上所述，可以确定 YREB 大气 PM2.5 中重金属的优先控制区及相应的重金属分别为：昆明市的 As、Cd、Cr，南昌市的 Cd、Cr，上海市的 Cr，成都市的 As 和武汉市的 As。

为了更有针对性地治理和管控全要素环境中重金属的污染，本书进一步选用多元统计分析法和文献综述法来识别和解析长江经济带水体、大气 PM2.5 和土壤环境中重金属的污染来源。由于地球化学条件的相似性，各个环境要素中的重金属元素可能在总量上具有相关性，进而可以判断重金属的来源是否一致。如果元素之间的相关性显著，且具有正相关系数，则说明元素总体上是同源或复合污染。进行皮尔逊相关性分析的变量首先要服从高斯分布。因此在对重金属含量进行皮尔逊相关性分析之前，首先采用夏皮罗—威尔克正态检验来确定各种重金属含量数据是否符合高斯分布。检验结果中，若 $p > 0.05$，则表示服从高斯分布，反之则不服从。若出现不服从高斯分布的变量，可以采用变换的方式将数据转换成正态分布，常规变化有对数变换、倒数变换、平方根变换等，依据数据的类型选择合适的变换方式。主成分分析是在保障数据信息损失最少的前提下，减少变量之间信息的高度重叠和把相关的高维变量空间降维的处理方法，且已得到广泛应用。

本书研究基于所收集的 YREB 地表水、表层沉积物、土壤和大气 PM2.5 中重金属的含量数据，分别采用皮尔逊相关系数和主成分分析法来对水环境和大气 PM2.5 中重金属的污染源进行了解析；采用了文献综述法对土壤中重金属进行了源解析，同时减小数据量小引起的不确定性。最终结合已有文献研究的重金属来源分析结果，综合解析 YREB 全要素环境重金属的污染来源，为 YREB 的环境健康风险管理提供更加全面、详尽的参考信息，并且有助于后续提出针对性的重金属污染防治与健康风险管理的对策和建议，更好地促进其可持续发展。

第四节　长江经济带全要素环境中重金属暴露风险及来源综合解析

一、经济带全要素环境重金属来源

水体重金属污染主要来自工业废水、农业废水和生活污水的排放，还包括大气沉降等综合因素的影响。结合 YREB 地表水和表层沉积物中重金属的相关性分析和主成分分析可以看出，水体重金属污染中，Cd–Pb–As–Cu 为同源重金属。除此之外，水体表层沉积物中的 Cu 和 Zn 也具有显著的相关性，且在主成分分析中被归为同一种主成分。因此考虑水体重金属污染中 Cd–Pb–As–Cu–Zn 来自相似污染源。结合已有文献可知，Pb、Zn、Cd、Cu 通常是来自工业废水和矿物冶炼。结合水体重金属的宏观区域分布可以看出，Cd–Pb–As–Cu–Zn 主要分布在云南省、湖南省和江西省，均为矿产资源丰富的省份。云南省褐煤资源十分丰厚，在 YREB 所覆盖的城市中仅次于贵州省和安徽省；湖南省被誉为"有色金属之乡"，有色金属，如锑、钨、铋等的储量位居世界和全国的前列，除此之外 Pb 的储量位居中国的第三位，Zn 和 Hg 的储量位居第五位。因此可以确定 Cd–Pb–As–Cu–Zn 的污染主要与矿产资源的开发和冶炼相关。表层沉积物中 Hg 和 Cu 具有显著的正相关性，且 Hg 在 YREB 的高污染地区主要为湖南省和江西省。湖南省和江西省的主要产业均为重工业和有色金属，竞争格局趋同。因此 Hg 和上述 Cu 的污染源类似，均主要为矿产资源，尤其是有色金属的冶炼和工业废水的排放。

土壤中重金属的污染源与土地利用方式相关。对于土壤中 As 污染，村田—矿—厂模式是全国 16 个热点案例区域所在地的最主要的土地利用模式，依托当地的自然资源：如有色金属矿和煤炭，发展采选、冶炼、锻造等产业，而这些地区内存在村镇组等农村人口聚集地，当地居民从事农业生产活动，种植蔬菜、玉米等自食与外销作物。除了矿产开采—冶炼—锻造—消费产业链条中，处末端的电子拆卸、金属回收行业，也成为区域的潜在污染源。对于 Pb 污染，一般的案例集中在长江经济带。追溯 4 级案例土地利用方式，主要是村—矿模式。在湖南株洲、安徽马鞍山具有广泛的 Pb 污染。Cd 情况比较复杂。对于 Hg 污染，Hg 的污染具有广泛性。强生态风险占全省研究案例的比例在山东省、陕西省、宁夏回族自治区、山西省、内蒙古自治区、甘肃省、青海省、贵州省等省份分布较为集中。说明相较于当地背景值，汞的人为源富集现象明显而广泛。

已有研究表明，大气 PM2.5 中的重金属主要有 3 种污染源：工业排放、煤燃烧和交通排放（Li et al.，2022）。结合重金属相关性分析和主成分分析的结果可以看出，Cd－Cr－Cu－Zn－Ni 具有同源性。从 YREB 大气 PM2.5 中重金属的污染分布结果可以看出，Cd－Cr－Cu－Zn－Ni 的高值区均主要分布在南昌市。南昌市是中国重要的制造中心，航空工业十分发达，是新中国航空工业的发源地。结合全国大气 PM2.5 中重金属的污染分布概况可以看出，Cd－Cr－Cu－Zn－Ni 的高污染地区主要分布在工业比较发达的城市，如南昌市、太原市和郑州市，反之轻污染区域主要分布在一些重工业较少的城市，如一些边境城市（赤峰市、乌鲁木齐市）和沿海城市（厦门市、海口市）等。因此可以确定 Cd－Cr－Cu－Zn－Ni 主要源于工业排放污染。As 是煤炭燃烧的主要污染因子，中国 As 主要分布在云南省的昆明市和四川省的成都市。云南省和四川省的煤炭资源十分丰富，尤其是云南省，在 YREB 所覆盖的城市中仅次于贵州省和安徽省，尤其是褐煤资源十分丰厚。Hg 和 Pb 的高污染地区主要分布在上海市和武汉市。上海市和武汉市均是经济发展程度较高的城市，尤其是上海市。在发达的经济和高人口密度背景下，城市道路增长和机动车数量增加成为必然，与之俱来的是严重的交通污染。结合已有 PM2.5 中重金属污染源解析的相关文献可以确定，Pb 和 Hg 主要来自交通排放，尤其是机动车尾气排放。

二、经济带全要素环境重金属来源综合解析

对于 3 种自然环境要素的优先控制重金属及区域，YREB 上游地区的云

南省（As、Cd、Cr）、四川省（Cd、As）与贵州省（Cd、Hg）为 3 种自然环境要素中的高污染。中国云南省、四川省和贵州省的煤炭资源十分丰富，高污染主要与矿产资源的开发和冶炼相关。YREB 中游地区的江西省（As、Cr、Cd、Hg）、湖南省（Cd、Hg、Pb）为重金属的高污染区域。湖南省和江西省的主要产业均为重工业和有色金属冶炼，竞争格局趋同。高污染均主要来自矿产资源，尤其是有色金属的冶炼和工业废水的排放。YREB 下游区域的安徽省（As、Cr、Pb）、江苏省（As、Cd、Cr）、浙江省（As）为重金属的高污染区域。安徽省的煤炭资源也十分丰富，高污染主要与煤炭燃烧相关。江苏省与浙江省均是经济发展程度较高的城市。发达的经济和高人口密度背景下，城市道路增长和机动车数量增加成为必然，与之俱来的是严重的交通污染，尤其是机动车尾气排放。因此，针对识别出的 YREB 全要素环境中重金属的污染格局特征及来源解析，可以将优先控制区域划分为"四川省—云南省—贵州省""湖南省—江西省—安徽省""江苏省—浙江省"三部分区域，基于识别出的污染源特点，各个区域小组协同控制区域内部的重金属污染，共同建立协同绿色发展管控对策。

基于风险识别和重金属来源解析综合分析，识别出 3 种自然环境要素的优先控制重金属及区域，YREB 上游地区的云南省（As）和四川省（As）是地表水中重金属的优先控制区；云南省（Cd、As）、贵州省（Cd）和四川省（Cd、As）是水体表层沉积物中重金属的优先控制区；云南省（Cd）、贵州省（Cd、Hg）是土壤中重金属的优先控制区；云南省昆明市（As、Cd、Cr），四川省成都市（As）是大气 PM2.5 中重金属的优先控制区。因此，上游地区的云南省（As、Cd、Cr）、四川省（Cd、As）与贵州省（Cd、Hg）为 3 种自然环境要素中的高污染。

对于中游区域，中游地区的江西省（As、Cr）是地表水中重金属的优先控制区；湖南省（Cd）和江西省（Cd、Hg）是表层沉积物中重金属的优先控制区；湖南省（Hg、Pb）是土壤中重金属的优先控制区；江西省南昌市（Cd、Cr），湖北省武汉市（As）是 PM2.5 中重金属的优先控制区。因此，YREB 中游地区的江西省（As、Cr、Cd、Hg）、湖南省（Cd、Hg、Pb）为重金属的高污染区域。

对于下游区域，下游地区的安徽省（As、Cr）和江苏省（As、Cd、Cr）

是地表水中重金属的优先控制区；下游地区的安徽省（Pb）、浙江省（As）是土壤中重金属的优先控制区；上海市（Cr）为 PM2.5 中重金属的优先控制区。因此，YREB 下游区域的安徽省（As、Cr、Pb）、江苏省（As、Cd、Cr）、浙江省（As）为重金属的高污染区域。

本章对长江经济带暴露风险进行了识别和来源解析并识别出重点控制区域，根据长江经济带的特点，将重点城市群归纳划分为长江上游、中游和下游地区，分析发现同一区域中重金属污染的种类和介质复合性较高。将前述章节所得数据与改进的评估方程均输入数据后台，为下一章构建数据库与决策大脑，并进阶建立长江经济带域全要素环境中重金属污染及其健康风险的数智管控系统提供科学基础。

第五章

经济带全要素环境健康风险智慧管控决策系统模式设计与实践

针对城镇居民对美好环境、健康生活的需要和不平衡不充分的发展间出现的矛盾，以及生态环境管理中污染监测精度不足、数据时效性不高、管理系统性和多方参与度不强的现状，本书研究基于环境健康风险评估体系，试图提供一个科学精准的管理方案，以降低环境危害事件的概率。动态的多媒体环境污染数据、个人暴露情况和参数的短缺、多目标的应用等都对当前的环境健康风险管理提出了新挑战。蓬勃发展的智能手机、"互联网＋"和物联网（internet of things, IoT）技术为上述挑战提供了具有成本效益的机会。因此，本书提出了"EnvironMax"框架，即一个"4M"①。环境健康风险监测和管理系统。EnvironMax 由环境多媒体数据源层、通信和预处理层、基于云的环境健康大脑层和面向用户的应用层组成。基于多源数据（主要包括便携式物联网＋位置服务＋应用编程接口）的 EnvironMax 实现了多要素、多暴露的EHRM，实现了环境大数据系统性运行、环境污染物多主体系统性管理，受体特征型多要素环境健康风险评价模型优化建立、用户级实时健康导航等关键子功能模块，为未来"正确时间、正确地点、正确信息、正确人"（right time, right place, right information, right person）的流域与个人精准环境与健康管理奠定了技术基础和实践经验。

基于对长江经济带全要素环境污染与人群健康的科学管理诉求，研究设

---

① 多尺度、多要素、多用户、多目标（multi-scale, multi-media, multi-users, multi-target）。

计实现了以 Docker 容器、Nginx 负载均衡服务器软件为底层架构，以 SSL/TLS、HTTPS 协议等为数据安全保障措施，以 Python、Java、JavaScript、HT-ML 为主要程序设计语言，以 JFinal、GeoGjango、Django REST Framework 为主要开发框架，以 RESTful API 接口、简单爬虫程序为主要数据输入载体，以 Web 端网站应用为主要应用形式，以 Android App、IoT 环境监测传感器设备为拓展组件的多元动态可视化环境与健康管理系统，可以为城镇居民用户、政府机构和科研人员提供高精度、高覆盖的环境污染态势实时可视化服务，人体环境健康风险动态评估，以健康为导向的出行路线、跑步运动路径规划等功能，并以污染热点区域湖北省武汉市与湖南省长沙市作为案例进行了验证运行。

第一节　全要素环境健康风险智慧管控决策模式架构

一、全要素环境健康风险智慧管控决策体系研究背景

目前，我国经济总体发展迅速，城市化、工业化水平不断攀升，但随着高强度的生态资源利用和污染物排放等活动而带来的环境健康领域的问题也日益显出。工业三废、生活污水的排放量逐渐积累，危及区域生态环境承载力（近年大气污染排放情况如图 5 - 1 所示）。生态破坏和环境恶化、环境污染问题的加剧直接影响了人们的生活，据统计，近 20 多年来，重大、特大环境事故呈频发态势，环境群体性事件数量上涨（Khomenko & Cirach，2021）。其中，以危险化学品和重金属等为核心污染物的环境污染事件尤为显著。党的十九大报告提出，"中国特色社会主义进入新时代，我国社会主要矛盾已经转化为人民日益增长的美好生活需要和不平衡不充分的发展之间的矛盾"，人民生活水平与经济的发展成正比迅速增长，环境却日趋恶化，人们倾向于对国家环境指数投入更多的关注，"环境风险"的概念被重点提出，政府、企业和个人需共同面对环境中存在的风险及其影响。自党的十八大以来，我国对生态环境保护的重视程度和对环境污染问题的监管程度逐渐

增强，把环境保护作为一项重要的政策。国家对企业公益的要求日益严格，我国在 2014 年修订并在 2015 年实施了《中华人民共和国环境保护法》后，国家查处了一大批排放不合格工业污水、未进行废气处理的小、中、大型企业，严厉打击闲置处理机器而不使用的欺瞒行为，实现对不合格企业的零容忍。同时，在国家环保相关的会议上，"公众参与解决环境问题"这一概念被反复提出并认可，这表示国家将大力支持民众对周遭环境监管并及时反馈给相关部门，完成民众监察—结果反馈—共同处理这一流程，加快环境问题的解决。

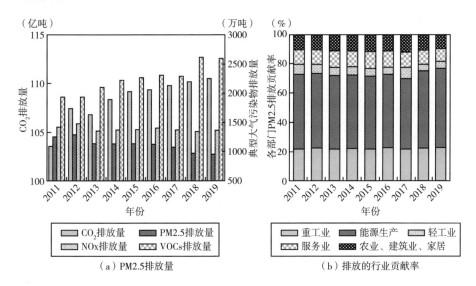

图 5 - 1　2011～2019 年我国 PM2.5 排放量及排放的行业贡献率

资料来源：笔者采用 Origin 软件绘制而成。

此外，我国的主要社会矛盾已经发生深刻转变，人民对美好的环境、健康的生活的需要与工业化发展道路间也存在着一定的矛盾。近年来，我国更对环境健康和民众健康问题给予了高度重视，在经济飞速增长和老龄化社会的共同作用下，年轻一代所面临的压力，特别是就业压力逐渐增大，而上班族休息时间的紧缺和对身体健康需求的矛盾也随之加深。随着居民家庭的恩格尔系数呈下降趋势，我国城镇居民也更加倾向为更健康的生活方式投入精力和财力，大量人群主动地去了解、关注自身健康问题，并自愿承担相关花费，国内健康相关产业得以飞速发展。2011 年至今，我国使用网络化医疗健康产品，尤其是移动医疗健康服务的市场规模逐年上涨（见图 5 - 2）。2016
年中共中央、国务院印发的《"健康中国 2030"规划纲要》彰显了国家对健
康问题的进一步重视和强调。总之，国家对生态环境保护、人民健康生活等
问题的重视程度将持续加强，环境与健康共同富裕也是我国高质量发展的关
键之一。

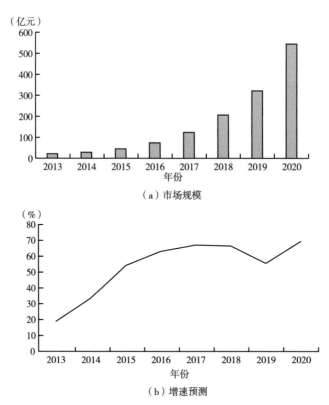

（a）市场规模

（b）增速预测

图 5 - 2　2013 ~ 2020 年移动医疗健康市场规模、增速预测

资料来源：笔者根据现有文献整理。

长江经济带流域人口密度大、企业和工厂众多、人类活动密集、全要素
环境复杂，在上述两大背景下，一个可以提供全面数据与智能管理的综合系
统具有重要的社会意义和不可估量的市场潜能。目前我国国内以计算机科学
技术、数据技术、移动通信技术等为代表的各种新型科学技术的迅速发展，
为实现智能的健康风险管理平台提供了坚实的基础。LBS 技术从最开始的简
单电子地图向基于位置的数据计算、电子商务、路线服务等多维发展；物联

网技术、大数据技术从最开始的简单数据单向传输和简单处理发展为今天的智能数据双向传输和复杂数据计算（哈吉德玛，2019）；无线技术的发展使基于云端后台主机的数据服务系统的响应速度大大加快，也使高效快速的数据收集成为可能。同时，现阶段人类社会发展进入了新的大数据时代，各种数据分析技术、可视化技术和 GIS 系统的构建方法丰富多样，为系统智能化设计提供了参考。

当下，在国内现有的环境监测系统中，监测站之间距离较远，城市中的监测点数量覆盖范围和精度严重不足，一定范围内的环境数据误差较大（胡中华，2017）；另外，现有数据大多是直观的、未经处理分析的原始参数，针对全要素环境对于流域环境和个人健康风险的评估还没有完整体系。本书尝试借助现有的 LBS 技术、Java Web 技术、Python 数据处理技术和环境科学中的一些算法模型进行创新。多元动态可视化环境与健康智慧管理系统针对上述机遇和问题作出了分析与设计。一方面，该系统可视化展示丰富的动态环境数据，并开放数据上传通道，以接入各研究机构或政府部门的开放数据库，使多方用户均能实时了解流域各省市大气、土壤和水的环境质量各项指标。系统提供环境健康风险指数以供参考，并给予一定的数据分析结果，帮助政府用户制定符合污染现状的即时管理方案；另一方面，可以集成各类气象、环境污染的 API 接口及 IoT 传感器监测设备，并通过移动端应用程序采集个体用户的出行位置信息，从而提供多样化健康管理模块及解决方案，例如暴露评估或健康出行路径规划等，力求成为精准定位、量化需求、全方位定制的多要素环境主动健康智能系统。

二、技术思路与路线

本章进阶地建立并优化基于云计算的全要素环境与健康风险等评估算法和体系，使用先进的爬虫技术和 API 接口调用程序，结合扩展的 IoT 环境污染、人体健康监测传感器实现广泛的环境健康数据采集，并优化服务器数据存储和分析架构出更高效的决策支撑系统。本系统拟实现政企用户环境健康智慧评估与决策、个人用户健康评估与导航、研究机构用户数据管理与更新等多项功能。本系统的主要技术框架如图 5-3 所示。

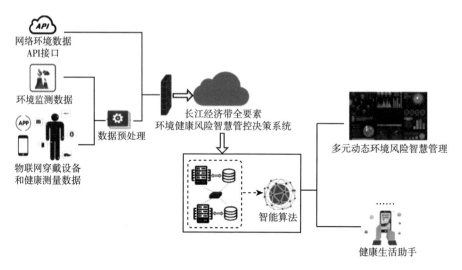

图5-3 主要技术框架

资料来源：笔者根据研究思路整理。

本系统的研究实现主要对系统前后端、软硬件分离子系统的底层技术框架、技术开发路线和主要功能模块、详细接口及其参数、软件开发工具、程序依赖库等进行了详细的设计。其中，研究所设计的长江经济带全要素环境健康风险智慧管控决策系统主体部分为1个以Java、Python为主要程序语言，以JFinal、GeoDjango、Django REST Framework为主要开发框架的Web端软件系统。该系统采用以Docker容器为基础的底层架构，通过以Docker模块为载体的Nginx负载均衡反向代理服务器、Nginx SSL协同组件和Lets' Encrypt TLS数字证书实现系统在底层架构上的模块化开发，并确保其数据传输的安全。本系统前端UI界面设计采用模块化、"材料化"的Material Design界面风格，并通过开源的响应式前端框架Materialize加以实现，并主要采用了jQuery、异步JavaScript和XML等现代化HTML5开发技术；系统服务端业务逻辑部分采用基于Java EE、Servlet和JSP技术的JFinal极速开发框架，数据处理部分采用基于Python3.6的GeoDjango、DRF框架，并集成了requests、numpy、pandas、pyecharts等数据处理及可视化工具资源。本系统期望通过多种途径的环境健康数据调用和抓取及LBS地理信息技术集成构建以环境污染、人体健康数据为主的云端数据库，因而将1个移动端Android App及一套IoT环境污染监测传感器作为系统的扩展组件用以辅助数据采集，同时为接入其他软硬件设备提供了通用型接口和定制化 Web Crawler 程序。系统同时通过基于 LBS 技术的地理 GIS 组件、环境科学建模等相关算法为用户提供环境污染情况可视化显示、多元智慧环境管理、全要素环境健康风险评估、健康导航和健康出行路线规划等功能。

第二节　全要素环境健康风险智慧管控决策系统的实现技术框架

一、基于 Docker 容器的模块虚拟化技术

Docker 是一个基于 Apache 2.0 等协议的开放源代码应用容器引擎，它可用于创建建构于操作系统上层的虚拟化系统容器（container），应用程序的开发人员可以将应用及其依赖项打包置于容器中运行，此时各个容器内的应用处于相互隔离的开发和生产环境中（胡中华，2017）。以 Linux 系统环境为例，不同于传统的系统虚拟化技术在每个虚拟环境内安装构建完整的计算机操作系统，Docker 所创建的虚拟环境和容器是建构在操作系统及其内核程序之上的，它可以灵活运用 Linux 内核的控制组技术对各个应用服务的运行环境进行隔离，使各个容器运行环境相互独立。Docker 在 Linux 操作系统容器的基础上，通过进一步封装，使用户对容器的创建、管理、删除变得更加简单。因此，使用 Docker 技术符合本系统更方便、快捷地进行安全 Web 应用开发的设计初衷。

利用 Docker 容器，本系统可以快速、批量地为常用的 Web 应用创建虚拟环境。实际构建容器过程中，既可以通过编写 Dockerfile 环境配置文件来自行创建一个 Docker 容器并在其中完整构建整个开发环境，也可以使用 Docker Hub 社区中其他开发者已经封装、共享的镜像（Image）。

以构建本系统中基于 LBS 的 Java Web 网站项目为例，通过执行"docker search［Application］"命令来获取 Docker Hub 中的 Apache Tomcat、httpd、nginx-proxy 等应用镜像，使用"docker pull"命令载入其中某一镜像，最终通过"docker run"命令则可以创建一个新的容器并在其中运行该镜像所构

建的应用程序。通过为完整 Web 网站所需的全部应用（如 MySQL/SQL Server 数据库、Apache Tomcat 服务器或 PHP 等）分别创建单独的虚拟容器环境，便可对它们进行独立的配置和修改，一个容器内环境发生变化或应用程序代码及功能发生修改并不会影响到其他容器的正常运行。

Nginx 是一个以 2-clause BSD 协议开源的轻量级 HTTP 服务器和负载均衡服务器，它同时用于支持数万个并发连接的负载均衡、反向代理、邮件代理和 HTTP 缓存响应。如果在同一台服务器上通过不同 Docker 容器构建了多个不同的 Web 应用（如同时搭建了一个 WordPress 博客和一个运行在 Apache Tomcat 服务器上的电子商务网站），则需要通过同一个一级域名对应的不同二级域名来分别访问这些应用。为了实现外部网络通过同一 IP 地址、不同端口，或相同一级域名、不同二级域名访问不同 Docker 容器内的应用，需要使用 Nginx 作为反向代理的服务模块（该 Nginx 同样置于单独 Docker 容器内）。

（一）基于 Docker 容器的 Nginx 配置

通过 Nginx 将外部访问不同二级域名的请求转发至相应的 Docker 容器，其前提是各个 Docker 容器与宿主服务器之间存在端口映射。因此在创建 Docker 容器用于存放和提供各个 Web 应用及其所需资源时，需要通过如下附加参数的命令实现端口映射（以容器的 1111 端口映射到主机的 1000 端口为例）：

docker run -p 1000:1111 web-app

在为各个容器建立端口映射后，只需要创建 Nginx 专用的 Docker 容器，将其 80 端口映射至主机的 80 端口则可接收来自 HTTP 协议的访问流量，设置 Nginx 配置文件，即可将请求不同二级域名的流量转发至各个相应的 Docker 容器中。此时，Nginx 的核心部分 config 文件可写为：

```
server {
    listen 80;
    server_name kritnerwebsite;
    return 301 https://$host$request_uri;
}
include /config/nginx/proxy-confs/*.subdomain.conf;
proxy_cache_path cache/ keys_zone=auth_cache:10m;
```

（二）Nginx 对 Web 应用安全性的提升

如前文所述，Nginx 服务器软件量级较轻但功能丰富、结构灵活，它可以通过反向代理、负载均衡和流量控制的方式降低 DDoS 等攻击方式对 Web 应用服务稳定性的影响。具体而言，Nginx 在捕获所有外部访问流量后，可依照管理员给定的配置通过限制请求频率、限制连接数量、关闭慢连接、设置 IP 黑名单等方式对这些流量进行筛选和过滤，从而抵御 DDoS 等攻击。另外，若将 Nginx 模块置于单独的服务器中作为独立的反向代理服务器使用，则可以避免暴露 Web 应用所对应的物理服务器的实际 IP 地址，从而起到进一步的保护作用。

二、JFinal 与 Django 技术框架

JFinal 是一种封装 Servlet、JDBC 技术的 J2EE 微内核开源快速开发框架。其微内核和轻量级的框架体系设计有助于本书所述计算机健康系统的模块化设计、快速开发和前后端多个外部模块、软硬件组分的低耦合模块化集成。JFinal 框架提供基于 Apache Maven 的 jar 包管理与项目构建，同时支持 Jetty Java HTTP 服务器，也可以用于标准化 Servlet 容器下的 Web 服务开发，其针对 Apache Tomcat 环境下的热部署、热更新所做的专门优化有助于本系统平台在测试环境下的 JIT 调试与代码更新，结合 Git 版本控制工具的使用可实现本系统设计标的的模块化更新和生产环境下的不停服更新。

由于本系统中存在复杂结构的地理、环境等数据的存取及运算，因而 Java 语言下的显式类型声明、静态变量定义、完全面向对象等语言特性并不能很好地适应本系统的迭代和数据处理要求。因此，本系统结合使用了基于 Python 3.6 的 Django Web 框架。Django 是一种开源的使用 Python 作为开发语言，Python、C++ 作为底层语言的，基于 MVT 架构设计模式的 Web 开发框架，其突出的组件、中间件可插拔、可重用的特性及敏捷开发、DRY 设计原则十分便于本系统的数据字典、简单爬虫及 REST API 接口设计。另外，Django 框架可结合 Django REST Framework 等工具提供轻便的模型序列化、表单验证、模板引擎调用和用户层数据缓存等功能，对于本系统所设计的 UI 接口、后台处理模式有重要的意义。

本系统涉及 LBS 相关的地理信息数据、GIS 空间位置数据的存取和计算，因此本系统采用基于 Django 框架的衍生地理 Web 框架 GeoDjango 来处理坐标位置、导航路线、空间折线曲线等 LBS 相关的数据及其计算。GeoDjango 是包含于 Django 中的 contrib 模块，它提供了可用于存取 OGC 几何与栅格数据的 ORM 模型，并通过中间件与数据库组件的形式与 MySQL、PostgreSQL 等数据库进行交互，同时通过松散耦合的高级 Python 接口，对 LBS 几何数据、栅格化数据等进行操作。

在本书多元动态可视化环境与健康智慧管理系统中，JFinal 框架作为基础开发框架承担适合于传统 Web 后台业务逻辑和前端交互逻辑部分的开发适配，而 GeoDjango Web 框架则侧重于实现数据存取、数据库管理、数据接口开发和模型算法开发等功能。

三、环境污染数据接口和物联网集成技术

城镇级别的环境污染数据采集涉及地理信息技术和环境科学相关的标准化数据整合与处理，本系统通过 Python Beautiful Soup、Scrapy 等爬虫框架和 Requests 等网络通信框架，以开放的气象、环境数据接口轮询请求和爬虫程序自主抓取等方式获取来源于 Amap 开放平台、阿里云 API 库、PM25. in、彩云天气、生态环境部的 7 种气象、环保 API 接口和数据仓库的开放数据，并通过一定的调用策略进行相互整合与补充。

另外，本系统同时以 REST API 接口和专用 MongoDB 数据库的形式接入了本书作者前期主持的研究项目中的自研发 IoT 空气环境监测传感器监测数据，以弥补我国空气质量国控采样点数量和精度的不足的缺陷，并通过 Inverse Distance Weighting Interpretation 算法将其用于离散的区域内任意坐标点上数据的插值预测。

四、LBS 技术

LBS 即基于位置的服务（location based service），是在移动网络条件下，基于卫星定位系统（GPS、北斗卫星定位系统等）、Cell-ID、Wi-Fi 等不同精度的移动终端定位技术，通过移动终端、云端服务器和无线通信网络技术，

结合 GIS（地理信息系统）和互联网上的软件服务算法及接口，为终端用户提供一系列以地理坐标定位信息和周边位置信息为基础服务的技术。

　　基于 LBS 技术的可视化智慧管控决策系统在业务逻辑层、用户接口层、移动应用层等多个层级的设计中接入了 LBS 技术。其中，城镇环境污染地图、全要素环境健康风险可视化地图中集成了 AMap 的 LBS 地图组件，并使用高德地图云图、Map Lab 等服务实现自有位置数据存储管理和实时渲染；而该系统的健康导航模块则集成了 Google Maps Direction、高德 LBS、百度 LBS 服务，并通过 Google Encoded Polyline Algorithm 算法实现导航路径的压缩传输、解码渲染，从而实现低延迟状态下的健康最优路径规划；在健康跑步路线规划模块中，该系统结合运用移动网络条件下的 LBS multi-source 定位技术和 POI（points of interest）选点、路网搜索与算法拼接等方法，实现健康运动线路优化等功能。同时，在本系统的扩展部分，IoT 物联网环境监测设备与其唯一经纬度坐标点绑定上传数据，这些数据也被同步用于后台环境健康风险评价 HealthRisk 算法的实时更新计算；移动端 App 的 LBS 相关 Android SDK 被用于辅助获取用户的出行路线和实时位置，并据此为用户提供所在地理环境周围的环境健康风险情况，根据 GIS 模块中调取的用地类型、气象模块中调取的温湿度、风向风速、云层厚度等信息提供综合的健康生活优化建议。

第三节　全要素环境健康风险智慧管控决策系统的设计与实现

一、系统的需求分析

　　长江经济带全要素环境健康风险智慧管控决策系统的目的是开发一个以 Java、Python 为主要程序语言，以 JFinal、Django 和 Django REST Framework 为主要开发框架，以 LBS 相关技术为基础，并以 RESTful API、Automatic Indexer 为主要数据 I/O 形式的智能可视化环境健康系统。该系统通过多种途径的数据调用和抓取构建以环境污染、人体健康数据为主的云端数据库，并通过地理 GIS、环境科学建模等相关算法为城镇居民用户和政府、企业、社区用户提供一定范围内的高精度、全覆盖的环境污染情况可视化展示和管理参考，对人体特定条件下全要素环境健康风险进行评估并提供出行方案建议等功能。同时多元动态可视化环境与健康智慧管理系统支持用户注册账户，政企用户可以直观获取各层次环境评价和数据统计结果，包括重点污染物、重点城市与区域，从而进行针对性管理。研究机构用户根据不同等级的权限访问与上传各类数据，使系统关键数据保持时效性。个人用户辅以移动端Android App 进行 LBS 数据调用，以 RESTful API 形式开放的数据接口可接入自研发或第三方的环境健康、人体健康监测传感器。该系统在网络环境下实现用户登录注册、LBS 数据管理、多介质环境污染地图、实时环境污染和健康风险评价、多元环境污染物智慧管理、个人健康生活状况评估、健康出行导航等功能。

（一）需求规定

为方便用户使用本系统，用户需要注册账号，用户可以使用以下的功能。

1. 登录注册

如图 5 - 4 所示，访问该平台时，如果还不是本平台的用户，那么就要先进行实名注册，用户注册后便可登录。

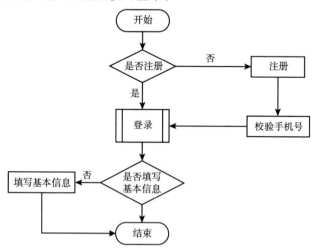

图 5 - 4　登录注册流程

资料来源：笔者根据研究思路整理。

2. 区域环境污染状况显示与管理

如图 5–5 所示，各类用户可以获取一定范围内的高精度、全覆盖的环境污染情况，计算出多途径暴露下环境健康风险值，以实现区域的多环境介质重金属污染的管控支撑。此外，系统扩展部分还可以对选定时空区间的污染物浓度进行统计与分析，辅助政府用户管理。所建环境数据库支持多方用户接入和上传，机构用户上传的数据经审核后将在主界面实现动态更新。

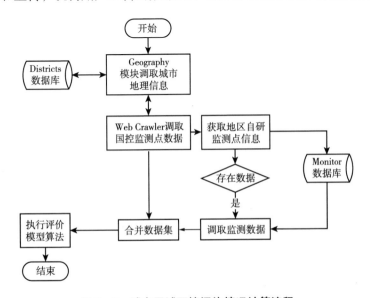

图 5–5　城市区域环境污染情况计算流程

资料来源：笔者根据研究思路整理。

3. 用户健康评估与出行导航

如图 5–6 所示，个人用户可以在线调取日均健康生活状况的环境健康评估，相关接口通过 service 层 LBS 程序调用用户每日出行定位数据并应用 IDW 算法栅格数据、执行风险评估算法作出健康风险评价，记录结果存储并向前端响应，若定位数据不存在则向移动端请求最新定位并作出实时计算和记录。

如图 5–7 所示，本系统支持用户在 Web 端和移动端通过地图页面调用健康出行导航功能，根据用户期望的出行起始坐标、目的位置结合 LBS 技术和 HealthRisk 评价模型给出健康优先、距离优先、综合最优等多条出行线路，并通过 Google Maps Polyline Encoding 算法压缩传输、解码绘制地图路径实现健康出行路线规划。

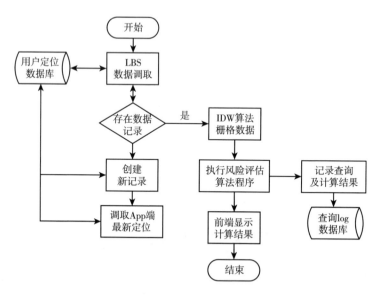

图 5 - 6 用户级日均全要素环境健康风险评价流程

资料来源：笔者根据研究思路整理。

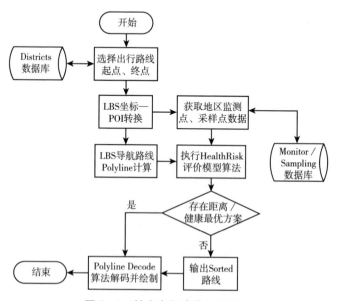

图 5 - 7 健康出行路线规划流程

资料来源：笔者根据研究思路整理。

4. IoT 设备数据采集

如图 5-8 所示，本系统通过 REST API 接口方式提供可扩展的自研发及第三方 IoT 设备（如环境污染监测传感器等）上传监测数据，并将采集到的数据实时应用于环境健康风险评价程序的动态数据更新。

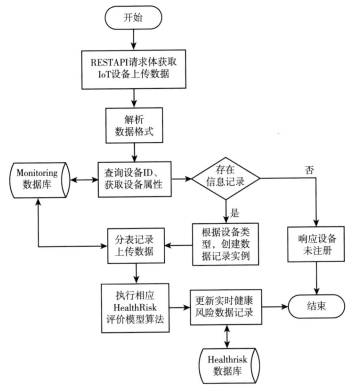

图 5-8　接口调用型 IoT 设备数据采集流程

资料来源：笔者根据研究思路整理。

如图 5-9 所示，对于第三方 IoT 监测产品（如人体健康监测手环、智能穿戴设备等），本系统可以通过定制化程序进行接入和采集。

（二）性能规定

● 服务器端接口：管理员操作用户和 API 调用数据、传感器采集数据、算法模型输出数据，对用户权限进行管理。

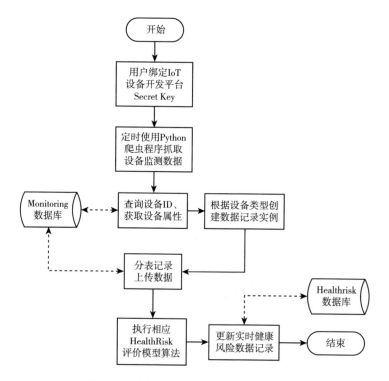

图 5 - 9 程序抓取型 IoT 设备数据采集流程

资料来源：笔者根据研究思路整理。

● 客户端接口：后台界面模块，查询用户相关健康数据、环境污染态势监测数据、算法调用输出数据，查看用户相关的 Session 存储数据、登录 Auth 数据等。

● 用户界面：采用 Material Design 的用户界面设计风格，须对用户友好，可实现模块化、低耦合及清晰明确的数据显示和功能指引：

（1）尽量保持一致性：界面规范应遵循统一 Material Design 或 Fluent Design 的软件界面的规范；

（2）设计合理的用户交互过程：每一次用户交互和对话都应遵循一定的程序运行逻辑，有完整的反馈和处理；

（3）合理、高效且清晰完整、富有针对性的错误、异常处理机制；

（4）提供信息反馈：用多种信息提示用户当前软件运行状态，软件界面元件的功能；

（5）设计良好的联机帮助，使得操作过程可逆、有一定的数据回滚机制；

（6）提供轨迹相关的内部控制：系统须以步骤引导、通知推送、消息提示、结果反馈等方式使用户知晓其操作过程和决策结果。

二、系统的体系结构设计

本系统主体为基于 Java、Python 的 Web 网站系统，并兼有移动端 Android App、物联网集成式硬件环境健康监测传感设备等。在主体的 Web 应用部分，系统采用基于 Docker 容器技术、Nginx 反向代理技术及与 SSL 证书自动化部署应用模块的安全 Web 应用架构，以 Docker 技术为底层框架，通过 Nginx 反向代理技术和 SSL 数字证书自动化部署构建起加密、安全的 Web 应用。同时，系统通过对 Docker 容器技术的使用将 SSL 加密服务模块化，构建了一个可为任意 Web 服务模块快速、自由拼装 SSL 加密安全隔离层的极速开发环境。

（一）基于 Docker 容器引擎的整体应用框架

基于 Docker 容器与自动化 SSL 证书部署的安全 Web 应用整体可构建在任意支持 Docker 容器的服务器平台之上。通过 Docker 为本系统中每一个不同的 Web 应用模块、数据库等创建虚拟容器，并通过端口映射和文件挂载的方式实现容器间、应用间的数据互通以及外部网络对容器内应用的访问。对于分布式服务器部署和单一服务器内共存多应用服务的情况，Nginx 反向代理技术和负载均衡服务可以有效解决其并发请求与响应过程中的网络负载和内容分发问题。

为了实现对任意应用服务数据传输的加密，需要在基于 Docker 平台的底层引擎架构之上，创建专门用于为其他容器提供 SSL 加密支持的容器。

本系统的整体技术框架如图 5-10 所示。

本系统后台的底层框架所需的核心技术主要包括 Docker 引擎的使用、基于 Nginx 的域名/端口反向代理 CA 证书的自动化申请与部署、SSL 协议对 Nginx 代理的支持等。

在传统的开发和运维中，各种应用需要同时部署在同一系统环境下，由于各类不同的应用所需的依赖项不尽相同，有些甚至会相互冲突，因此这种开发环境显然不利于调试和维护，对于各类应用依赖项的管理也存在较大的困难。而如果采用传统的基于虚拟机的虚拟化技术，则需要为不同应用开辟不同的完整虚拟系统环境，会造成软硬件资源的极大浪费，也会因系统开销过大而给服务器造成负载上的压力。

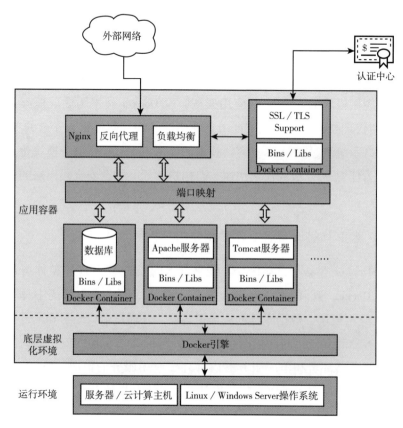

图 5-10 基于 Docker 引擎的系统 Web 端底层技术架构
资料来源：笔者根据研究思路整理。

Docker 的出现使虚拟化容器技术，尤其是在操作系统层级进行的虚拟化出现了十分重要的变革。不同于传统的 VM 虚拟机，Docker 所实现的是内核级的容器隔离和虚拟化，各个容器中的进程共享物理主机的内核，既可以使容器之间互相隔离，又能够避免虚拟出整个操作系统对资源的浪费。因此使用 Docker 来构建如电子商务网站等 Web 应用在性能上具备很大的优势。同时 Docker 容器创建、复制、删除等操作可"一键完成"的特点也极大地减轻了开发的负担。

安全问题是本书讨论的重点，使用 Docker 容器构建 Web 服务将比直接将应用部署在服务器主机上更加安全，其原因主要体现在以下几个方面。

1. Docker 容器的安全隔离机制

Docker 容器的种种隔离机制为运行在容器中的服务提供了安全屏障，也在很大程度上阻止了容器中被攻击、受感染的程序对容器外其他空间的威胁。

Linux 内核中命名空间机制的概念被巧妙地运用在了 Docker 容器的设计中，Docker 引擎会在一个容器创建后，为该容器及其内部的资源和应用建立一个命名空间，容器内的进程只能访问相同命名空间的进程，无法访问到其他容器的命名空间，甚至也无法访问宿主服务器上的其他进程。因此如果将不同的 Web 应用相互隔离地部署在不同的虚拟化 Docker 容器中，即使一个应用受到攻击，恶意程序也很难访问到其他容器中的进程。另外，Docker 也创建了每个容器相互隔离的文件挂载命名空间，该空间为不同容器内的进程展示了不同的系统文件树视图，因此在创建 Docker 容器时需通过命令参数的形式向容器挂载宿主服务器上的文件和目录，只有被挂载的文件和目录才能在容器内被访问和修改，这也极大地保证了容器与容器之间、容器与主机之间的隔离和安全。

2. 为 Docker 容器添加 Nginx 与 SSL 加密模块支持

Docker 容器虽然可以对容器内的进程和文件系统等进行隔离，但其自身并不能有效阻止来自宿主服务器外部网络的数据窃取、DDoS 攻击等的威胁。数据泄露、信息篡改等网络威胁可以通过对传输的数据进行加密的方式有效避免。而对于 DDoS 等恶意攻击行为，借助 Nginx 等反向代理技术对网络流量的捕获和分发机制，可以有效过滤掉恶意的访问流量并保持 Web 应用服务的稳定性。本系统采用了前文所述的基于 Docker 的 Nginx 反向代理服务器模式，使用了 Nginx 官方版本的 Docker 镜像进行服务器部署（见图 5 – 11）。

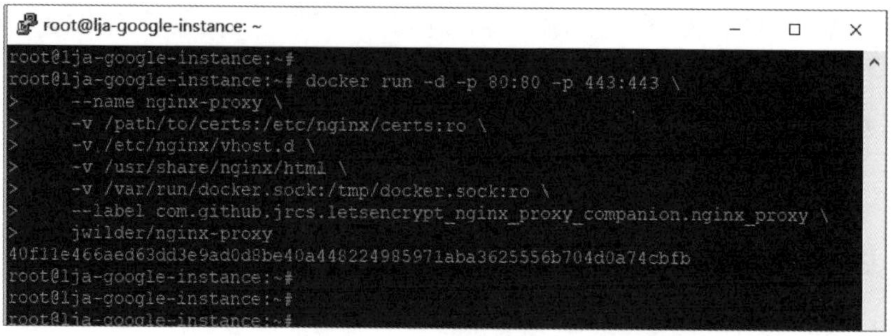

图 5 - 11　在 Docker 容器中创建 Nginx 服务器

资料来源：笔者根据研究思路整理。

（二）SSL 证书自动化部署与 HTTPS 的使用

如前文所述，本系统后台架构在 Docker 虚拟化容器内且接收来自 Nginx 过滤后的连接请求可以在很大程度上保障其安全性和稳定性。但同时，当需要在此架构中部署需要传输隐私信息、保密数据的 Web 应用（如包含通过密码登录的网站、电子商务/电子交易网站、在线即时通信网站等），则需在此基础上对服务器与外部的连接进行认证和加密处理。

1. 使用开放的 Let's Encrypt 数字证书

为了对 Web 网站进行加密，本系统使用通过 SSL/TLS 协议加密传输数据包的安全 HTTP 协议（HTTPS 协议）。因此，首先需要向权威的数字证书认证机构（CA）申请有效的数字证书。Let's Encrypt CA 机构提供仅需进行域名验证即可立即发放的数字证书。这种服务与数字证书最初用于验证网站真实性、权威性的理念不尽相同，因为它不会对证书申请者的身份作任何审核，只需要验证申请者确实持有所申请证书的域名即可发放证书。同时，通过 Certbot 和 SSL-Companion 可实现 Let's Encrypt 数字证书的自动化认证、获取和分发，因而可以在几分钟内完成域名验证与证书的发放。因此，通过将 Let's Encrypt 证书获取与基于 Docker 的自动化程序相结合，本系统可以实现 Web 应用开发过程中的 SSL 证书自动化部署。

2. 为 Nginx 添加自动化的 SSL 加密支持模块

为了实现 SSL 自动化加密模块对 Nginx 的支持，首先需要为 Nginx 添加支持 SSL（HTTPS）协议的配置。由于 Nginx 反向代理服务器软件配置、部署在虚拟化的 Docker 容器中，修改其配置文件的步骤便可省略为在容器启动时添加配置参数：

-p 443:443 -v /path/to/certs:/etc/nginx/certs

将 Nginx 的 443 端口映射至宿主服务器的 443 端口用于接收通过 HTTPS 协议访问的流量，将 SSL 证书目录挂载到 Nginx 的 CA 证书目录中。核心部分配置文件可写为：

```
server {
 listen 80;
 server_name kritnerwebsite;
 return 301 https://$host$request_uri;
}

server {
   listen 443 ssl;
   include /config/nginx/proxy-confs/*.subfolder.conf;
   include /config/nginx/ssl.conf;
   client_max_body_size 0;
   location / {
     proxy_pass              http://app_servers;
     proxy_redirect    off;
     proxy_set_header   Host $host;

     proxy_set_header   X  -Real-IP $remote_addr;
     proxy_set_header   X  -Forwarded-For $proxy_add_x_forwarded_for;
     proxy_set_header      X-Forwarded-Host $server_name;
   }
}
include /config/nginx/proxy-confs/*.subdomain.conf;
proxy_cache_path cache/ keys_zone=auth_cache:10m;
```

与 Docker 容器中的 Nginx 部署类似，我们同样可以创建一个独立的 Docker 容器来构建自动化的 SSL 证书申请模块。使用封装良好的开源模块 letsencrypt-companion 可以实现此功能。该模块可通过程序调用 Let's Encrypt 数字证书申请的 API（应用程序接口），自动为用户指定的域名申请用于 HTTPS 协议的数字证书，并可以指定存放在上述证书目录中供 Nginx 模块调取，从而实现极简化、自动化的 SSL 证书部署与 HTTPS 加密 Web 应用的构建（见图 5 - 12）。

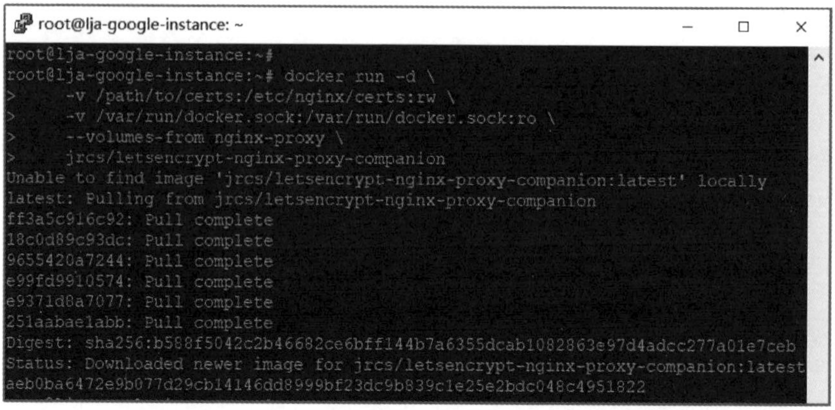

图 5 - 12　在 Docker 容器中创建 SSL 自动化部署模块

资料来源：笔者根据研究思路整理。

三、系统模块功能设计

本系统通过调用网络 API 接口和以接口方式集成智能物联网设备等对环境全要素、人体健康等数据进行采集，通过云端基于 JFinal、GeoDjango 的 Web 后台计算平台对各类数据进行处理和计算，最终应用数据可视化管理、风险评估、数据更新、健康路径规划等，为用户提供健康生活规划、公共健康管理、疾病预防控制等服务。

结合城镇居民、政府及卫生健康机构、科研人员以及企业用户群体的差异性需求，以及时下前沿的科学技术发展路径，综合考虑通信、LBS、物联网、云计算及数据可视化等技术的发展方向，确定系统整体的概念模块设计如图 5 - 13 所示。

本书所设计的技术系统整体可分为硬件设备部分和软件平台部分，其中硬件设备主要为室内外布设的自主研发环境监测传感器及人体健康智能穿戴设备，软件平台主要由基于环境、健康大数据分析的云平台，用于数据可视化展示及用户功能使用的 Web 端网站，以及用于用户数据采集、便捷使用的移动端 App。长江经济带全要素环境中典型污染物健康风险智慧管控决策系统的各模块功能如图 5 - 14 所示。

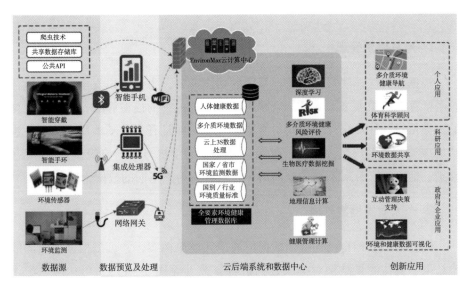

图 5 - 13　长江经济带全要素环境健康风险智慧管控决策系统综合设计

资料来源：笔者根据研究思路整理。

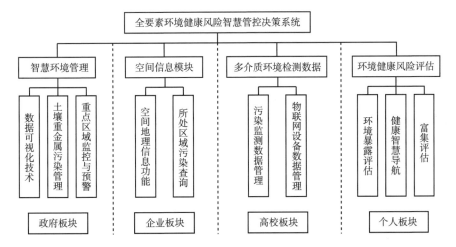

图 5 - 14　长江经济带全要素环境健康风险智慧管控决策系统功能模块

资料来源：笔者根据研究思路整理。

（一）Web 端的应用功能

1. 用户信息管理

根据相关法律法规要求及本系统的功能需要，为使用户安全并放心地在该平台存储组织或个人隐私信息并通过本系统内置的模型算法，使用个性化的数据信息，注册账号时，用户需要填写确切并且真实的基本用户信息，包括用户类型、用户名、密码、邮箱、可验证的手机号码、组织认证、年龄、性别、地区等。针对不同类型的用户，系统将给予不同的数据管理权限。

2. 个人健康档案管理

用户可以上传自己的健康数据形成个人健康档案，并可以根据最新的体检结果、身体测量结果对健康数据进行修改（见图 5 - 15），可从历史纪录的变化中了解自己健康状况的波动情况，本系统也可加入更多环境科学、生物科学的健康分析理论模型和实现程序模块，辅助用户以更科学的方式了解其健康状况的变化及潜在的疾病、健康风险。

图 5 – 15　Web 端个人健康档案管理

资料来源：笔者根据研究思路整理。

同时，智能穿戴设备（手环等）每日监测到的人体数据也可以动态接入健康档案管理中，并通过可视化图表加以显示，从而为用户的健康生活方式和环境风险最小化的健康出行提供指导。

3. 全要素环境监测数据显示

以长江经济带为例，系统可以实时从数据库调取并通过地图接口调用、可视化图表等方式显示全要素环境监测传感器、网络 API 接口、meta 分析结果、土壤及水质等采样分析得出的环境污染数据（见图 5 - 16）。网页可以直观地展示这些数据，一些详细信息与数据来源可以通过下载获得。它们可为环境工作者、环保 NGO、政府决策部门提供研究参考数据和决策支持，还可用于城镇居民了解自己生活周边的实时环境污染状况。并且网站可以通过开放上传等方式，更新与添加采样分析数据，进一步增加数据的即时性。

图 5 – 16 智能主动健康助手与公共环境健康平台

资料来源：笔者根据研究思路整理。

4. 实时全要素环境健康风险评估可视化展示

以长江经济带为例，系统通过云端模型计算，对任意位置的健康风险进行实时的评估并在前端页面上为用户展示（见图 5 - 17）。通过全要素环境健康风险评估模型算法将实时监测的环境污染数据与居民暴露在此种多污染自然环境要素中的人体健康风险状况建立关联。参考评估结果，环境部门在作出决策时更贴近实际情况，从环境的角度提升公共健康水平。另外，用户也可以对自身所受的健康风险有直观、清晰的认识，以此辅助其进行健康的生活规划。

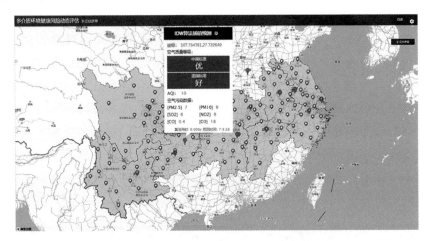

图 5 - 17　Web 端实时环境健康风险评估值显示示意图

资料来源：笔者根据研究思路整理。

5. 全要素环境数据分析与管理

如图 5 - 18 所示，在获取全要素环境数据后，系统可以对选定范围的环境数据进行统计与分析，自动感知污染物超标情况，各省市综合污染指数排序，各重金属的污染重点区域。根据一定尺度的数据统计结果，辅助政府部门用户制定污染防治方案，辅助企业与政府用户共同处理环境应急事件，达到全要素环境污染物智慧监管。

6. 基于环境健康风险评价的健康出行规划

以湖北省武汉市为例，本系统可根据环境污染状况、人体健康风险状况和用户自身的健康情况，为用户动态规划以健康和路程双参数为导向的出行路线（见图 5 - 19），并可向用户散步、跑步运动路线等方向拓展。

系统提供环境健康风险指数以供参考，并智能计算步行跑步健康路线，为系统用户规划最健康出行的线路（见图 5 - 20）。

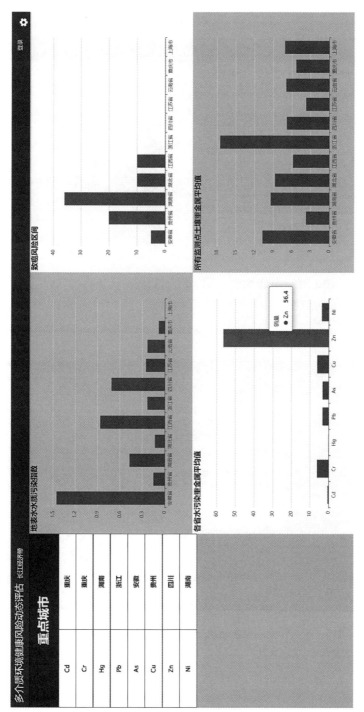

图 5 – 18　Web 端省份区域环境污染风险统计显示

资料来源：笔者根据研究思路整理。

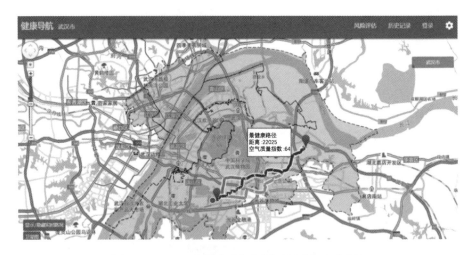

图 5 – 19　Web 端健康出行规划（以武汉市为例）

资料来源：笔者根据研究思路整理。

图 5 – 20　Web 端健康运动路线规划（以湖北省为例）

资料来源：笔者根据研究思路整理。

根据 GPS/IP 定位和用户输入的跑步健身起始点、运动范围、跑步路线长度，尝试根据既定的策略选择出符合距离要求的折返或环状跑步路线，同时将结果在用户应用端以地图路径形式输出显示（见图 5 – 21）。

图 5 – 21　折返型智能运动路线规划（以湖北省为例）

资料来源：笔者根据研究思路整理。

（二）移动端 App 的应用功能

移动端 App 作为本系统的扩展部分，其主要作用是辅助系统数据进行信息收集、提供移动端用户友好型、基于用户定位的动态环境健康风险评估、基于评估结果与 LBS 技术的健康优先出行导航等功能，其主要功能模块有以下几种。

1. 个人信息与健康管理模块

个人信息模块提供用户登录、注册、个人基本信息设置等功能（见图 5 – 22、图 5 – 23）。同时，个人健康记录通过记录用户每天的行走路线，计算个人环境污染暴露总量，从而对用户提出健康生活建议。

通过可穿戴手环回传心率、血氧、血压等健康状况信息，实时在 App 首页中显示（见图 5 – 24）。

图 5 – 22　App 端用户注册图

资料来源：笔者根据研究思路整理。

图 5 – 23　App 端个人信息管理模块

资料来源：笔者根据研究思路整理。

图 5 – 24　App 端用户健康状况管理模块

资料来源：笔者根据研究思路整理。

2. 长江经济带环境管理模块

长江经济带环境管理模块面向政企用户，能够提供区域多介质环境数据和简要数据分析，从而提高污染物管理的便捷性。该模块的功能包括地表水水质污染指数、水污染重金属平均值、土壤重金属平均值等数据的展示。通过使用这一模块，政府用户可以更直观地了解长江经济带的环境状况，为政策制定和污染治理提供数据支持。企业用户可以通过系统查询自身所在地的污染情况，帮助他们更好地管理和控制企业的污染物排放，以保护环境和资源。

3. 动态健康风险评估模块

与 Web 端功能类似，系统能够实现个人用户周边或政企用户管理范围任意点位上的动态全要素环境健康风险评估，并将结果显示在页面中（见图 5 - 25 和图 5 - 26），同时提供按照用户个人需求和健康状况智能健康风险预警等功能。

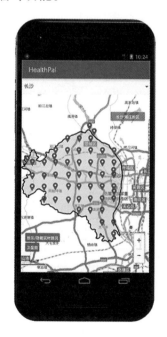

图 5 - 25 App 端采样点布设示例
资料来源：笔者根据研究思路整理。

图 5 - 26 App 端动态健康风险评估
资料来源：笔者根据研究思路整理。

4. 健康导航模块

健康导航模块同样与 Web 端中功能对应，是基于全要素的环境健康风险评估、个人环境污染暴露量计算等，为用户优化计算导航路径，生成最健康、最快捷出行路线。用户搜索出行终点，点击步行健康导航，即开始生成健康导航路径。

四、系统数据结构设计

（一）ER 图

通过对 LBS 可视化智慧管控决策系统的需求及层次结构、功能模块结构、系统整体与各部分架构的分析，可以将该系统总体的数据库设计表示为如图 5 - 27 所示的 ER 关系图。

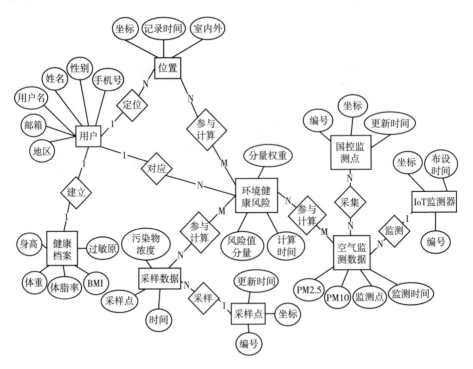

图 5 - 27　系统 ER 关系

资料来源：笔者根据研究思路整理。

（二）关系模型

将系统总体的 ER 图和数据库结构设计以关系模型进行表示，并根据实际情况进行适于数据库开发的拆分和优化，得到最终的关系模型如下：

（1）用户信息表（用户编号，用户名，邮箱，地区，手机号，姓名，注册时间，性别，用户密码，生日，头像 URL）；

（2）健康档案表（编号，用户编号，身高，体重，体脂率，BMI，过敏原，遗传病史，风险权重）；

（3）用户访问权限表（ID，用户编号，访问权限控制编号）；

（4）手机校验标（验证码编号，手机号，验证码，生成时间，生效状态）；

（5）用户出行定位表（定位编号，坐标，室内/外，记录时间，用户编号）；

（6）空气监测传感器表（记录编号，传感器编号，坐标，布设时间，备注）；

（7）空气质量监测数据表（自增编号，PM2.5，温度，湿度，甲醛，CO_2，记录时间）；

（8）国控空气质量监测点表（编号，监测点编码，监测点名称，城市，坐标）；

（9）监测点数据表（编号，监测点，记录时间，AQI，PM2.5，PM10，SO_2，NO_2，CO，O_3）；

（10）土壤/灰尘采样点表（编号，采样点编号，坐标）；

（11）采样点数据表（编号，采样点编号，数据元素类型，数据值）；

（12）土壤/灰尘采样点表（编号，采样点编号，坐标）；

（13）地理信息表（编号，行政区划名称，上级记录编号，拼音，额外记录，后缀，区号，编码，顺序梯度）；

（14）综合环境健康风险表（编号，风险值，记录时间，用户编号）；

（15）全要素环境健康风险分类数据表（编号，风险类型，风险值，算法输出时间，用户编号）；

（16）Session 会话表（编号，Session key，Session Data，过期时间）；

（17）访问权限控制表（编号，权限名称，内容分类编号，编码）；

（18）管理活动记录表（编号，活动时间，对象编号，flag，交换信息，内容分类编号，用户编号）。

（三）静态建模

由上述关系模型可知，系统主要实体有 User（Group）、Geography、Healthrisk、Monitoring、Sampling、Permissions、Sessions 等。

User Group 中包含多个与用户信息和登录 Auth 校验相关的模型（model），如用户信息 User、用户信息基础类 AbstractUser、用户定位 UserLocation、权限验证组别 Group、权限信息 Permission、上下文内容组别 Content-Type。User 的模型类图和 Python 语言描述分别如图 5 – 28、图 5 – 29 所示。

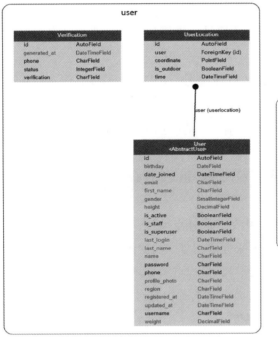
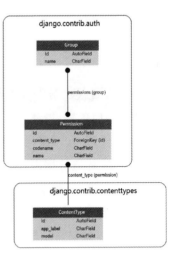

图 5 – 28　User 模块类图

资料来源：笔者根据研究思路整理。

```
class User(AbstractUser):
    username = models.CharField(unique=True, max_length=20)
    name = models.CharField(max_length=64, blank=True, null=True)
    password = models.CharField(max_length=255)
    phone = models.CharField(unique=True, max_length=50)
    email = models.CharField(unique=True, max_length=255, blank=True, null=True)
    gender = models.SmallIntegerField(blank=True, null=True)
    birthday = models.DateField(blank=True, null=True)
    height = models.DecimalField(max_digits=3, decimal_places=2, blank=True, null=True)
    weight = models.DecimalField(max_digits=3, decimal_places=2, blank=True, null=True)
    region = models.CharField(max_length=255, blank=True, null=True)
    registered_at = models.DateTimeField(auto_now_add=True)
    updated_at = models.DateTimeField(auto_now=True)
    profile_photo = models.CharField(max_length=255, blank=True, null=True)

class AbstractUser(AbstractBaseUser, PermissionsMixin):
    username = models.CharField(max_length=150, unique=True, validators=[username_validator])
    first_name = models.CharField(_('first name'), max_length=30, blank=True)
    last_name = models.CharField(_('last name'), max_length=150, blank=True)
    email = models.EmailField(_('email address'), blank=True)
    date_joined = models.DateTimeField(_('date joined'), default=timezone.now)
```

图 5 – 29　User 类的 Python 语言描述

资料来源：笔者根据研究思路整理。

系统的 Geography 模块包含了 GIS 组件和 LBS 相关算法所需的行政区划等地理信息，其中也包括了虚拟区划、直辖区划、模拟行政单位及国家统计局 12 位行政区划代码及其与 3 位城乡属性划分代码、地理中心 ST_Point 经纬度等的对应关系。Geography 的 model 层为 service 层中的数据网格化、LBS 坐标 – POI 转换提供了数据支持。Geography 模块的模型类图和 Python 语言描述分别如图 5 – 30、图 5 – 31 所示。

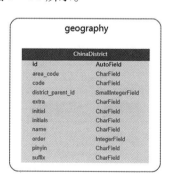

图 5 – 30　Geography 模块类图

资料来源：笔者根据研究思路整理。

```
class AirSensor(models.Model):
    sensor_no = models.CharField(unique=True, max_length=6)
    coordinate = models.PointField(blank=True, null=True)
    deployed_at = models.DateTimeField(blank=True, null=True)
    note = models.CharField(max_length=255, blank=True, null=True)

class AirSensorData(models.Model):
    sensor_no = models.ForeignKey(AirSensor, models.DO_NOTHING, db_column='sensor_no')
    pm25 = models.DecimalField(max_digits=4, decimal_places=4, blank=True, null=True)
    temperature = models.DecimalField(max_digits=3, decimal_places=3, blank=True, null=True)
    humidity = models.DecimalField(max_digits=3, decimal_places=3, blank=True, null=True)
    formaldehyde = models.DecimalField(max_digits=3, decimal_places=3, blank=True, null=True)
    co2 = models.DecimalField(max_digits=3, decimal_places=3, blank=True, null=True)
    monitored_at = models.DateTimeField(auto_now_add=True)

class ChinaAirSite(models.Model):
    site_code = models.CharField(max_length=6)
    site_name = models.CharField(max_length=50)
    city = models.CharField(max_length=270)
    coordinate = models.PointField(blank=True, null=True)

class SiteAirRecord(models.Model):
    site = models.CharField(max_length=255, blank=True, null=True)
    recorded_at = models.DateTimeField(blank=True, null=True, auto_now_add=True)
    aqi = models.IntegerField()
    pm25 = models.DecimalField(max_digits=7, decimal_places=2)
    pm10 = models.DecimalField(max_digits=7, decimal_places=2, blank=True, null=True)
    so2 = models.DecimalField(max_digits=7, decimal_places=2, blank=True, null=True)
    no2 = models.DecimalField(max_digits=7, decimal_places=2, blank=True, null=True)
    co = models.DecimalField(max_digits=7, decimal_places=2, blank=True, null=True)
```

图 5 – 31　Geography 类 Python 语言描述

资料来源：笔者根据研究思路整理。

　　HealthRisk 模块用以记录用户日均暴露量和全要素环境健康风险累加值，其中包括土壤/灰尘和空气等方面的细分环境健康风险值和中国生态环境部标准计算参数、EPA 计算参数的不同计算结果，也会根据 service 层的业务逻辑记录用户个性化的需求数据。HealthRisk 模块的模型类图和 Python 语言描述分别如图 5 – 32、图 5 – 33 所示。

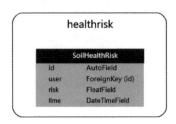

图 5 – 32　HealthRisk 模块类图

资料来源：笔者根据研究思路整理。

```
class SoilHealthRisk(models.Model):
    user = models.ForeignKey(User, models.DO_NOTHING)
    risk = models.FloatField()
    time = models.DateTimeField()
    _MetalAttributeItems = namedtuple('MetalAttributes', ['RfD_o', 'RfD_d', 'RfD_i', 'RfC'])
    _MetalAttributs = {
        'cu': _MetalAttributeItems(0.04, 0.012, 0.0402, 0.0402),
        'zn': _MetalAttributeItems(0.3, 0.06, 0.3, 0.3),
        'pb': _MetalAttributeItems(0.0035, 0.000525, 0.00352, 0.00352),
        'cd': _MetalAttributeItems(0.001, 0.000025, 0.00000255, 0.00001),
        'cr': _MetalAttributeItems(0.003, 1.5, 0.000029, 0.0001),
        'as': _MetalAttributeItems(0.0003, 0.000123, 0.000301, 0.000015),
        'hg': _MetalAttributeItems(0.0003, 0.000021, 0.0000857, 0.0003),
        'mn': _MetalAttributeItems(0.046, 0.00184, 0.0000143, 0.0000143),
        'ni': _MetalAttributeItems(0.02, 0.0054, 0.0206, 0.00009),
    }
```

图 5 – 33　HealthRisk 类 Python 语言描述

资料来源：笔者根据研究思路整理。

Monitoring 模块包括 SiteAirRecord、AirSensor、AirSensorData 等多个数据监测相关 model，用以记录实时的监测数据并辅助 HealthRisk 模块的相关模型程序进行运算。Monitoring 模块的模型类图和 Python 语言描述分别如图 5 – 34、图 5 – 35 所示。

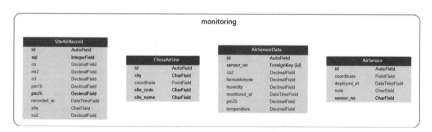

图 5 – 34　Monitoring 模块类图

资料来源：笔者根据研究思路整理。

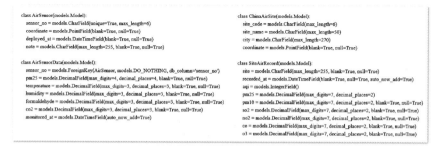

图 5 – 35　Monitoring 类的 Python 语言描述

资料来源：笔者根据研究思路整理。

Sampling 模块中 SamplingPoint、SamplingData 等 model 用以存贮土壤、灰尘等采样数据记录，与 Monitoring 相关数据一并用于 HealthRisk 模块的模型相关程序进行调用与运算。Sampling 模块的模型类图和 Python 语言描述分别见图 5 - 36、图 5 - 37。

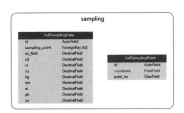

图 5 - 36　Sampling 模块类图

资料来源：笔者根据研究思路整理。

```
class SoilSamplingPoint(models.Model):
    point_no = models.CharField(max_length=4)
    coordinate = models.PointField(blank=True, null=True)

class SoilSamplingData(models.Model):
    sampling_point = models.ForeignKey(SoilSamplingPoint, models.DO_NOTHING, db_column='point_no')
    cu = models.DecimalField(db_column='cu', max_digits=5, decimal_places=2)
    zn = models.DecimalField(db_column='zn', max_digits=6, decimal_places=2)
    pb = models.DecimalField(db_column='pb', max_digits=6, decimal_places=2)
    cd = models.DecimalField(db_column='cd', max_digits=6, decimal_places=3)
    cr = models.DecimalField(db_column='cr', max_digits=7, decimal_places=3)
    as_field = models.DecimalField(db_column='as', max_digits=7, decimal_places=3)
    hg = models.DecimalField(db_column='hg', max_digits=8, decimal_places=6)
    mn = models.DecimalField(db_column='mn', max_digits=7, decimal_places=2)
    ni = models.DecimalField(db_column='ni', max_digits=5, decimal_places=2)
```

图 5 - 37　Sampling 类 Python 语言描述

资料来源：笔者根据研究思路整理。

Session 相关类 model 用于维护用户登录验证记录和客户端浏览器会话记录，用于动态登录、免验证登录等业务逻辑的实现。本系统中的 Session 存取采用 Django 和 JFinal 框架的标准设计实现。Session 相关模块的模型类图和 Python 语言描述见图 5 - 38、图 5 - 39。

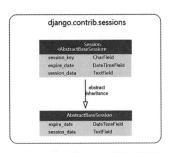

图 5 - 38　Session 模块类图

资料来源：笔者根据研究思路整理。

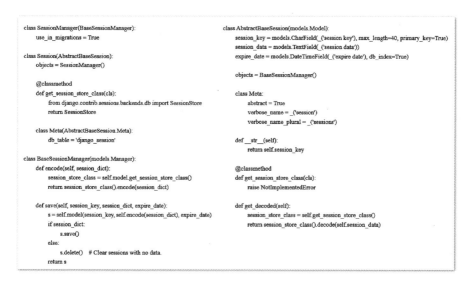

```
class SessionManager(BaseSessionManager):                    class AbstractBaseSession(models.Model):
    use_in_migrations = True                                     session_key = models.CharField(_('session key'), max_length=40, primary_key=True)
                                                                 session_data = models.TextField(_('session data'))
class Session(AbstractBaseSession):                               expire_date = models.DateTimeField(_('expire date'), db_index=True)
    objects = SessionManager()
                                                                 objects = BaseSessionManager()
    @classmethod
    def get_session_store_class(cls):                        class Meta:
        from django.contrib.sessions.backends.db import SessionStore        abstract = True
        return SessionStore                                          verbose_name = _('session')
                                                                     verbose_name_plural = _('sessions')
    class Meta(AbstractBaseSession.Meta):
        db_table = 'django_session'                          def __str__(self):
                                                                 return self.session_key
class BaseSessionManager(models.Manager):
    def encode(self, session_dict):                          @classmethod
        session_store_class = self.model.get_session_store_class()        def get_session_store_class(cls):
        return session_store_class().encode(session_dict)            raise NotImplementedError

    def save(self, session_key, session_dict, expire_date):  def get_decoded(self):
        s = self.model(session_key, self.encode(session_dict), expire_date)        session_store_class = self.get_session_store_class()
        if session_dict:                                             return session_store_class().decode(self.session_data)
            s.save()
        else:
            s.delete()    # Clear sessions with no data.
        return s
```

图 5 – 39 Session 类的 Python 语言描述

资料来源：笔者根据研究思路整理。

考虑到各部分模块间的耦合关系，系统整体的静态类模型设计在各个模块间使用数据表外键和多表联合查询的方式进行关联，整体的静态类模型图如图 5 – 40 所示。

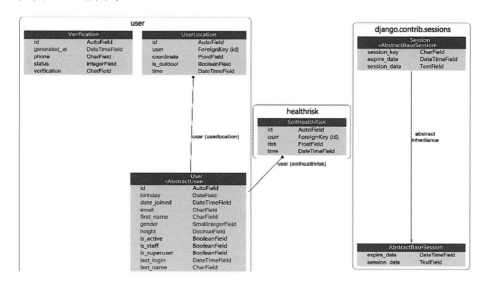

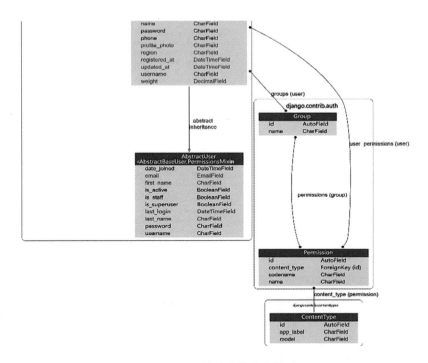

图 5-40 系统整体静态类模型

资料来源：笔者根据研究思路整理。

（四）数据实体描述

根据上述 ER 图模型和数据库关系模型设计，本系统的数据表形式数据实体描述如表 5-1 至表 5-17 所示。

表 5-1　　　　　　　　　　　　　　用户信息

字段名	数据类型	允许为空	PK	字段说明
id	int(11)	NO	auto_increment	
last_login	datetime(6)	YES		
is_superuser	tinyint(1)	NO		
first_name	varchar(30)	NO		
last_name	varchar(150)	NO		
is_staff	tinyint(1)	NO		
is_active	tinyint(1)	NO		

续表

字段名	数据类型	允许为空	PK	字段说明
username	varchar(20)	NO		
name	varchar(64)	YES		
password	varchar(255)	NO		
phone	varchar(50)	NO		
email	varchar(255)	YES		
gender	smallint(6)	YES		
birthday	date	YES		
height	decimal(3,2)	YES		
weight	decimal(3,2)	YES		
region	varchar(255)	YES		
registered_at	datetime(6)	NO		
updated_at	datetime(6)	NO		
profile_photo	varchar(255)	YES		

资料来源：笔者根据研究思路整理。

表 5 - 2　　　　　　　　　　　　用户访问权限

字段名	数据类型	允许为空	PK	字段说明
id	int(11)	NO	auto_increment	
user_id	int(11)	NO		
permission_id	int(11)	NO		

资料来源：笔者根据研究思路整理。

表 5 - 3　　　　　　　　　　　　验证校验

字段名	数据类型	允许为空	PK	字段说明
id	int(11)	NO	auto_increment	
phone	varchar(50)	NO		
verification	varchar(6)	NO		
generated_at	datetime(6)	NO		
status	int(11)	NO		

资料来源：笔者根据研究思路整理。

表 5 - 4   **用户出行定位**

字段名	数据类型	允许为空	PK	字段说明
id	int(11)	NO	auto_increment	
coordinate	point	NO		
is_outdoor	tinyint(1)	NO		
time	datetime(6)	NO		
user_id	int(11)	NO		

资料来源：笔者根据研究思路整理。

表 5 - 5   **空气监测传感器**

字段名	数据类型	允许为空	PK	字段说明
id	int(11)	NO	auto_increment	
sensor_no	varchar(6)	NO		
coordinate	point	YES		
deployed_at	datetime(6)	YES		
note	varchar(255)	YES		

资料来源：笔者根据研究思路整理。

表 5 - 6   **空气质量监测数据**

字段名	数据类型	允许为空	PK	字段说明
id	int(11)	NO	auto_increment	
pm25	decimal(4,4)	YES		
temperature	decimal(3,3)	YES		
humidity	decimal(3,3)	YES		
formaldehyde	decimal(3,3)	YES		
co2	decimal(3,3)	YES		
monitored_at	datetime(6)	NO		

资料来源：笔者根据研究思路整理。

表 5 - 7   **国控空气质量监测点**

字段名	数据类型	允许为空	PK	字段说明
id	int(11)	NO	auto_increment	
site_code	varchar(6)	NO		

续表

字段名	数据类型	允许为空	PK	字段说明
site_name	varchar(50)	NO		
city	varchar(270)	NO		
coordinate	point	YES		

资料来源：笔者根据研究思路整理。

表 5 – 8   **监测点数据**

字段名	数据类型	允许为空	PK	字段说明
id	int(11)	NO	auto_increment	
site	varchar(255)	YES		
recorded_at	datetime(6)	YES		
aqi	int(11)	NO		
pm25	decimal(7,2)	NO		
pm10	decimal(7,2)	YES		
so2	decimal(7,2)	YES		
no2	decimal(7,2)	YES		
co	decimal(7,2)	YES		
o3	decimal(7,2)	YES		

资料来源：笔者根据研究思路整理。

表 5 – 9   **土壤/灰尘采样点**

字段名	数据类型	允许为空	PK	字段说明
id	int(11)	NO	auto_increment	
point_no	varchar(4)	NO		
coordinate	point	YES		

资料来源：笔者根据研究思路整理。

表 5 – 10   **采样点数据**

字段名	数据类型	允许为空	PK	字段说明
id	int(11)	NO	auto_increment	
cu	decimal(5,2)	NO		
zn	decimal(6,2)	NO		

续表

字段名	数据类型	允许为空	PK	字段说明
pb	decimal(6,2)	NO		
cd	decimal(6,3)	NO		
cr	decimal(7,3)	NO		
as	decimal(7,3)	NO		
hg	decimal(8,6)	NO		
mn	decimal(7,2)	NO		
ni	decimal(5,2)	NO		
point_no	int(11)	NO		

资料来源：笔者根据研究思路整理。

表 5 – 11 　　　　　　　　　　　　　　**地理信息**

字段名	数据类型	允许为空	PK	字段说明
id	int(11)	NO	auto_increment	
name	varchar(270)	YES		
district_parent_id	smallint(6)	YES		
initial	varchar(3)	YES		
initials	varchar(30)	YES		
pinyin	varchar(600)	YES		
extra	varchar(60)	YES		
suffix	varchar(15)	YES		
code	varchar(30)	YES		
area_code	varchar(30)	YES		
order	int(11)	YES		

资料来源：笔者根据研究思路整理。

表 5 – 12 　　　　　　　　　　　　**综合全要素环境健康风险**

字段名	数据类型	允许为空	PK	字段说明
id	int(11)	NO	auto_increment	
risk	double	NO		
time	datetime(6)	NO		
user_id	int(11)	NO		

资料来源：笔者根据研究思路整理。

表 5 – 13　　　　　　　　　　　　　环境健康风险分类数据

字段名	数据类型	允许为空	PK	字段说明
id	int(11)	NO	auto_increment	
Type	Int(11)	NO		
risk	double	NO		
time	datetime(6)	NO		
user_id	int(11)	NO		

资料来源：笔者根据研究思路整理。

表 5 – 14　　　　　　　　　　　　　Session 会话

字段名	数据类型	允许为空	PK	字段说明
session_key	varchar(40)	NO		
session_data	longtext	NO		
expire_date	datetime(6)	NO		

资料来源：笔者根据研究思路整理。

表 5 – 15　　　　　　　　　　　　　访问权限分组

字段名	数据类型	允许为空	PK	字段说明
id	int(11)	NO	auto_increment	
group_id	int(11)	NO		
permission_id	int(11)	NO		

资料来源：笔者根据研究思路整理。

表 5 – 16　　　　　　　　　　　　　访问权限控制

字段名	数据类型	允许为空	PK	字段说明
id	int(11)	NO	auto_increment	
name	varchar(255)	NO		
content_type_id	int(11)	NO		
codename	varchar(100)	NO		

资料来源：笔者根据研究思路整理。

表 5-17   管理活动记录

字段名	数据类型	允许为空	PK	字段说明
id	int(11)	NO	auto_increment	
action_time	datetime(6)	NO		
object_id	longtext	YES		
object_repr	varchar(200)	NO		
action_flag	smallint(5)unsigned	NO		
change_message	longtext	NO		
content_type_id	int(11)	YES		
user_id	int(11)	NO		

资料来源：笔者根据研究思路整理。

五、主要算法、业务逻辑及程序实现

本系统中实现了计算机前后端业务逻辑程序、地理信息系统相关的 IDW 插值算法、环境科学相关的环境健康风险评价等模型算法，本节将对其中几个主要的算法、业务逻辑及其主要代码实现加以描述。

(一) 逆距离加权插值算法

逆距离加权插值（inverse distance weighting，IDW）算法是根据一组零散的已知点数据进行多变量插值的确定性算法（deterministic method），该算法通过反距离的幂值来对不同距离范围内的已知坐标—数据点进行加权，并根据权重在一定范围内给出目标点的预测数据，不同幂值的选取决定了距离范围对已知点权重的影响大小，已知点数量、与目标点平均距离的大小对目标点数据的预估值有显著影响（李海涛和贾增辉，2013）。

本系统中采用 IDW 插值算法的 Python 程序来实现实时、动态地根据一定范围内采样点、监测点布设位置及其监测数据预测该区域内任意地理坐标点上的预估污染指数、风险指数，并通过公有程序模块、固定化参数的接口暴露等方式供整个系统中 LBS 相关模块调用，以实现数据按距离插值、任意点实时数据预测、地理数据栅格化等关键任务。

IDW 算法中的主要模型公式为:

$$u(p) = \begin{cases} \dfrac{\displaystyle\sum_1^n \dfrac{1}{\mathrm{dis}(p,p_i)^k} u(p_i)}{\displaystyle\sum_1^n \dfrac{1}{\mathrm{dis}(p,p_i)^k}}, & \mathrm{dis}(p,p_i) \neq 0 \\[4mm] 0, & \mathrm{dis}(p,p_i) = 0 \end{cases} \quad (5-1)$$

其中, k 为反距离加权的幂参数, 一般为正实数, 在本系统的 LBS 坐标系统和数据尺度下, 默认取 2; 式 (5-1) 中已知坐标—数据点 p_i 与预测位置点 p 距离的负 k 次幂为该已知点的权重, 即:

$$w_i(p) = \mathrm{dis}(p,p_i)^k \quad (5-2)$$

在本系统的 LBS 应用实例中, 会出现部分区域已知点数量过多或过于分散等特殊情况, 在已知坐标—数据点集中于目标点周围且一定半径范围 R 外的点集对预测结果影响不大时, 可以将插值预测结果限定于对半径为 R 的圆周内坐标—数据点集的使用, 即此时各已知坐标—数据点的权重为:

$$w_j(p) = \left(\frac{\max((R-\mathrm{dis}(p,p_i)),R)}{\mathrm{dis}(p,p_i)R}\right)^2 \quad (5-3)$$

式 (5-1) 和式 (5-3) 中, dis 函数用以计算目标坐标—数据点 p 与已知坐标—数据点 pi 在 WGS84 坐标系统下的距离, 即:

$$\mathrm{dis}(p,p_i) = \sqrt{\Delta\mathrm{lng}(p,p_i)^2 + \Delta\mathrm{lat}(p,p_i)^2} = \sqrt{(p_{i_{lng}} - p_{lng})^2 + (p_{i_{lat}} - p_{lat})^2}$$

$$(5-4)$$

IDW 相关程序代码 (Python):

```
class IDW():
    '''
    Args:
        pointsWithData: 已知坐标-数据点. 结构: {Point: {'Element': Value}}
    '''
    _p = -2 # Power Parameter 幂参数, 此处默认取 2

    def __init__(self, pointsWithData):
        self.pointsWithData = pointsWithData
```

```python
    def _rad(self, d):
        return d * math.pi / 180.0
    def distance(self, coordinate):
        _EARTH_RADIUS = 6378137
        radLat1 = _rad(self.getLatitude())
        radLat2 = _rad(coordinate.getLatitude())
        a = radLat1 - radLat2
        b = _rad(self.getLongitude()) - rad(coordinate.getLongitude())
        s = 2 * asin(sqrt(sin(a / 2) ** 2) + cos(radLat1) * cos(radLat2) * (sin(b / 2) ** 2)))
        s = s * _EARTH_RADIUS
        return s
def targetPointData(self, targetPoint):
    '''

    Args:
        targetPoint: Point object
    Returns:
        result dictionary. {'Element': Value}
    '''


    denominator = 0
    for point in self.pointsWithData.keys():
        denominator += targetPoint.distance(point) * 100 ** self._p
    weights = {}
    for point in self.pointsWithData.keys():
        dis = targetPoint.distance(point) * 100   # (Point.distance)乘以 100 后单位是km
        weight = dis ** self._p / denominator
        weights[point] = weight


    pred_values = {}
    for point, data in pointsWithData.items():
        weight = weights[point]
        for key, value in data.items():
            pred_value = pred_values[key] if key in pred_values else 0
            pred_value += float(value) * weight
```

```
pred_values[key] = pred_value
```

```
return pred_values
```

（二）全要素环境健康风险评价算法

本系统中使用了环境科学领域的环境健康风险评价算法模型来评估当前时刻或任意时间点上用户所处位置或其他地理坐标位置的环境健康风险状况，从而为其健康生活和环境健康风险的出行规划提供参考和指导。

参考美国国家环保局（EPA）的部分研究结论及环境保护部 2014 年发布实施的《污染场地风险评估技术导则》中的相关内容，本系统中集成实现的土壤环境健康风险评价算法如下：

$$OSI = \frac{C \times IR_{oral} \times EF \times ED}{BW \times AD} \times 10^{-6} \qquad (5-5)$$

$$ISI = \frac{C \times IR_{inh} \times EF \times ED}{PEC \times BW \times AD} \qquad (5-6)$$

$$DSI = \frac{C \times SA \times AF \times ABS \times EF \times ED}{BW \times AD} \times 10^{-6} \qquad (5-7)$$

其中，OSI、ISI、DSI 分别为经口摄入、经呼吸摄入、经皮肤摄入的土壤重金属元素暴露剂量（非致癌效应）评价模型；C 为各个金属元素在土壤中的实际浓度采样值；BW 是个体的平均体重（千克）；EF 为曝光频率（天/年）；AD 是平均的接触天数（天）；PEC 是污染物颗粒排放系数（立方米/千克）；ED 是持续的环境暴露时间（年）；SA 是暴露皮肤表面积（平方厘米）；AF 是黏附系数（毫克/平方米·天）；ABS 是真皮吸收因子。部分参考剂量在下文的实现程序中给出。

相关程序代码（Python）：

```python
_MetalAttributeItems = namedtuple('MetalAttributes', ['RfD_o', 'RfD_d', 'RfD_i', 'RfC'])
_MetalAttributs = {
    'cu': _MetalAttributeItems(0.04, 0.012, 0.0402, 0.0402),
    # … 略去其余同结构数据
}
```

```python
class _Exposure():
    '''内部类: sensitive/ insensitive 计算所需的 Exposure 参数


    Atrribute:
        sensitive: A boolean indicating if health risk will be calculated using sensitive
paras.
    '''

    def __init__(self, sensitive):
        if sensitive is True:
            # 经口摄入
            self.OSI_c = 200
            self.ED_c = 6
            self.EF_c = 350
            self.ABS_o = 1
            self.BW_c = 15.9
            self.AT_nc = 9125
            self.OISER_nc = (self.OSIR_c * self.ED_c * self.EF_c * self.ABS_o) / (self.
BW_c * self.AT_ nc) * 0.000001
            # ...  略去其余同结构代码
        else:
            raise ValueError('sensitive should be a boolean variable.')
class SoilRiskCalculator():
    ''' SoilRiskCalculator
    Attributes:
        metalsConcentrations: Metals must be objects of Metals class.
        sensitive: A boolean indicating if health risk will      be calculated using sensitive
paras.
    '''
    def __init__(self, metalsConcentrations, sensitive):
        if isinstance(sensitive, bool) and isinstance(metalsConcentrations, dict):
            self.sensitive = sensitive
            self.metalsConcentrations = metalsConce ntrations
            if sensitive is True:
                self.exposure = _Exposure(sensitive=True)

elif sensitive is False:
                self.exposure = _Exposure(sensitive=False)
        else:
            raise ValueError('sensitive should be a boolean      variable.')
```

```
def cal TotalHI(self):
    totalHI = 0
    if self.sensitive is True:
        for metal, C_sur in self.metalsConcentrations.items():
            # 经口摄入

            RfD_o = _MetalAttributes[metal].RfD_o
            SAF = 0.2
            HQ_ois = (C_sur * self.e  xposure.OISER_nc) / (RfD_o * SAF)
            # 经皮肤摄入
            RfD_d = _MetalAttributes[metal].RfD_d
            HQ_dcs = (C_sur * self.exposure.DCSER_nc) / (RfD_d * SAF)
            # 经呼吸摄入
            RfD_i = _MetalAttributes[metal].RfC * self.exposur   e.DAIR_c / self.exposu  re.
BW_c
            HQ_pis = (C_sur * self.exposure.PISER_nc)/(RfD_i * SAF)

            totalHI += HQ_ois + HQ_dcs + HQ_pis
        return totalHI / len(self.metalsConcentrations)
```

（三）LBS 折线编码解析算法

本系统采用前后端分离的程序设计模式，在前端 HTML 页面通过 Ajax 方法加载后台 LBS 服务计算生成、优化的路径折线时，涉及线路上大量不同精度、不同距离间隔的坐标点的传输，若通过坐标点数组或 Map、Dictionary 等数据结构进行传输，则会占用大量网络带宽资源，且会使同步的业务流程出现卡顿、异步的业务流程加载缓慢。因此，本系统采用 Google Maps Encoded Polyline Algorithm 编码算法，该算法将二进制数值转换为 ASCII 字符对应的一系列字符编码，通过有损压缩的方式将一系列坐标点存储在单个的字符串内。

Encoded Polyline Algorithm 的算法流程如图 5–41 所示，输入输出的坐标数据均为 WGS84 坐标系统下的"[lng, lat]"格式单精度浮点数组或 2D 坐标点 Point、Coordinate 类。

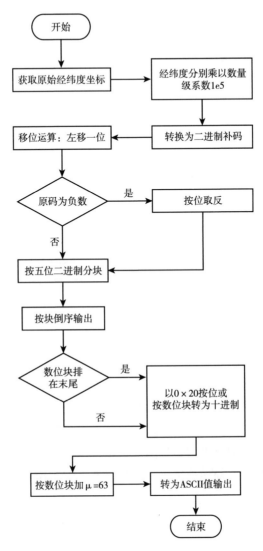

图 5-41 Encoded Polyline Algorithm 算法流程

资料来源：笔者根据研究思路整理。

本系统结合部分开源代码和 Google 的算法描述，对该编码算法的 Java 语言程序实现如下：

```
public ArrayList<Coordinate> lbsPolylineDecode(String encoded) {
    ArrayList<Coordinate> poly = new ArrayList<Coordinate>();
    int index = 0, len = encoded.length();
    int lat = 0, lng = 0;
    while (index < len) {
      int b, shift = 0, result = 0;

      do {
        b = encoded.charAt(index++) - 63;
        result |= (b & 0x1f) << shift;
        shift += 5;
      } while (b >= 0x20);
      int dlat = ((result & 1) != 0 ? ~(result >> 1) : (result >> 1));
      lat += dlat;
      shift = 0; result = 0;

      do {
        b = encoded.charAt(index++) - 63;
        result |= (b & 0x1f) << shift;
        shift += 5;
      } while (b >= 0x20);

      int dlng = ((result & 1) != 0 ? ~(result >> 1) : (result >> 1));
      lng += dlng;
    Coordinate p = new Coordinate(((float) ((float) lng / 1E5)), ((flat) ((float) lat / 1E5)))
      poly.add(p);
    }
    return poly;
  }
```

（四）空气质量指数计算

空气质量指数（air quality index，AQI）是用于衡量空气质量的综合性指数。本系统参考中华人民共和国环境保护部发布的《环境空气质量标准》（GB 3095 – 2012）、《环境空气质量指数（AQI）技术规定（试行）》（HJ 633 – 2012）计算 AQI。在网站服务端有专用的 AirRsk 类，其中包含了存放需要的空气污染数据的类变量和根据这些数据计算风险指标的类函数，用户使用时网站服务端可根据用户需求，在服务端内部直接调取数据并完成计算，保证了高效性和准确性。6 种污染物标准分别为 SO_2、NO_2、O_3、PM2.5、PM10、

CO。AQI 计算公式根据《环境空气质量指数（AQI）技术规定（试行）》（HJ 633 – 2012）进行规定，且每种污染物都有其对应的 AQI 计算公式：

$$IAQI = \frac{(IHI - ILO) \times (C - BPL)}{(BPH - BPL)} + ILO \qquad (5-8)$$

$$AQI = \max(IAQI) \qquad (5-9)$$

其中，IHI 是 AQI 指数的上限，ILO 是 AQI 指数的下限，C 是对应污染物的浓度，BPH 是污染物的空气质量分指数对应的浓度上限，BPL 是污染物的空气质量分指数对应的浓度下限。即 AQI 是 IAQI 中的最大值，所以 AQI 大多时候为主要污染物的浓度程度的定量表征。对该编码算法的 Java 语言程序实现如下：

```
        double[][] memberships = new double[pm25WithinDay.length][this.numberOf
Levels];
        // 计算各个风险等级的频数
        // 一般 pm25WithinDay[0]、memberships[0] 为室内，pm25WithinDay[1]、
memberships[1] 为室外
        for(int i = 0; i < pm25WithinDay.length; i++){
            for (double pm25: pm25WithinDay[i]) {
                int airRiskLevel = this.airRiskLevel(pm25);
                memberships[i][airRiskLevel - 1] += 1;
            }
        }

        //计算各个风险等级的隶属度
        // 一般 pm25WithinDay[0]、memberships[0] 为室内，pm25WithinDay[1]、
memberships[1] 为室外
        for(int i = 0; i < memberships.length; i++){
            for (int j = 0; j < memberships[i].length; j++){
                memberships[i][j] = memberships[i][j] / pm25WithinDay[i].length;
            }
        }
        return memberships;
    }

    public double calDailyAirRisk(Double[][] pm25WithinDay){
        // 计算模糊向量 B_air
        double[] fuzzyVector = this.calFuzzyVector(pm25WithinDay);
```

```
// 计算空气综合风险 R_air = B_air × S^T
double airRisk = 0;

for(int i = 0; i < numberOfLevels; i++){
    airRisk += fuzzyVector[i] * this.levelScore[i];
}
return airRisk;
}
double[] weight = new double[pm25WithinDay.length];
for(int i = 0; i < pm25WithinDay.length; i++){
    weight[i] = pm25WithinDay[i].length / totalElements;
}
//计算 Q_air（空气风险评价矩阵）
double[][] membership = this.calMembership(pm25WithinDay);
// 计算 B_air = A × Q_air
double[] fuzzy_vector = new double[this.numberOfLevels];
for(int i = 0; i < fuzzy_vector.length; i++){
    for(int j = 0; j < weight.length; j++){
        fuzzy_vector[i] += weight[j] * membership[j][i];
    }
}
return fuzzy_vector;
```

（五）绿色出行健康导航

绿色健康出行导航技术是一种基于现代科技和环境保护理念的出行导航系统。它旨在为用户提供在出行过程中选择环保、健康和低碳的交通方式的信息和建议。这样的导航系统不仅能够满足用户的导航需求，还考虑到对环境的影响和对用户健康的关注。

本系统中的导航系统主要功能是整合多源数据，包括土壤健康风险、空气污染风险、健康数据等，结合用户个人的个性化设置和用户的健康需求，推荐环保和低碳的交通方式和交通路线。在测试版系统中，路线数据来自 google 导航 API 服务，需要健康导航服务时，用户选取的起止点被服务器接收，转化为经纬度数据，并将之作为参数通过接口得到数条路线数据，之后系统将调用已有的污染风险指标计算功能，计算结合路线（街道）得出此路径的平均污染指数，然后选取平均健康风险最小的路线作为健康导航功能的输出。

　　健康导航功能测试版仍在更新迭代中，后续将结合更新、更精准的机器学习算法、数学优化方法，为用户计算出更可靠的健康风险最低路径。对该编码算法的 Java 语言程序实现如下：

```
//获取 Google Map 道路折线数据
String overviewPolyline = route.getJSONObject("overview_polyline").getString("points");
List<Coordinate> road = googlePolylineDecode(overviewPolyline);
//计算 route 平均土壤健康风险值
List<PointWithData<Element, Double>> samplingPoints = csDataServ.getSamplingPointsWithData();
double soilHealthRisk = healthRiskServ.soilRiskOfRoad_US(samplingPoints, road, false);
route.put("soil_health_risk_US", soilHealthRisk);
//放回原 routes 数组
routes.set(i, route);

//放入 road 平均 AQI 值
float aveAQI = 0;
int num = 0;
for(int j = 0; j < legs.size(); j++) {
    JSONArray steps = legs.getJSONObject(j).getJSONArray("steps");
    for(int k = 0; k < steps.size(); k++) {
        int stepAQI = weatherDataServ.getAQI_CN(steps.getJSONObject(k).getJSONObject("end_location").getString("lng"), steps.getJSONObject(k).getJSONObject("end_location").getString("lat"));
        aveAQI += stepAQI;
        num++;
    }
}
aveAQI = aveAQI/num;
route.put("averageAQI", aveAQI);
//放回原 routes 数组
routes.set(i, route);
```

六、部分其他核心业务逻辑程序实现

（一）获取全国所有城市空气质量数据

本系统中集成了多种气象 API 数据接口以获取全国各城市和国控监测点的空气质量监测数据，后台爬虫程序和 requesters 程序负责定时批量获取并存储这些数据，而 Service 层中请求查询相关数据记录并以 HashMap 类对象数据结构返回查询结果的相关代码如下所示：

```
public HashMap<String, Float> getAllCityPm25() {
    String[] cities =   getAllCities();
    HashMap<String, Float> results = new HashMap<>();
    int numOfTry = 1;
    for (String city : cities) {
        numOfTry = 1;
        JSONObject response = this.aliyunAPIResponse(city);
        while(response == null) {
            if(numOfTry > 3) {
                return null;
            }
            try {
                Thread.sleep(60000);
                numOfTry++;
                response  = this.aliyunAPIResponse(city);
            } catch (InterruptedException e) {
                e.printStackTrace();
            }
        }
        HashMap<String, Float> airData = new HashMap<>();
        for(JSONObject para: response.getJSONObject("result").getJSONObject("aqi" )){
        float paraValue = para.getFloat();
        airData.put(para, paraValue);
    }
        results.put(city, airData);
    }
    return results;
}
```

（二）获取最近的监测点环境污染数据

本系统通过多张数据库数据表存储环境污染相关的数据，因此在 Django、JFinal 开发框架中，难以直接通过 ORM 模型进行查询和获取。本系统在数据库中进行多表联合查询时，使用了 JFinal 的 Template Engine 引擎来动态管理和生成较为复杂的 SQL 语句，该引擎可以实现程序外部 SQL 文件的热加载，同时可通过相关指令集来动态生成 SQL 语句中的查询参数。本系统使用 Template Engine 管理的有关空气环境污染数据的 SQL 语句代码如下：

```
#namespace("airRecord")
    #sql("findAllRecentBySites")
        SELECT site,longitude,latitude,time,aqi,pm25,pm10,so2,no2,co,o3
        FROM air_record
        INNER JOIN (
            SELECT
                Max(time) AS max_time,
                site AS selected_site
            FROM air_record
            WHERE
                site IN (
                    #for (site : siteList)
                        #(for.index > 0 ? "," : "") #para(site)
                    #end
                )
                AND
                time<=#para(time)
            GROUP BY selected_site
        ) AS max_time_table
        ON
            air_record.time=max_time_table.max_time
            AND
            air_record.site=max_time_table.selected_site
        INNER JOIN china_air_site
            ON air_record.site=china_air_site.site_code
    #end
#end
```

（三）按日期获取用户出行定位

本系统中其他 Service 层中的业务逻辑一般也涉及对数据的操作和与 Controller 层之间的数据交互以及 View 层的 HTML 数据加载、页面渲染，这些业务逻辑一般也承载着对核心系统功能和算法所产生的数据、输出结果的存取与调用等。例如，按日期获取用户出行定位的 Service 层 Java 程序代码为：

```
public List<UserLocation> getLocationsByDate(String account, String date){
    String username = userServ.getUsernameByAccount(account);
    Calendar time = Calendar.getInstance();
    try {
      time.setTime(dateStr.parse(date));
    } catch (ParseException e) {
      return null;
    }
    List<UserLocation> locations = UserLocation.dao.find("select longitude,latitude,time from user_location where username=? and time BETWEEN ? AND ?", username, dateStr.format(time.getTime()) + " 00:00:00", dateStr.format(time.getTime()) + " 23:59:59");
    return locations;
  }
```

第四节　智慧管控决策系统应用与完善

一、系统测试的目标

基于 LBS 的可视化智慧管控决策系统的核心 Web 开发工作采用了当下主流的前后端分离、模块化开发的技术路径，RESTful API 接口的设计与实现简化了 Web 开发流程，降低了前后端的耦合程度，而通过 JFinal 和 Django 等技术框架实现的 Applications 模块化编程也使得基于 Python unittest、JFinal ActiveRecordPlugin 等工具和组件进行项目模块的单元测试成为可能。在本系统的开发过程的多个步骤中，完整的测试用例可以发挥不同的作用：

（1）在编写新的程序代码时，可以使用 unittest 来验证代码是否按预期工作；

（2）在按照技术开发路径计划优化系统设计、重构或修改旧代码时，可以使用 TestCase、TestClient 来确保代码的版本更改不会意外地影响应用程序的行为；

（3）在基础模块开发完毕及系统整体开发阶段性完成后，按照一定的既定策略和顺序执行全局的测试用例，模拟请求，插入测试数据，检查应用程序的输出，可以确保各个模块间的耦合关系和相互调用中不存在循环调用、引用关系缺失等错误，同时也可以及时发现系统中的逻辑漏洞和有待改进的交互设计。

二、系统的功能测试

本次测试主要针对基于 LBS 的可视化智慧管控决策系统的功能性指标和非功能性指标是否满足预期的设计标准，系统各部分是否能够正常独立、协同地工作，是否在对给定的输入进行程序化处理与运算后能否输出正确的结果。本系统测试过程中，既通过 JFinal ActiveRecordPlugin、Python unittest 等工具进行 REST API 接口的单元测试，也通过 Python Django Shell 和 Celery 异步任务等组件进行系统算法模型的数据模拟、程序计算测试。测试过程中，测试用例的设计和使用直接决定了测试是否能够覆盖完整的系统功能与模块，也将影响对系统功能完整性、性能优势等的评估与改进，因此测试用例应当尽可能全面地覆盖完整的系统 API 接口，并针对各类程序运行的边界值、极端情况进行单独的测试用例设计。

（一）User 模块功能测试

表 5 - 18 为用户登录测试。

表 5 - 18　　　　　　　　　用户登录测试用例表

输入(key - value 格式)	预计	输出	结果评价
account: test_user password: E&! q@ UA3Kz#sk0H1	可正常登录	code: 0 msg:登录成功 data: -- token: dc9b45c4f58e105115a090bfdee646c2b102db91	测试通过

续表

输入（key – value 格式）	预计	输出	结果评价
account：null password： E&！q@UA3Kz#skOH1	缺少参数	code：10002 msg：缺少参数	测试通过
account：test_user@gmail.com password： E&！q@UA3Kz#skOH1	可正常登录	code：0 msg：登录成功 data： －－token： dc9b45c4f58e105115a090bfdee646c2b102db91	测试通过
account：－％％#$@abc.com password： E&！q@UA3Kz#skOH1	参数格式有误	code：10003 msg：参数格式有误	测试通过

资料来源：笔者根据研究思路整理。

表 5 – 19 为用户注册测试。

表 5 –19　　　　　　　　　　用户注册测试用例

输入（key – value 格式）	预计	输出	结果评价
account：test_user password：E&！q@UA3Kz#skOH1 verification：30005 email：test@gg.com phone：13000000000	可正常登录	code：0 msg：登录成功	测试通过
account：null password：E&！q@UA3Kz#skOH1 verification：30005 email：test@gg.com phone：13000000000	缺少参数	code：10002 msg：缺少参数	测试通过
account：testuser password： verification：30005 email：test@gg.com phone：13000000000	缺少参数	code：10002 msg：缺少参数	测试通过

输入(key - value 格式)	预计	输出	结果评价
account：testuser password：E&！q@UA3Kz#sk0H1 verification： email：test@gg.com phone：13000000000	验证码 错误	code：10015 msg:验证码错误	测试通过
account：testuser password：E&！q@UA3Kz#sk0H1 verification：30005 email：gg.com phone：13000000000	参数格式 有误	code：10003 msg:参数格式有误	测试通过

资料来源：笔者根据研究思路整理。

(二) Monitoring 模块功能测试

表5-20 为上传数据测试。

表5-20 　　　　　　　　　　Monitoring 模块测试用例

输入(key - value 格式)	预计	输出	结果评价
sensor_no：W145 pm25：85 temperature：27 humidity：61 formaldehyde：null co2：34	可正常记录	code：0 msg:操作成功	测试通过
pm25：85 temperature：27 humidity：61 formaldehyde：null co2：34	缺少参数	code：10002 msg:缺少参数	测试通过
sensor_no：#### pm25：85 temperature：27 humidity：61 formaldehyde：null co2：34	设备编号有误	code：30012 msg:设备编号有误	测试通过

资料来源：笔者根据研究思路整理。

表 5 – 21 为获取监测点信息测试。

表 5 – 21　　　　　　　获取监测点信息测试用例

输入（key – value 格式）	预计	输出	结果评价
city：wuhan pages：6	可正常获取	code：0 msg：操作成功 data： ――〔 　　site_no：A1144 　…… 〕	测试通过
coordinate：30. 569326 ,114. 326523 pages：6	可正常获取	code：0 msg：操作成功 data：……	测试通过
pages：6	缺少参数	code：10002 msg：缺少参数	测试通过

资料来源：笔者根据研究思路整理。

表 5 – 22 为获取监测点数据测试。

表 5 – 22　　　　　　　获取监测点数据测试用例

输入（key – value 格式）	预计	输出	结果评价
site_no：A1144 date：2018 – 02 – 02	可正常获取	code：0 msg：操作成功 data：……	测试通过
coordinate：30. 569326 ,114. 326523 date：2018 – 02 – 02	可正常获取	code：0 msg：操作成功 data：……	测试通过
null	缺少参数	code：10002 msg：缺少参数	测试通过

资料来源：笔者根据研究思路整理。

（三）Sampling 模块功能测试

表 5 – 23 为获取采样点数据测试。

表 5-23 获取采样点信息测试用例

输入（key-value 格式）	预计	输出	结果评价
sampling_point：W12	可正常获取	code：0 msg：操作成功 data：……	测试通过
sampling_point：W12 fields：[cu, cd]	可正常获取	code：0 msg：操作成功 data：……	测试通过
sampling_point：null	采样点错误	code：30001 msg：采样点编号有误	测试通过

资料来源：笔者根据研究思路整理。

表 5-24 为获取插值点数据测试。

表 5-24 获取插值点信息测试用例

输入（key-value 格式）	预计	输出	结果评价
coordinate：30.569326,114.326523	可正常获取	code：0 msg：操作成功 data：……	测试通过
coordinate：30.569326,114.326523 p_range：-2	可正常获取	code：0 msg：操作成功 data：……	测试通过
coordinate：null p_range：-2	缺少参数	code：10002 msg：缺少参数	测试通过
coordinate：30.569326,114.326523 p_range：200	计算参数超出限制范围	code：0 msg：incorrect range limitation	测试通过

资料来源：笔者根据研究思路整理。

三、系统算法模拟与案例实测

本系统通过云端后台程序实现的 Inverse Distance Weighting Interpretation 算法和 HealthRisk 全要素环境健康风险评价等算法模型对系统的环境健康风险状况评估、用户级的 LBS 健康监测与健康生活规划等核心功能逻辑起着重要的数据支持作用，因此对各个算法子程序和子模块进行数据模拟、模拟数据输入、输出结果校验和算法表征模式评估等模拟与测试显得尤为重要。

本书采用 GeoDjango 中的 GIS 空间点 gis. geos. Point 类来进行 IDW 算法和全要素环境健康风险评价算法的地理坐标、空间定位、移动路线的数据模拟，并通过以下程序代码继承使用 TestCase 来进行用例测试：

```
class IDWTestCase(TestCase):
  def setUp(self, target_values):
    self.target_values = target_values

  def test_idw(self):
    points = {
      Point(110.313681,20.032681): {'PM2.5': 86.5, 'PM10': 94},
      Point(110.277288,19.980741): {'SO2': 15, 'NO2': 10},
      Point(110.341833,19.983968): {'O3': 6.7}}

    idw = IDW(points)
    targer_point = Point(110.317114,20.003326)
    print(targer_point)
    iterpolation = idw.targetPointData(Point(110.317114,20.003326))
    self.assertEqual(iterpolation, self.target_values)
    for key,value in iterpolation.items():
      print(key + ': ' + str(value))
```

程序的输出结果如图 5 – 42 所示。

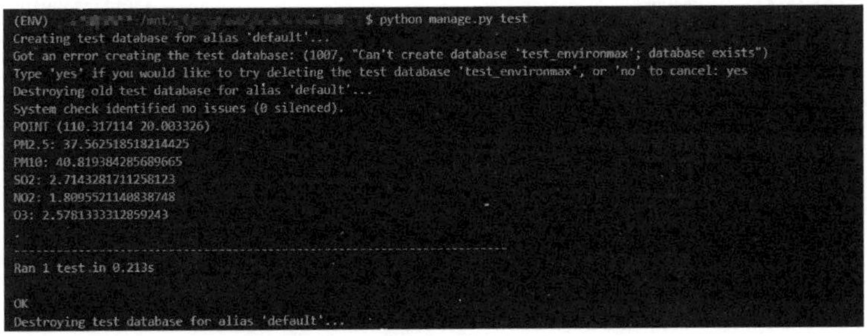

图 5 – 42　IDW TestCase 测试输出

资料来源：笔者根据研究思路整理。

表 5 – 25 为用于 IDW 算法的各类型测试用例。

表 5 – 25   **IDW 算法测试用例**

输入（伪代码表示）	目标预测点	输出

points = {
Point(110. 313681,20. 032681)
values:{'Na': 1, 'Pb': 1, 'Cu': 1}
},{
coor: Point(110. 277288,19. 980741)
values:{'Na': 1, 'Pb': 1, 'Cu': 1}
},{
coor: Point(110. 341833,19. 983968)
values:{'Na': 2, 'Pb': 2, 'Cu': 2}}
}
	Point(110. 317114, 20. 003326)	POINT(110. 31711420. 003326)
		Na: 1. 3847960195949143
		Pb: 1. 3847960195949143
		Cu: 1. 3847960195949143

points = {
Point(110. 313681,20. 032681)
values:{ 'Zn': 22. 7, 'Pb': 35. 6, 'Cu': 100}
},{
coor: Point(110. 277288,19. 980741)
values:{ 'Cr': 1. 5, 'Pb': 0. 6, 'Cu': 50 }
},{
coor: Point(110. 341833,19. 983968)
values:{ 'Na': 20, 'Pb': 20, 'Cu': 20 }}
}
	Point(110. 317114, 20. 003326)	POINT(110. 317114 20. 003326)
		Zn: 9. 857447056225057
		Pb: 23. 263749695025783
		Cu: 60. 16855786198751
		Cr: 0. 27143281711258127
		Na: 7. 695920391898281

points = {
Point(110. 313681,20. 032681)
values:{ 'PM2. 5': 86. 5, 'PM10': 94}
},{
coor: Point(110. 277288,19. 980741)
values:{ 'SO2': 15, 'NO2': 10}
},{
coor: Point(110. 341833,19. 983968)
values:{ 'O3': 6. 7 }}
}
	Point(110. 317114, 20. 003326)	POINT(110. 317114 20. 003326)
		PM2. 5: 37. 562518518214425
		PM10: 40. 819384285689665
		SO_2: 2. 7143281711258123
		NO_2: 1. 8095521140838748
		O_3: 2. 5781333312859243

资料来源：笔者根据研究思路整理。

为了测试本系统中全要素环境健康风险评价算法对于实际用户日常生活中的环境健康风险实时计算能力，以及面向个人用户健康出行路线优化、日均环境风险评估等场景的密集坐标—数据点集的处理能力，本书作者采用多场景 POI 选点、按小时随机投射点集、LBS 步行线路累加拼接、地图区块点数加权平衡的方式模拟一位特定人群用户（学生、白领、工人等）特定生活工作区域内若干天数内每小时的详细出行线路,并基于 POI 点的场景选择随机确定室内外点集分类,在此基础上将大量数据点作为输入数据供全要素环境健康风险评价算法进行日均、月均和按用户指定的时间精度计算其综合环境健康风险指数。

在本次测试中,选取的用户人群为学生,模拟的主要活动地点位于校园内及周边地区;用户的坐标位置模拟采集频率为 10 分钟采集上传一次;一次坐标点模拟的方法为在各个场景给定的 POI 点集中随机选择 1 个,以该点为中心和起始坐标,在其周围一定半径范围内随机投射若干室内、室外定位点,并采用一定的排序策略和 LBS 几何计算方法,对室外点进行合理的轨迹纠偏,最终形成分布在各个给定 POI 点之间带状区域内的若干数目点集。其中,轨迹纠偏过程中的各项参数指标,通过结合各点间的 LBS 步行导航线路与期望的合理化路线间的距离不断进行调整。图 5 - 43 显示的是其中 1 天每小时每隔 10 分钟随机投点、按场景与轨迹偏离确定室内外后的模拟定位及轨迹情况。

图 5 - 43　模拟用户 24 小时室内外定位点及线段暴露轨迹

资料来源:笔者根据研究思路整理。

根据该模拟用户 3 日的定位结果和该时间范围内实际的气象、土壤等环境污染情况抓取记录,通过全要素环境健康风险评价算法程序所计算出的日均环境健康风险状况如图 5 - 44 所示。

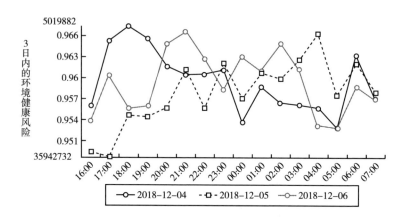

图 5 - 44　连续 3 日内模拟用户的 24 小时平均环境健康风险值

资料来源：笔者根据研究思路整理。

以上算法计算结果符合测试的预期，能够准确反映用户所处时间和位置的环境健康风险情况，同时符合实际的环境污染变化数据的记录情况，各项接口和程序的调用也符合设计规定。

综上所述，本书所设计实现的基于 LBS 的可视化智慧管控决策系统的各项测试结果符合预期，在功能、性能和数据计算准确度等方面满足系统的前期设计要求。经过系统的前期设计、中期程序实现和后期集成测试，基于 LBS 的可视化智慧管控决策系统可以满足本书所规定的各项功能、性能要求，基本达到了研究预期。其中，系统中以 Docker 为基础的底层系统架构可实现系统设计要求的模块化开发、自动化部署；以 Nginx 软件为基础的服务器架构可以基本保证本 LBS 可视化系统的稳定性及各类接口、端口暴露和 URL 路由设计；以 SSL-Companion 自动化工具为基础的 TSL/SSL 组件可以保证系统的数据传输安全；遵循 RESTful API 模式的软件接口设计可满足系统前后端的交互要求；系统中的各个算法程序实现能在模拟给定的输入时计算出正确的输出数据，且计算性能、时间空间复杂度等在性能规定范围内。

在系统开发和测试优化过程中，本书也总结出该系统仍可进行进一步优化和改进之处，主要有以下几点可以深入研究：

（1）系统的数据可视化实现和用户体验可以进一步提升，系统设计可以更加注重用户友好型的设计体验。

（2）用户级的个人健康档案和个性化的环境健康风险预警、健康生活管理与规划等功能可以进一步改进提升。系统可通过集成更多数据科学、环境科学的算法模型，深入挖掘系统数据库中的环境污染数据、健康风险数据和用户个人健康数据，并进一步将算法模型的参数合理优化为针对不同用户"千人千面"的个性化指数。

（3）系统可以加入更多以数据和算法为基础的应用模块，通过大数据、人工智能的算法和方法，以系统化和自动化的方式去有效地指导用户的健康生活，使个体用户的健康服务更加精准，例如可以增加用户周边环境污染状况突变时的预警，也可以结合 IoT 智能穿戴设备和生物科学、机器学习模型监测用户的个人健康状况并作出疾控预警；同时对于政企用户，系统也可以增加多设备多渠道的实时大数据上传窗口，使系统的数据更加精准，方便政企用户的及时有效管理。

（4）作为系统拓展延伸部分的移动端 App 可以继续迭代升级、在 UI 设计、交互设计和模块功能上继续完善；IoT 环境监测传感器和可穿戴式人体健康监测设备也可以继续集成开发、校准升级。

本书涉及的软件代码已经获得了国家计算机软件著作权（登记号为 2021SR0140978），相关证书如图 5 - 45 所示。

图 5 - 45　国家计算机软件著作登记证书

资料来源：中国版权保护中心（https：//www.ccopyright.com.cn/）。

第六章

经济带全要素环境中重金属"1+3"多元协同数字化治理思考与对策

基于长江经济带全要素环境（水、土和气）中典型重金属污染格局与健康风险的综合解析，长江经济带覆盖的省/直辖市的优先控制区域及其相应的重金属为：上游地区的云南省（砷、镉、铬）、四川省（镉、砷）与贵州省（镉、汞）；中游地区的江西省（砷、镉、铬、汞）与湖南省（镉、汞、铅）；下游区域的安徽省（砷、铬、铅）、江苏省（砷、镉、铬）与浙江省（砷）。根据优先控制区的重金属排放及其产业特征，将优先控制区域划分为"四川省—云南省—贵州省""湖南省—江西省—安徽省""江苏省—浙江省"三部分城市群，各个区域小组应协同控制区域内部的重金属污染，共同建立协同绿色发展管控对策。针对上述分区，本节研究建立了"1+3"的长江经济带全要素环境重金属的分级协同治理及保障机制——"1"为长江经济带整体，"3"为重点治理的城市群。而后，基于经济带域环境治理需求提出了数字化联控的"EnvironMax"框架，并从长江经济带环境重金属的协同治理框架制度、长江经济带环境重金属的数字化联控、多元社会治理主体协同支撑三个方面探讨建立多元主体分级治理及其保障机制。

第一节　经济带环境重金属的协同
治理框架制度

一、治理主体协同

多元主体协同治理是推进国家治理现代化的有效路径。党的十九大报告指出，要加强和创新社会治理，打造共建共治共享的社会治理格局。《党的二十届三中全会决定》也指出，建设"完善共建共治共享的社会治理制度"。长江全要素环境重金属污染的治理要突破政府单一主体治理模式，建立以政府为主导、多元主体协同治理机制，促进国家与地方协同、地方政府协同、政府部门协同、企业协同、社会机构（科研院所、高校等）协同，充分发挥各方力量来提升共抓"长江大保护"的整体效能。重金属污染是目前我国水、土壤和大气中的典型污染物类别之一，备受关注。基于长江经济带全要素环境中重金属污染格局的综合解析，建议实行"1+3"的治理模式，"1"主要指长江经济带，"3"指识别出的长江经济带全要素典型污染热点城市群。对于"1"，整个长江经济带要强化整体管控和负面清单管理，实施长江经济带全流域按单元精细化分区管控，进一步健全长江流域生态补偿制度，积极构建出一条人与自然和谐共生的绿色生态发展示范带。对于"3"，环境典型污染治理时要兼顾当地污染现况、经济产业、社会文化等特征，对于识别所得高污染热点城市群，即"四川省—云南省—贵州省""湖南省—江西省—安徽省""江苏省—浙江省"，应编制实施重金属污染减排及治理的中长期规划，建议到2025年，重污染行业从污染物生命周期全过程优化，重金属污染物排放量比2020年下降20%~30%；到2035年，建立健全全域重金属污染防控长效机制，重金属环境风险得到有效管控，并持续发挥长三角区域生态环境保护协作小组的引领作用，加强对其他地区的指导。

二、治理措施协同

长江经济带全要素环境重金属污染治理措施是落实协同治理的内容硬

核，其中法律法规是治理重金属污染的重要保障。现阶段，长江经济带仅依靠《长江经济带发展规划纲要》《长江经济带生态环境保护规划》等文件对其区域内的环境问题进行约束，建议以这些规划纲要为法律基础，制定更加详细的重金属治理政策，重点开展高污染热点城市群周边重金属行业企业排查整治，依法加强全过程监管，将重金属行业企业纳入重点排污单位名录，推进解决区域性、特色行业污染问题，继续加强立法工作，对经济带内的环境保护进行约束。同时在立法的过程中还要考虑到具体实施时可能遇到的问题，增加补充条例，针对突发污染事件制定应急条例。在经济带协同治理过程中做到有法可依，有法必依，落到实处。对不同地区制定不同的重金属治理政策，对长江经济带 3 种自然环境要素的优先控制重金属区域分为上游地区、中游地区和下游地区制定相关的法律法规。针对重金属高污染地区——上游地区云南省的砷（As）、镉（Cd）、铬（Cr），四川省的镉（Cd）、砷（As）和贵州省的镉（Cd）和汞（Hg）；中游地区江西省的砷（As）、铬（Cr）、镉（Cd）、汞（Hg），湖南省的镉（Cd）、汞（Hg）、铅（Pb）；下游区域的安徽省的砷（As）、镉（Cr）、铅（Pb），江苏省的砷（As）、镉（Cd）、铬（Cr），浙江省的砷（As），环境介质中重金属污染的健康风险等级如表 6-1 所示，建议实施针对性的严格环境规制，保持区域融合的高质量绿色发展，一方面防止高污染、高排放企业持续进入热点区域，破坏绿色融合发展进程，扰乱当地生态治理；另一方面防止当地企业在低环境规制下为减少环保投入而降低自身绿色生产能力，防止逐底效应的产生。此外强化科研创新，为重金属污染治理提供更加高效的方法，加强对于各个环境介质中重金属可迁移性的控制技术开发，提升多环境介质视角下的多种重金属交互影响及其毒理作用的研究深度。由于各地社会经济条件差异，环境重金属污染的治理措施应根据各地发展规划合理实施。

表 6-1　　长江经济带各省份不同环境介质重金属的致癌风险等级

地表水	As	V	IV	III	IV	IV	IV	IV	III
	Cd	III	II	III	IV	III	II	IV	IV
	Cr	III	II	III	IV	III	V	III	III
表层沉积物	As	IV	I	—	II	I	I	I	I
	Cd	V	V	V	V	V	II	III	III
	Cr	I	I	—	I	I	I	I	I

续表

表层沉积物	Hg	V	I	—	V	IV	II	I	II
	Pb	II	I	—	I	I	I	I	I
土壤	As	II	I	V	I	IV	V	I	V
	Cd	IV	IV	IV	III	V	IV	IV	III
	Hg	III	II	III	III	III	III	II	III
	Pb	III	I	IV	III	IV	IV	IV	IV
PM2.5	As	V	V	IV	III	III	—	III	III
	Cd	II	II	II	III	II	II	II	II
	Cr	V	IV	V	V	IV	V	V	IV

注：致癌风险等级Ⅰ~等级Ⅴ依次代表极低风险、低风险、低—中风险、中风险、中高风险。
资料来源：笔者根据致癌风险公式计算所得。

三、治理绩效协同

　　长江经济带全要素环境重金属污染治理绩效评估是实现重金属污染治理效能最大化、最大限度地维护和增进生态环境整体效益的关键抓手。当前重金属污染治理的相关绩效评估、考核与奖惩主要由各地方各部门分别组织开展，容易陷入追求地方或局部利益最大化，不符合也无法彰显区域、对象、要素协同治理的效果。本书建议立足于长江生态环境的系统性保护修复，优化完善配套的考核、奖励补偿与惩罚机制，加强对重金属污染治理投融资的政策激励，通过运用再贷款和再贴现、抵押补充贷款等措施，精准支持环保产业，引导商业银行加大绿色贷款的投放力度，对环保产业在贷款、税费等方面降低一定要求，提高社会资本投资的积极性。针对识别出的长江经济带全要素环境中重金属的污染格局特征及来源解析划分的三部分优先控制区域"四川省—云南省—贵州省""湖南省—江西省—安徽省""江苏省—浙江省"，基于识别出的污染源特点与产业特征，建立各优先控制区域专题指导小组协同管控污染，同时对这类区域实施更为优渥的激励政策，可设立联合基金奖优罚劣，保障污染治理的实现。

第二节　经济带环境重金属的数字化联控

完整的污染物数据是实现污染精准治理的重要前提。实现全要素环境重金属污染物信息的共享，既可以明确主体的责任机制，也可以降低在重金属治理过程中的沟通成本。尤其在经济带域的跨域治理方面，信息共享有助于更好地治理各个自然环境要素中的重金属。长江经济带信息资源共享对于提高长江经济带重金属治理水平和社会信息水平具有重要意义。

一、完善信息共享渠道

对于区域联防联控要完善信息共享的渠道，在整个区域内实现数据的互通共享，对于区域各个自然环境要素中的重金属进行专项联合治理，才能实现统一的规划、标准、环评、监测和污染防治措施。对于重大项目或应急项目需拟定磋商机制并不断完善，区域联防联控制度也需持续反馈优化。强化省级政府之间的绿色高质量发展共赢理念，省级层面的协作治理开展尤为重要。具体来看，首先需建立包含各个自然环境要素重金属治理全方位实际情况的各项信息通报与共享渠道。这一渠道包括企业信息共享、多源污染数据共享等，故一个开放的环境风险管理数字化平台的建立有重要的支撑作用。例如，本书中提出的"EnvironMax"框架可为该渠道提供技术支持，其功能模块如前文中图 5-14 所示。"EnvironMax"实现了多源污染物数据的展示和更新，不同决策主体可基于平台达成协作支持，数据作为政策制定和执行的科学依据，例如汛期面源污染区域责任界定、多地区环境联合修复、区域差异化污染物排放监督等。其次，应建立各个政府之间的协商机构或区域协作小组，给予协作小组必要的权利，以实现跨省域的环境联合治理。最后，对联合方案的实施要有统一的监管执法，避免会出现府际执法标准的差异现象，必要时可采取交叉执法与监管，实现长江经济带各省市之间重金属治理的联防联控。对于高污染热点城市群，要加大重点关注区域之间的数字信息共享，完善信息共享渠道。基于"EnvironMax"框架可针对重点城市单独搭建单元模块，动态展现这些城市群的各项最新信息，协助不同政府间交叉监管。

二、完善信息披露制度

完善经济带内环境信息的披露，对各城市群企业和金融机构的环境相关信息披露作出进一步的具体要求，并对其进行绿色考核评估。一方面，引导更多地方政府和科研机构实行环境信息披露，通过统一的互联网平台公开展示环境信息，同时将生态系统生产总值等环境指标纳入地方政府绩效评价，并提高其权重。另一方面，考虑到绿色技术创新在环境信息披露与经济发展、重金属污染关系中的双重中介渠道，三大城市群的地方政府应当注重绿色技术创新，建立环境技术性类补偿机制，协同实现在经济发展的同时减少环境污染。完善的信息披露制度应先以3个高污染热点城市群，即"四川省—云南省—贵州省""湖南省—江西省—安徽省""江苏省—浙江省"为试点，以"一河一披露""一城市一披露"的方式展开实行。在重点关注区域试行后，经济带其他区域可根据重点关注区域在试行过程中存在的问题进行完善，更好地建立长江经济带的数字信息披露与管理调度制度。

三、完善协同保障督查力度

长江经济带应采取严格有效的协同监督机制来推动重金属污染治理目标的实现。保护督查更多的是集中保护督查而不是长期保护督查。首先，政府应改变其概念。在制定应急措施的同时，必须建立长效调控协同机制，把经济带全要素环境中重金属污染的治理体系作为一项长期而紧迫的任务。其次，政府机构必须加强对社会的环境信息披露。要充分发挥环境监管的作用：一是在污染物浓度上分阶段分区域设置监管阈值，并进行动态调整；二是采取"政府—企业—民众"多方共治的思想，通过物联网系统建立便捷的、面向多方的披露，沟通和监督渠道；三是政府机构应积极采取措施，促进企业保护环境，推动尤其以沿江企业为主的绿色转型发展。应采取强制、激励和自愿相结合的措施。一方面，应该增加环境税费，并提高非法活动的成本；另一方面，要降低企业的守法成本，不断加强企业为追求长远利益而采取良性环境行为的激励。如政府可以通过初期减免部分税费等方式引导企业进入特定园区，以加强对"三废"排放的处理与管控，在后期帮助企业降低污染物处理的成本，使园区能保持高效率运作。同时也要对长江经济带各地区、各个自然环境要素重金属污染的治理成果成效进行评估考核，对地方政府及有关部门的履责情况加强监管。

第三节　多元社会治理主体协同支撑

一、全要素环境毒物治理智库支撑

污染治理智库是指将各学科的专家学者聚集起来，运用他们的智慧和才能，为典型污染治理领域的发展提供科学方案或优化建议。为了更好地发挥专家学者的作用，长江经济带应该实施重大科研专项，推进技术业务专项和重点实验室建设。开展技术支持单位和派出机构基础建设和升级改造。建设环境重金属治理智库、重金属治理技术应用示范基地。在向公众传播环境典型相关议题时，需要注意信息源的选择，尽量使用专业研究者的观点，从而保证科普的准确性，使公民能够对各种自然环境要素重金属暴露健康风险及其防治的认知度有所提高，以求传播效果能够最大限度地得以实现。基于所建智库融合国家推荐技术清单，可借助本团队设计的多介质环境健康风险智慧管控决策系统（技术框架见前文图5-3），利用典型城市在一线开展的"一市一策"驻点跟踪研究和技术帮扶，帮助重点城市开展智慧环境管控，并通过系统数据挖掘供专家论证相关环境治理工程与方法，全面提升长江经济带重金属治理决策的专业化、数字化能力，也需加强各个自然环境要素中重金属治理领域技术研发和人才等基础建设与投入。

二、公众参与支撑

重金属污染对居民的身体健康带来一定的风险或危害，因此群众会积极关切和参与重金属的治理，在一定程度上为降低自身的暴露风险贡献力量。重金属治理过程不仅需要政府的力量，公众的积极参与也极为重要，公众参与对重金属污染治理具有现实必要性。公众参与重金属治理首先需要提高公众的主动参与意识，其次要拓宽公众参与治理的途径和渠道。推进长江经济带地区的环境政务新媒体矩阵建设对于促进公众参与而言也具有举足轻重的地位。这亟须加大信息公开力度，全面建设、完善环境决策公共参与机制，使公众的环境治理知情权、参与权、监督权得到充分的保障和全面的实现。

激励机制对于公众参与治理环境污染有着重要作用。当前长江经济带公众参与治理的激励方式较少，主要通过利益激励和他人示范两种方式。对于公众参与治理重金属污染的激励形式设计应该更加多样化，切实地融入公众的生活。通过激励的方式使公众参与各种自然环境要素重金属污染的治理中去，除了物质激励以外，精神激励也可以作为激励公众参与的重要手段，给予参与重金属污染治理的公众一定的认可和荣誉，如颁发荣誉证书、授予荣誉称号，以激发公众参与重金属污染治理的积极性和主动性。在实际应用的过程中，要处理好物质激励和精神激励的关系，进一步提高公众参与治理的主动性。

三、其他主体监督平台支撑

《中华人民共和国长江保护法》规定，公民、法人和非法人组织有权举报和控告破坏长江流域自然资源、污染长江流域环境等违法行为。因此，应建立公众参与长江经济带全要素环境污染治理的多种渠道和平台，让公众对重金属污染治理的意见、建议、投诉有渠道可讲，健全举报制度，发挥公众对重金属污染治理的监督作用。此外，发挥新媒体在环境治理过程中的作用，推动污染治理绩效的规范化、标准化分级管理，健全差别化管控机制并健全公众监管途径。改革信访投诉工作机制，使环保监督渠道保持畅通，基于 "EnvironMax" 平台开设用户级的拍照留言新模式，直击第一现场。同时也要大力宣传重金属污染治理的先进典型城市，积极引导新闻媒体设立 "曝光台" 或专栏，曝光和跟踪破坏重金属治理和环境的各类违法行为。同时要支持民间组织的发展，以法律法规的形式保障民间组织在督查时的权益，鼓励积极参加污染治理，也鼓励其他相关个体的参与，更好地保障督查长江经济带全要素环境典型污染问题，降低公众的暴露风险，增强环保 NGO 和企业在重金属污染治理过程中的作用，不断增强公众监督的渠道和方式，更好地治理重金属污染。

附 录

提取的全国各省份地表水中重金属浓度的均值

附表 1

省/直辖市	采样时间	位置	重金属浓度（微克/升）								
			Cd	Cr	Hg	Pb	As	Cu	Zn	Ni
北京市	2013 年	海河流域	0.03	5.46	—	0.05	2.18	0.84	2.90	1.40
	2016 年	海河流域	0.03	0.57	—	0.12	—	2.09	0.38	3.24
天津市	2016 年	海河流域	0.03	0.57	—	0.12	—	2.09	0.38	3.24
	2010 年	辽河流域	0.50	2.00	0.02			5.00	25.00	—
	2013 年	辽河流域	0.02	3.36	—	0.03	1.23	1.03	2.70	0.75
辽宁省			0.01	1.32	—	—	—	3.67	5.46	—
	2014 年	浑河	0.06	1.73	—	—	—	5.80	11.00	—
			0.20	1.48	—	—	—	5.66	11.80	—
			0.08	0.72	—	—	—	1.76	4.02	—
	2015 年	碧流河	0.05	—	0.05	—	1.18	—	—	2.18
浙江省	2010 年	温瑞塘河	0.98	5.32	0.03	4.23	1.71	20.90	72.10	—
福建省	2017 年	九龙江	—	0.45	—	—	—	—	—	1.17
山东省	2015 年	淮河流域山东南四湖支流白马河	—	—	—	—	—	9.30	11.40	—
	2018 年	淮河流域沂河	—	5.05	—	0.10	—	1.18	1.24	1.32

续表

省/直辖市	采样时间	位置	重金属浓度（微克/升）							
			Cd	Cr	Hg	Pb	As	Cu	Zn	Ni
广东省	2012年	珠江流域	2.60	3.50	—	18.50	—	11.10	22.20	12.80
	2015年	珠江流域	0.09	6.78	—	0.07	—	3.93	—	4.10
	2013年	淮河流域	0.03	6.09	—	0.06	2.74	3.10	1.81	1.84
湖北省	2014年	整个淮河流域	—	2.75	—	2.01	5.11	7.92	325.32	3.95
	2015年	洪湖	0.15	12.43	—		0.63	3.09	10.53	—
	2016年	洪湖	0.14	1.63	—	3.42	0.99	1.10	20.45	—
四川省	2012年	长江一级支流雅砻江支流安宁河	0.02	0.10	0.10	0.69	1.21	1.92	2.32	0.60
	2016年	岷江干流	0.05	0.35	—	0.05	3.21	1.45	16.46	1.70
	2016年	锦江	0.02	0.53	—	0.39	4.84	1.74	1.98	—
重庆市	2015年	三峡重庆段	0.05	0.49	—	0.53	2.57	1.21	128.03	—
	2016年	长江三峡	0.02	0.47	—	0.04	—	—	12.98	—
	2016年	嘉陵江	1.00	—	—	11.58	—	—	—	—
云南省	2013年	长江流域	0.02	6.15	—	0.11	2.46	1.95	4.50	1.35
	2014年	珠江流域西江支流玉溪河	2.00	—	—	25.00	15.00	19.00	134.00	105.00
	2015年	珠江支流西江	0.17	2.37	—	1.03	1.72	3.08	18.34	1.73
	2015年	珠江流域	0.09	6.78	—	0.07	—	3.93	—	4.10
	2016年	滇池	—	—	—	0.28	7.13	7.01	8.18	0.99
		抚仙湖	—	—	—	0.26	5.07	0.47	1.40	0.57
		星云湖	—	—	—	0.19	11.26	0.86	3.73	3.01

续表

省/直辖市	采样时间	位置	重金属浓度（微克/升）							
			Cd	Cr	Hg	Pb	As	Cu	Zn	Ni
江西省	2013年	鄱阳湖支流赣江	0.49	1.19	—	1.92	3.16	4.18	29.61	3.42
	2013年	赣江	0.07	1.75	—	3.07		4.04	10.59	2.49
	2015年	鄱阳湖赣江流域	0.28	4.69	—	0.99	8.24	4.12	8.12	2.20
	2016年	赣江南昌段	—	—	—	—	—	—	4.00	—
	2017年	赣江上游龙迳河	0.42	—	—		1.69	0.44	31.34	—
	2017年	鄱阳湖乐安河	0.53	1.37	—	1.71	2.07	5.11	25.21	—
	2018年	赣江上游澶江	0.92		0.12		1.52	2.44	12.01	0.60
	2018年	鄱阳湖		13.85	—	6.16	3.58			—
江苏省	2014年	整个淮河流域	—	2.75	—	2.01	5.11		325.32	3.95
	2016年	太湖梅梁湾	0.74	2.84	—	5.06		0.34	—	—
	2014年	巢湖	—	1.63	—	2.08		4.53	20.67	1.92
	2014年	整个淮河流域	—	2.75	—	2.01	5.11	—	325.32	3.95
安徽省	2016年	巢湖*	0.12	0.51	0.74	0.41	0.20	1.72	29.74	—
	2016年	巢湖*	0.58	0.50	—	3.51	8.21	2.56	23.05	26.47
	2017年	巢湖	0.09		0.17	1.48	3.74	1.49	—	—
	2017年	焦岗湖	0.01	1.07	—	0.16	3.63	3.11	—	5.08
	2017年	长江北岸荣子湖	0.12	66.70	0.04	2.42	3.21	2.54	34.33	—
河南省	2013年	黄河流域	0.03	6.54	—	0.21	2.40	2.68	0.77	1.97
	2014年	整个淮河流域	—	2.75	—	2.01	5.11	—	325.32	3.95

续表

省/直辖市	采样时间	位置	重金属浓度（微克/升）							
			Cd	Cr	Hg	Pb	As	Cu	Zn	Ni
贵州省	2014～2015 年	珠江流域	0.09	6.78	—	0.07		3.93		4.10
	2016 年	夜郎湖	0.05	0.50	—	0.30	0.32	0.24	0.58	2.28
	2016 年	乌江	0.75	—	—	14.50	—	—	—	—
	2016 年	珠江流域西江的一级支流	1.28	2.88	0.02	2.45	1.28	16.83	6.00	—
	2018 年	长江下游乌江	—	—	—	—	—	—	—	—
湖南省	2005 年	长江中游支流湘江	0.22	2.37	0.02	1.35	5.82	4.35	13.40	—
	2015 年	湘江衡阳段	1.67	—	—	3.62	13.58	—	10.65	—
	2016 年	长江中游湘江	0.24	—	0.02	2.12	5.80	4.23	10.65	0.80
	2016 年	浏阳河	0.07	0.73	—	1.20	2.41	2.90	101.27	—
	2016 年	湘江*	0.24	—	0.02	2.12	5.80	4.23	10.65	—
	2016 年	湘江*	2.08	2.92	0.03	1.81	15.16	7.84	49.67	0.95
	2016 年	洞庭湖*	0.05	1.46	—	0.18		0.92	3.31	1.51
	2016 年	洞庭湖*	0.05	0.62	—	1.49	3.62	2.50	20.91	—
	2017 年	洞庭湖	—	—	—	—	1.47	18.67	—	—
广西壮族自治区	2014 年	柳江	0.06	—	—	0.60	2.20	0.83	7.03	0.49
	2015 年	珠江流域	0.09	6.78	—	0.07	—	3.93	—	4.10
青海省	2013 年	渭河支流泾河一级支流黑河	0.11	3.27	—	0.91	4.39	1.92	22.26	5.00
	2015 年	澜沧江	—	—	—	—	—	—	4.30	—

续表

省/直辖市	采样时间	位置	Cd	Cr	Hg	Pb	As	Cu	Zn	Ni
青海省	2015年	长江	—	—	1.70	—	—	—	—	—
		黄河	—	1.80	—	0.10	—	1.00	4.40	—
		布哈河	—	2.00	—	—	—	1.40	3.70	—
		黑河	—	1.20	—	—	—	0.90	1.70	—
		疏勒河	—	2.00	—	0.10	—	0.80	1.50	—
	2016年	青海湖	0.01	—	—	—	—	—	—	—
		布哈河	0.01	—	—	—	—	—	—	—
	2016年	青格达湖	0.01	0.10	—	0.04	2.42	0.37	—	0.81
新疆维吾尔自治区	2016年	博斯腾湖	7.00	12.00	—	—	—	27.00	65.00	22.00
	2016年	艾比湖	—	—	—	0.01	—	0.00	0.00	0.02
	2017年	博尔塔拉河	0.09	4.00	—	4.54	10.89	7.42	50.16	—
西藏自治区	2015年	怒江	—	—	—	—	—	—	5.20	—
	2016年	扎加藏布河	—	2.40	—	—	—	0.80	0.40	—
		雅鲁藏布江支流拉萨河	—	2.89	0.05	0.01	20.93	0.23	0.82	—
	2017年	雅鲁藏布江支流尼洋河	4.60	—	—	—	—	35.00	41.80	—

重金属浓度（微克/升）

注：全国各省份地表水中重金属案例数分别为：北京市（2），天津市（1），辽宁省（4），浙江省（1），福建省（1），山东省（2），广东省（2），湖北省（4），四川省（3），重庆市（3），云南省（2），江西省（8），江苏省（2），安徽省（2），河南省（7），贵州省（2），广西壮族自治区（2），青海省（9），新疆维吾尔自治区（4），西藏自治区（4）。*表示数据来源于相同年份发表的不同文献。

资料来源：笔者根据式（5-2）、式（5-3）计算所得。

附表2 提取的全国各省份水体表层沉积物中重金属浓度的均值

采样时间	省份	位置	重金属浓度（毫克/千克）							
			Cd	Cr	Hg	Pb	As	Cu	Zn	Ni
2016年	北京市	海河支流北运河	0.41	47.31	—	34.11	6.45	55.31	212.05	23.44
2018年		海河流域	0.26	77.50	—	40.10		46.00	144.20	29.60
2018年		永定河水系沩水河	0.14	50.45	—	22.42	6.81	17.95	66.76	21.78
2014年	河北省	海河流域	0.20	112.09	—	37.82	7.56	51.01	167.27	41.38
2016年		海河流域大清河水系白洋淀	1.22	54.52		66.96		32.27	137.84	27.58
2018年		海河流域大清河水系白洋淀	0.35	56.37		19.17	9.53	32.33	84.24	30.18
2016年	天津市	海河流域	0.26	77.50	—	40.10		46.00	144.20	29.60
2018年	上海市	黄浦江	2.20	96.30		68.60	11.30	40.20	139.70	34.40
2015年		太湖流域	0.61	68.85	0.15	29.70	16.99	35.53	109.32	36.19
2015年	辽宁省	碧流河								
2017年		辽河流域太子河	47.20	127.00		1206.40	673.80	86.30	2293.20	
2010年		太湖			0.10					
2012年					0.20					
2015年	浙江省	钱塘江、瓯江*	1.60	90.64	—	146.86	11.83	54.80	246.10	35.33
2015年		钱塘江、瓯江*	0.90	130.10	—	61.50	9.50	56.20	181.80	35.20
2015年		钱塘江杭州段	0.96		0.14	48.60	11.50	63.20	197.10	
2018年		太湖流域	0.61	68.85	0.15	29.70	16.99	35.53	109.32	36.19
2015年	福建省	闽江、九龙江*	1.60	90.64	—	146.86	11.83	54.80	246.10	35.33
2015年		闽江、九龙江*	2.60	72.20	—	207.60	15.90	51.10	341.50	28.50
		晋江	0.12	7.80		25.42	37.37	14.59	66.42	4.61
2017年		闽江	0.06	18.12	—	11.18	112.85	2.91	17.18	1.74

续表

采样时间	省份	位置	重金属浓度（毫克/千克）							
			Cd	Cr	Hg	Pb	As	Cu	Zn	Ni
2012年	山东省	南四湖	—	—	0.05	—	—	—	—	—
2013年		黄河	—	—	0.05	—	9.53	—	—	—
2017年		南四湖	0.13	88.21	—	14.43	—	28.06	84.94	43.86
2018年		淮河流域沂河	—	15.79	—	9.92	—	13.43	24.27	12.08
			—	12.51	—	8.65	—	8.72	19.79	7.60
			—	14.10	—	8.50	—	10.06	20.97	13.75
			—	14.08	—	17.93	—	16.77	21.89	6.53
2008年	广东省	珠江流域北江	0.88	66.17	0.14	55.28	21.11	61.37	197.11	—
		珠江流域东江	0.26	31.20	0.05	39.19	13.22	29.30	75.75	—
		珠江流域西江	1.13	55.87	0.10	37.53	19.02	32.11	120.49	—
		珠江平均	18.23	55.19	0.10	44.61	18.23	42.89	135.87	—
2015年		珠江水系东江支流石马河	0.60	50.90	—	—	—	55.90	412.00	51.60
2017年		北江	0.43	29.00	—	28.56	54.99	7.58	54.18	12.15
		东江	0.14	21.98	—	83.83	74.95	20.20	63.46	14.74
		韩江	0.07	10.65	—	42.13	48.10	12.82	50.65	8.19
		珠江	0.42	9.18	—	21.07	19.48	34.79	85.63	25.29
		西江	2.42	31.86	—	83.01	72.56	24.22	178.90	37.95
2015年	湖北省	长江支流三峡	0.92	101.43	—	55.38	—	61.00	151.63	43.00
2015年		洪湖	0.52	93.80	—	30.80	—	44.20	101.90	—
2016年		洪湖	0.43	76.36	—	25.29	—	36.41	113.79	—
2018年		长江最大支流汉江	0.31	29.25	—	7.47	6.39	28.64	62.12	38.51

续表

采样时间	省份	位置	重金属浓度（毫克/千克）							
			Cd	Cr	Hg	Pb	As	Cu	Zn	Ni
2016年	四川省	岷江干流	39.94	26.62	—	41.52	0.95	16.44	35.04	—
2016年		锦江	0.51	58.66	—	23.81	6.20	26.04	104.00	24.47
2017年		长江上游支流沱江	—	118.60	0.11	—	—	—	—	—
2015年	重庆市	长江支流三峡	0.92	101.43	—	55.38	—	61.00	151.63	43.00
2016年		长江三峡水库	1.14	96.50	—	56.70	—	58.90	165.90	—
2014年	云南省	珠江流域西江支流玉溪河	8.95	—	—	107.00	75.20	84.40	738.00	28.40
2015年		珠江支流西江	5.09	88.43	—	87.82	83.30	70.43	466.00	45.24
2017年		滇池	56.10	105.00	1.68	292.00	165.00	595.00	1509.00	—
2015年	江西省	赣江、信江、修河、抚河、饶河	2.70	60.20	—	62.50	16.80	95.40	208.40	28.40
2015年		长江中下游鄱阳湖	0.45	—	—	67.27	—	58.07	150.16	—
2017年		鄱阳湖	0.70	135.90	—	50.40	—	62.00	132.90	—
2018年		赣江	2.85	4.40	1.34	63.68	47.66	89.72	293.81	—
2010年	江苏省	太湖	—	—	0.10	—	—	—	—	—
2012年		太湖	—	—	0.20	—	—	—	—	—
2016年		太湖梅梁湾	0.50	13.99	0.15	8.53	—	7.19	—	—
2018年		太湖流域	0.61	68.85	—	29.70	16.99	35.53	109.32	36.19
2011年	安徽省	淮河最大支流沙颍河	5.32	58.19	—	35.64	0.44	37.14	—	—
2014年		巢湖	0.17	98.87	0.06	36.91	13.75	78.59	161.84	38.92
2014年		长江流域安庆段	0.20	69.28	0.03	57.60	—	43.94	93.14	—
2016年		淮河	0.20	84.60	—	32.30	9.00	23.10	76.80	—
2016年		巢湖*	0.44	72.50	0.11	47.10	10.40	26.00	137.80	—

续表

采样时间	省份	位置	重金属浓度（毫克/千克）							
			Cd	Cr	Hg	Pb	As	Cu	Zn	Ni
2016年	安徽省	巢湖*	—	41.79	—	7.09	—	19.31	102.85	7.61
2017年		长江北岸菜子湖	0.53	92.68	0.05	33.13	40.98	22.86	105.47	—
2012年	贵州省	珠江水系西江支流柳江支流龙江	50.40	—	—	—	—	—	—	—
2012年		洞庭湖	3.73				19.90			
2014年	湖南省	洞庭湖四水—湘江	18.70	107.00	—	175.00	—	69.60	522.00	52.60
		洞庭湖四水—资江	1.23	86.40	—	56.30	—	42.40	1401.00	43.70
		洞庭湖四水—沅江	2.15	75.20	—	37.80	—	31.50	124.00	36.60
		洞庭湖四水—澧水	0.96	86.60	—	39.00	—	47.50	113.00	45.10
2015年		湘江	7.50	133.00	0.24	98.00	52.20	36.00	187.00	32.00
2015年		洞庭湖四大支流（湘江、资江、沅江、澧水）	6.40	69.70	—	68.90	34.60	42.80	206.00	35.30
2015年		湘江衡阳段	21.66	54.59	1.19	359.40	135.20	112.10	659.70	
2016年		澧水	—	61.20	—	40.19	—	22.84	91.66	25.31
2016年		长江流域洞庭湖支流沅江	2.97	78.15	—	43.67	—	33.08	134.80	41.09
2016年		洞庭湖*	2.87	88.97	0.18	57.96	29.22	45.46	322.60	41.65
2016年		洞庭湖*	0.82	70.24	—	34.11	4.50	30.21	121.60	34.11
2016年		洞庭湖水系柳叶湖	0.74	62.30	—	31.50	16.90	32.80	223.00	40.60
2016年		浏阳河	1.24	38.67	—	37.82	14.55	50.20	138.48	17.48

续表

采样时间	省份	位置	重金属浓度（毫克/千克）							
			Cd	Cr	Hg	Pb	As	Cu	Zn	Ni
2017年	湖南省	洞庭湖四大支流（湘江、资江、沅江、澧水）	5.85	66.00	—	71.00	38.00	42.00	197.00	—
2017年	湖南省	湘江	10.50	100.52	0.45	92.70	105.02	62.56	517.20	—
2017年		湘江一级流紫水河	3.00	67.51	—	35.68	31.53	34.19	141.90	34.66
2017年		洞庭湖*	3.02	83.88	0.25	45.17	10.97	44.83		—
2017年		洞庭湖*	2.20	131.50	—	59.20		49.70	152.90	—
2015年		长江最大支流汉江	0.45	65.00	2.52	42.70	22.80	27.10	96.00	32.40
2016年	陕西省	黄河最大支流渭河	—	59.17	0.03	45.96	5.44	—	79.08	—
2018年		长江最大支流汉江	0.31	29.25	—	7.47	6.39	28.64	62.12	38.51
2016年	吉林省	松花江支流饮马河	0.29	46.60	0.21	32.38	6.19	23.80		25.06
2017年	广西壮族自治区	西江	0.55	23.83	—	46.29	43.24	13.97	108.57	21.56
2017年		珠江支流西江	2.28	50.26	—	47.43	36.79	23.59	237.51	28.75
2013年	青海省	渭河支流泾河一级支流黑河	27.39	88.39	—	470.22	42.57	103.28	2460.93	110.45
2016年	甘肃省	黄河最大支流渭河	—	59.17	0.03	45.96	5.44	—	79.08	—
2018年	内蒙古自治区	达里湖	0.19	46.90	—	18.77	13.87	21.66	56.67	25.55

注：全国各省份表层沉积物中重金属案例数分别为：北京市（3）、天津市（1）、上海市（2）、辽宁省（2）、浙江省（5）、山东省（4）、广东省（10）、湖北省（3）、四川省（4）、云南省（2）、江西省（4）、安徽省（7）、贵州省（1）、福建省（1）、湖南省（19）、陕西省（3）、吉林省（1）、广西壮族自治区（1）、青海省（1）、甘肃省（1）、内蒙古自治区（1）。*表示数据来源于相同年份发表的不同文献。

资料来源：笔者根据式（5-2）、式（5-3）计算所得。

附表 3　　提取的全国主要城市大气 PM2.5 中重金属浓度的均值

主要城市	重金属浓度（ng·m⁻³）							
	Cd	Cr	Hg	Pb	As	Cu	Zn	Ni
北京市	2.16	19.83	1.6	82.33	11.16	37.83	282.51	9.63
石家庄市	—	40	—	70	10	20	200	10
天津市	5.43	18.36	0.17	299.02	5.74	150.05	587.1	19.33
上海市	5.69	36.36	1.32	46.64	4.17	22.74	149.89	8.8
沈阳市	1.05	10.15	1.39	49.35	7.38	—	—	2.49
哈尔滨市	3.83	19.89	0.45	132.69	18.77	159.4	906.46	7.09
杭州市	2.07	5.4	0.06	92.89	8.08	43.42	616.87	3.72
厦门市	1.7	2.88	—	50.54	11.98	26.19	194.23	2.84
济南市	3.7	33.51	0.51	176.87	20.2	36.83	485.33	17.93
广州市	2.2	9.76	0.12	68.2	13.37	42.68	348.3	5.32
武汉市	6.05	11.34	1.2	190.87	30.56	35.01	430.23	3.87
成都市	2.78	6.79	—	76.85	29.46	22.44	268.57	5.41
重庆市	—	12.44	—	50.9	7.1	11.77	119.3	4.01
昆明市	6	30	—	281	105	78	327	20
兰州市	5.33	23.41	—	366.98	9.94	100.12	181.37	36.22
太原市	6.72	105.33	—	338.4	3.51	108.61	440.8	45.4
长春市	3.3	—	—	70.7	—	18.5	357.4	
南京市	1.34	10.33	—	51.81	8.09	11.44	179.24	9.68
合肥市	2.95	29.5	—	98	—	38.5	512.2	12
南昌市	20.06	31.67	0.2	433.11	8	311	1051.9	53.88
郑州市	10.13	18.12	—	184.03	20.49	25.2	276.59	5.48
长沙市	0.7	6	—	21.1	4.5	8.6	49.3	2.8
海口市	1.06	32.5	—	6.64	10	22.66	112.09	—
贵阳市	1.27	10.42	—	71.53	15.03	298.2	308.84	10.11
西安市	3.9	84.91	1.9	203.26	109.91	38.92	1152.8	16.87
乌鲁木齐市	1.28	2.05	—		8.99	3.12	—	2.23
赤峰市	2.4	2.4	—	51	4.6	16.5	83.7	1.2

注：全国主要城市大气 PM2.5 中重金属案例数分别为：北京市（13）、石家庄市（1）、天津市（8）、上海市（8）、沈阳市（1）、哈尔滨市（2）、杭州市（4）、厦门市（4）、济南市（4）、广州市（4）、武汉市（3）、成都市（4）、重庆市（1）、昆明市（1）、兰州市（3）、太原市（6）、长春市（1）、南京市（9）、合肥市（1）、南昌市（3）、郑州市（3）、长沙市（1）、海口市（2）、贵阳市（3）、西安市（5）、乌鲁木齐市（1）、赤峰市（1）。

资料来源：笔者根据式（5-2）、式（5-3）计算所得。

附表4

全国各省省份地表水中重金属的整合模糊矩阵

省份	重金属含量（微克/升）															
	Cd		Cr		Hg		Pb		As		Cu		Zn		Ni	
北京市	0.03	0.03	1.02	1.10	—	—	0.10	0.13	2.15	2.21	1.84	2.18	0.59	0.69	2.86	3.33
天津市	0.03	0.03	0.54	0.61	—	—	0.11	0.14	1.14	1.21	1.95	2.33	0.34	0.44	3.02	3.54
辽宁省	0.06	0.06	1.70	1.73	0.05	0.05	0.03	0.03	1.70	1.72	3.65	3.69	7.73	7.92	2.04	2.16
浙江省	0.97	0.99	5.19	5.47	0.03	0.03	4.20	4.26	—	—	20.42	21.38	70.90	73.30	—	—
福建省	—	—	0.41	0.67	—	—	—	—	—	—	—	—	—	—	1.06	1.56
山东省	—	—	5.00	5.11	—	—	0.10	0.10	—	—	1.93	2.05	2.19	2.32	1.30	1.34
广东省	0.32	0.42	6.09	6.84	—	—	1.76	2.19	—	—	4.23	7.48	19.98	25.80	4.53	6.38
湖北省	0.13	0.15	3.39	4.03	—	—	3.16	3.51	1.08	1.18	3.78	4.38	30.29	34.52	3.54	3.55
四川省	0.03	0.04	0.39	0.42	0.10	0.10	0.25	0.28	3.67	3.81	1.56	1.72	8.21	8.90	1.48	1.70
重庆市	0.46	0.47	0.46	0.49	—	—	5.20	5.37	2.51	2.62	1.22	1.30	23.02	27.76	—	—
云南省	0.41	0.52	5.06	5.70	—	—	1.22	1.51	6.79	7.22	3.46	4.16	11.56	14.33	5.77	7.10
江西省	0.78	0.83	10.70	11.04	0.12	0.12	4.98	5.15	2.98	3.29	3.13	3.38	14.39	15.35	0.63	0.68
江苏省	0.72	0.76	2.76	2.90	—	—	4.60	4.91	5.11	5.11	0.33	0.35	325.32	325.32	3.95	3.95
安徽省	0.11	0.12	28.13	28.31	0.19	0.21	1.39	1.54	3.58	3.77	2.31	2.57	41.12	41.66	8.03	8.44
河南省	0.03	0.03	3.12	3.14	—	—	1.83	1.83	4.83	4.84	2.64	2.72	292.86	292.87	3.75	3.76
贵州省	0.59	0.62	2.28	2.55	0.02	0.02	4.79	4.99	0.79	0.81	7.58	8.46	5.97	7.29	2.47	2.78
湖南省	0.49	0.57	1.42	1.60	0.06	0.07	1.46	1.89	2.85	3.19	14.79	15.33	25.14	28.56	1.73	1.88
广西壮族自治区	0.08	0.13	6.42	7.14	1.67	1.73	0.12	0.14	2.08	2.34	3.29	6.11	6.33	9.04	3.41	4.88
青海省	0.01	0.01	1.95	2.01	—	—	0.22	0.23	4.32	4.46	1.14	1.18	5.93	6.11	4.93	5.08
新疆维吾尔自治区	0.40	0.47	3.89	4.75	—	—	3.70	5.08	9.17	11.04	6.90	9.11	46.43	51.88	6.86	9.23
西藏自治区	4.46	4.74	2.74	3.01	0.04	0.06	0.01	0.02	18.87	28.96	28.10	29.86	33.68	35.84	—	—

资料来源：笔者根据时间加权计算所得。

附表5

全国各省份土壤中重金属的整合模糊矩阵

重金属含量（毫克/千克）

省份	As		Cd		Cr		Cu		Hg		Ni		Pb		Zn	
安徽省	9.18	17.38	0.15	0.39	65.57	79.96	29.96	42.04	0.064	0.079	36.60	48.21	30.78	44.99	84.70	115.45
北京市	8.07	9.46	0.16	0.19	60.83	62.62	26.33	28.06	0.095	0.124	24.04	25.43	24.19	27.98	77.82	83.49
重庆市	8.18	8.84	0.32	0.41	84.10	99.74	29.42	36.43	0.096	0.115	34.43	38.24	29.92	32.94	82.97	91.29
福建省	4.96	6.32	0.12	0.16	32.01	42.05	20.42	24.86	0.138	0.160	12.39	16.69	52.53	60.24	87.90	110.06
甘肃省	10.09	12.97	0.26	0.46	60.47	67.73	29.58	32.99	0.031	0.052	33.03	36.73	20.24	29.07	80.88	94.25
广东省	13.61	18.16	0.24	0.45	51.54	63.81	28.94	38.78	0.161	0.203	21.42	26.88	39.46	55.80	91.50	125.46
广西壮族自治区	17.62	30.44	0.30	0.86	55.80	70.54	28.24	35.11	0.131	0.165	25.30	29.02	45.08	75.53	92.56	159.53
贵州省	17.58	23.73	0.36	0.48	66.77	80.88	42.52	57.36	0.248	0.311	49.17	53.47	39.68	55.31	133.19	161.91
海南省	2.64	3.69	0.07	0.10	32.87	57.02	14.44	17.58	0.057	0.071	8.67	18.13	22.95	28.72	48.65	55.59
河北省	8.25	9.17	0.15	0.18	56.21	63.51	24.22	28.07	0.047	0.059	24.67	27.54	24.24	28.14	73.71	84.64
黑龙江省	8.26	9.09	0.15	0.20	51.15	57.64	24.89	28.76	0.042	0.055	23.41	25.06	22.58	26.99	59.12	66.77
河南省	8.31	9.36	0.49	1.37	49.27	56.07	27.57	31.03	0.104	0.375	31.13	36.59	35.97	47.17	98.11	124.65
湖北省	11.41	13.68	0.36	0.64	54.22	78.82	34.65	41.21	0.074	0.091	31.23	35.62	22.37	34.35	86.05	95.98
湖南省	19.91	25.40	0.51	0.98	75.26	84.32	31.03	33.86	0.189	0.323	25.69	28.09	46.36	63.11	124.92	152.93
内蒙古自治区	4.33	13.00	0.08	0.14	42.78	51.44	18.50	23.09	0.068	0.136	15.62	20.71	17.09	23.88	53.03	64.97
江苏省	6.95	10.14	0.16	0.22	63.91	71.84	25.89	30.57	0.060	0.081	26.92	32.36	29.53	35.31	82.97	97.53
江西省	7.91	10.64	0.17	0.24	48.73	61.30	22.43	26.48	0.075	0.097	19.82	22.56	33.11	39.67	55.35	105.08

续表

重金属含量（毫克/千克）

省份	As		Cd		Cr		Cu		Hg		Ni		Pb		Zn	
吉林省	9.74	11.03	0.13	0.15	49.67	54.41	19.84	21.86	0.039	0.051	21.83	23.51	21.97	25.87	63.30	74.24
辽宁省	5.55	6.64	0.22	0.32	48.12	58.57	26.33	31.92	0.066	0.090	26.50	30.53	27.31	32.21	85.28	104.86
宁夏回族自治区	9.21	10.33	0.16	0.24	59.75	67.09	25.63	32.26	0.071	0.110	28.85	29.80	19.62	22.75	57.89	66.64
青海省	12.27	14.28	0.10	0.16	55.78	66.45	21.59	22.57	0.034	0.037	26.79	27.21	20.17	22.55	66.70	78.77
陕西省	10.89	12.16	0.23	0.33	73.07	78.25	34.12	38.21	0.098	0.170	33.51	35.65	22.46	37.34	101.11	121.66
山东省	6.53	7.19	0.13	0.17	52.23	60.16	23.72	27.39	0.045	0.063	25.02	27.28	25.92	28.93	65.78	74.19
上海市	8.33	8.67	0.15	0.20	82.98	86.70	26.93	28.36	0.104	0.114	27.86	30.40	20.84	24.64	96.76	100.61
山西省	9.99	10.97	0.17	0.21	57.77	63.35	23.00	25.65	0.068	0.092	28.36	29.79	21.86	24.44	68.86	74.53
四川省	6.19	7.14	0.32	0.39	73.09	79.24	28.74	30.05	0.063	0.085	27.55	33.96	30.46	34.43	90.32	97.68
天津市	12.11	13.84	0.30	0.37	75.40	81.87	29.61	32.06	0.056	0.103	32.05	37.61	20.74	24.41	117.28	138.44
新疆维吾尔自治区	11.85	17.14	0.19	0.24	51.36	56.78	25.84	30.88	0.029	0.040	27.13	29.66	19.31	23.28	64.25	73.59
西藏自治区	22.67	23.83	0.12	0.16	75.55	95.34	24.27	27.40	0.048	0.053	31.55	36.54	30.73	32.81	71.72	75.45
云南省	13.87	16.20	0.14	0.22	74.00	88.91	42.32	52.14	0.099	0.122	44.92	50.90	45.95	57.43	94.25	136.86
浙江省	7.21	8.73	0.27	0.34	45.71	61.34	25.42	30.15	0.191	0.255	19.94	29.22	32.22	41.43	84.40	105.15

资料来源：笔者根据时间加权计算所得。

附表 6　全国各省份大气 PM2.5 中重金属的整合模糊矩阵

重金属浓度（纳克/立方米）

主要城市	Cd		Cr		Hg		Pb		As		Cu		Zn		Ni	
北京市	2.00	2.31	18.17	21.49	1.54	1.66	73.45	91.20	10.33	11.98	30.08	45.59	232.90	332.11	9.07	10.18
石家庄市	—	—	38.40	41.60	—	—	67.20	72.80	9.60	10.40	19.20	20.80	192.00	208.00	9.60	10.40
天津市	5.35	5.52	18.08	18.64	0.17	0.17	294.50	303.54	5.65	5.83	147.79	152.31	578.17	596.04	19.03	19.62
上海市	5.32	6.06	35.03	37.69	1.24	1.40	44.14	49.15	3.64	4.71	21.13	24.35	135.07	164.70	8.11	9.49
沈阳市	1.04	1.07	10.00	10.30	1.37	1.41	48.61	50.09	7.27	7.49	—	—	—	—	2.45	2.53
哈尔滨市	3.69	3.97	19.23	20.55	0.42	0.48	125.59	139.79	17.01	20.53	157.01	161.79	892.86	920.06	6.74	7.45
杭州市	1.99	2.16	5.25	5.55	0.06	0.06	90.00	95.78	7.76	8.40	42.50	44.34	602.69	631.04	3.61	3.83
厦门市	1.59	1.81	2.77	3.00	—	—	47.01	54.08	11.33	12.62	24.71	27.67	183.48	204.98	2.71	2.98
济南市	3.64	3.76	32.99	34.03	0.49	0.53	174.02	179.72	19.80	20.60	36.24	37.42	477.62	493.05	17.65	18.21
广州市	2.07	2.32	9.38	10.15	0.12	0.12	64.31	72.09	12.63	14.11	41.08	44.28	335.24	361.36	5.12	5.52
武汉市	5.96	6.14	9.63	13.05	1.12	1.29	171.93	209.82	26.79	34.33	31.22	38.80	378.35	482.11	3.41	4.34
成都市	2.69	2.87	6.65	6.93	—	—	75.14	78.56	28.54	30.39	21.91	22.97	262.73	274.42	5.26	5.56
重庆市	—	—	12.25	12.63	—	—	50.14	51.66	6.99	7.21	11.59	11.95	117.51	121.09	3.95	4.07
昆明市	5.91	6.09	29.55	30.45	—	—	276.79	285.22	103.43	106.58	76.83	79.17	322.10	331.91	19.70	20.30

续表

主要城市	重金属浓度（纳克/立方米）															
	Cd		Cr		Hg		Pb		As		Cu		Zn		Ni	
兰州市	5.12	5.54	22.47	24.35	—	—	352.30	381.66	9.68	10.21	96.63	103.62	174.58	188.15	35.01	37.43
太原市	6.59	6.85	102.12	108.55	—	—	326.02	350.79	3.37	3.65	105.07	112.16	425.94	455.67	44.10	46.69
长春市	3.25	3.35	—	—	—	—	69.64	71.76	—	—	18.22	18.78	352.04	362.76	—	—
南京市	1.32	1.35	10.16	10.50	—	—	50.96	52.66	7.95	8.22	11.24	11.64	176.34	182.13	9.52	9.83
合肥市	2.91	2.99	29.06	29.94	—	—	96.53	99.47	—	—	37.92	39.08	504.52	519.88	11.82	12.18
南昌市	19.76	20.36	31.20	32.15	0.20	0.20	426.61	439.61	7.88	8.12	306.33	315.66	1036.12	1067.68	53.07	54.69
郑州市	9.96	10.30	17.85	18.38	—	—	181.07	187.00	20.16	20.81	24.79	25.61	271.84	281.34	5.40	5.56
长沙市	0.67	0.73	5.76	6.24	—	—	20.26	21.94	4.32	4.68	8.26	8.94	47.33	51.27	2.69	2.91
海口市	1.04	1.08	31.20	33.80	—	—	6.48	6.80	9.60	10.40	22.20	23.12	110.31	113.87	—	—
贵阳市	1.25	1.28	10.05	10.78	—	—	64.99	78.06	13.58	16.47	293.73	302.67	261.67	356.00	9.96	10.26
西安市	3.74	4.06	81.51	88.30	1.82	1.98	195.13	211.40	105.51	114.31	37.36	40.48	1106.69	1198.91	16.19	17.55
乌鲁木齐市	1.23	1.33	1.97	2.13	—	—	—	—	8.63	9.35	2.99	3.24	—	—	2.14	2.32
赤峰市	2.30	2.50	2.30	2.50	—	—	48.96	53.04	4.42	4.78	15.84	17.16	80.35	87.05	1.15	1.25

资料来源：笔者根据时间加权计算所得。

附表 7　　　全国各省份地表水中重金属的模糊健康风险

省份	HI				CR			
	儿童		成人		儿童		成人	
北京市	0.71	0.74	0.30	0.31	3.13×10^{-5}	3.24×10^{-5}	5.26×10^{-5}	5.46×10^{-5}
天津市	0.05	0.05	0.02	0.02	3.95×10^{-6}	4.29×10^{-6}	7.11×10^{-6}	7.75×10^{-6}
辽宁省	0.45	0.48	0.19	0.20	2.40×10^{-5}	2.50×10^{-5}	4.14×10^{-5}	4.32×10^{-5}
浙江省	1.01	1.03	0.44	0.45	9.03×10^{-5}	9.27×10^{-5}	1.54×10^{-4}	1.59×10^{-4}
福建省	0.02	0.03	0.01	0.02	1.93×10^{-6}	3.13×10^{-6}	3.64×10^{-6}	5.91×10^{-6}
山东省	0.20	0.21	0.10	0.10	2.35×10^{-5}	2.40×10^{-5}	4.43×10^{-5}	4.53×10^{-5}
广东省	0.35	0.42	0.16	0.19	4.37×10^{-5}	5.21×10^{-5}	7.88×10^{-5}	9.35×10^{-5}
湖北省	0.59	0.66	0.25	0.28	3.49×10^{-5}	3.98×10^{-5}	6.13×10^{-5}	7.01×10^{-5}
四川省	1.18	1.23	0.49	0.51	4.62×10^{-5}	4.81×10^{-5}	7.65×10^{-5}	7.97×10^{-5}
重庆市	0.98	1.02	0.41	0.42	5.31×10^{-5}	5.51×10^{-5}	8.79×10^{-5}	9.13×10^{-5}
云南省	2.37	2.55	0.99	1.07	1.23×10^{-4}	1.36×10^{-4}	2.08×10^{-4}	2.30×10^{-4}
江西省	1.58	1.70	0.69	0.74	1.22×10^{-4}	1.30×10^{-4}	2.13×10^{-4}	2.26×10^{-4}
江苏省	1.98	1.99	0.83	0.84	1.07×10^{-4}	1.09×10^{-4}	1.79×10^{-4}	1.83×10^{-4}
安徽省	2.32	2.40	1.03	1.07	1.79×10^{-4}	1.83×10^{-4}	3.27×10^{-4}	3.33×10^{-4}
河南省	1.75	1.75	0.73	0.73	7.24×10^{-5}	7.27×10^{-5}	1.23×10^{-4}	1.23×10^{-4}
贵州省	0.55	0.58	0.24	0.25	4.77×10^{-5}	5.10×10^{-5}	8.11×10^{-5}	8.69×10^{-5}
湖南省	1.08	1.22	0.45	0.51	6.34×10^{-5}	7.15×10^{-5}	1.06×10^{-4}	1.20×10^{-4}
广西壮族自治区	0.91	1.04	0.39	0.45	5.83×10^{-5}	6.70×10^{-5}	1.03×10^{-4}	1.18×10^{-4}
青海省	1.94	2.00	0.81	0.84	6.02×10^{-5}	6.21×10^{-5}	1.01×10^{-4}	1.05×10^{-4}
新疆维吾尔自治区	3.13	3.80	1.31	1.58	1.44×10^{-4}	1.73×10^{-4}	2.42×10^{-4}	2.91×10^{-4}
西藏自治区	6.43	9.54	2.69	3.98	4.45×10^{-4}	5.77×10^{-4}	7.35×10^{-4}	9.52×10^{-4}

资料来源：笔者根据模糊健康风险计算所得。

附表 8 全国主要城市 PM2.5 中重金属的模糊健康风险

主要城市	HI				CR	
	儿童		成人			
北京市	1.90	2.20	1.02	1.19	2.23×10^{-4}	2.62×10^{-4}
石家庄市	1.82	1.97	0.98	1.06	4.19×10^{-4}	4.54×10^{-4}
天津市	2.20	2.27	1.19	1.22	2.12×10^{-4}	2.19×10^{-4}
上海市	1.95	2.25	1.05	1.21	3.71×10^{-4}	4.03×10^{-4}
沈阳市	1.16	1.20	0.63	0.65	1.28×10^{-4}	1.32×10^{-4}
哈尔滨市	2.87	3.33	1.55	1.79	2.59×10^{-4}	2.86×10^{-4}
杭州市	1.32	1.43	0.72	0.77	8.38×10^{-5}	8.94×10^{-5}
厦门市	1.56	1.74	0.84	0.94	7.11×10^{-5}	7.84×10^{-5}
济南市	3.58	3.71	1.93	2.00	4.08×10^{-4}	4.22×10^{-4}
广州市	1.93	2.15	1.04	1.16	1.43×10^{-4}	1.56×10^{-4}
武汉市	4.06	4.98	2.20	2.69	2.01×10^{-4}	2.63×10^{-4}
成都市	3.67	3.90	1.98	2.11	1.73×10^{-4}	1.83×10^{-4}
重庆市	1.02	1.06	0.55	0.57	1.48×10^{-4}	1.52×10^{-4}
昆明市	12.78	13.17	6.91	7.11	6.77×10^{-4}	6.98×10^{-4}
兰州市	2.96	3.17	1.60	1.71	2.73×10^{-4}	2.95×10^{-4}
太原市	3.94	4.17	2.13	2.25	1.05×10^{-3}	1.11×10^{-3}
长春市	0.55	0.56	0.30	0.30	4.86×10^{-6}	5.00×10^{-6}
南京市	1.40	1.44	0.76	0.78	1.34×10^{-4}	1.38×10^{-4}
合肥市	1.17	1.21	0.63	0.65	2.96×10^{-4}	3.05×10^{-4}
南昌市	5.59	5.76	3.02	3.11	3.79×10^{-4}	3.91×10^{-4}
郑州市	4.16	4.30	2.25	2.32	2.66×10^{-4}	2.74×10^{-4}
长沙市	0.71	0.77	0.38	0.42	7.44×10^{-5}	8.06×10^{-5}
海口市	1.68	1.81	0.90	0.98	3.47×10^{-4}	3.75×10^{-4}
贵阳市	2.01	2.34	1.08	1.26	1.53×10^{-4}	1.70×10^{-4}
西安市	13.39	14.51	7.24	7.84	1.20×10^{-3}	1.30×10^{-3}
乌鲁木齐市	1.17	1.27	0.63	0.69	5.28×10^{-5}	5.72×10^{-5}
赤峰市	0.91	0.99	0.49	0.53	4.24×10^{-5}	4.60×10^{-5}

资料来源：笔者根据模糊健康风险计算所得。

参 考 文 献

［1］别涛.环境污染责任保险法规汇编（第1版）［M］.北京:法律出版社,2014.

［2］曹希寿.区域环境风险评价与管理初探［J］.中国环境科学,1994,14（6）:465-470.

［3］曹云者,韩梅,夏凤英,等.采用健康风险评价模型研究场地土壤有机污染物环境标准取值的区域差异及其影响因素［J］.农业环境科学学报,2010,29（2）:270-275.

［4］陈惠芳,李艳,吴豪翔,等.富阳市不同类型农田土壤重金属变异特征及风险评价［J］.生态与农村环境学报,2013,29（2）:164-169.

［5］陈伟伟,杨悦.我国环境治理体系构建的逻辑思路［J］.环境保护,2020,48（9）:18-24.

［6］段小丽,黄楠,王贝贝,等.国内外环境健康风险评价中的暴露参数比较［J］.环境与健康杂志,2012,29（2）:99-104.

［7］范晓婷,蒋艳雪,崔斌,等.富集因子法中参比元素的选取方法——以元江底泥中重金属污染评价为例［J］.环境科学学报,2016,36（10）:3795-3803.

［8］高东.水体的重金属污染与防治［J］.化工管理,2019（4）:37-38.

［9］郭亚军,姚远,易平涛.一种动态综合评价方法及应用［J］.系统工程理论与实践,2007（10）:154-158.

[10] 哈吉德玛. 基于位置服务（LBS）的应用研究 [J]. 现代信息科技, 2019, 3 (4): 61 –62.

[11] 贺桂珍, 吕永龙. 基于国际经验的环境和健康风险管理框架的构建 [J]. 生态毒理学报, 2010, 5 (5): 736 –745.

[12] 胡中华. 论环境监测中空气污染监测点的布设 [J]. 低碳世界, 2017 (2): 27 –28.

[13] 环境保护部. 污染场地风险评估技术导则 (HJ 25.3 –2014) [S]. http: //datacenter. mee. gov. cn/websjzx/report! list. actionxmlname = 1520238134405, 2014: 53 –55.

[14] 黄瑾辉, 李飞, 曾光明, 等. 污染场地健康风险评价中多介质模型的优选研究 [J]. 中国环境科学, 2012, 32 (3): 556 –563.

[15] 姜苹红, 马超, 向仁军, 等. 株洲典型功能区土壤重金属污染及其生态风险 [J]. 环境科学与技术, 2012, 35 (S1): 379 –384.

[16] 黎承波, 黄奎贤, 韦仁棒, 等. 广西河池拉么溪沿岸农田土壤重金属污染特征研究 [J]. 广西大学学报（自然科学版）, 2018, 43 (5): 2088 –2094.

[17] 李飞, 黄瑾辉, 曾光明, 等. 基于三角模糊数和重金属化学形态的土壤重金属污染综合评价模型 [J]. 环境科学学报, 2012, 32 (2): 432 –439.

[18] 李飞. 城镇土壤重金属污染的层次健康风险评价与量化管理体系 [D]. 长沙: 湖南大学, 2015.

[19] 李海涛, 贾增辉. 基于地理信息系统的空间插值算法研究 [J]. 计算机光盘软件与应用, 2013, 16 (2): 49.

[20] 李季东, 温冬花. 水环境中重金属的污染及其检测技术研究 [J]. 中国金属通报, 2020 (5): 214 –215.

[21] 李继宁, 侯红, 魏源, 等. 株洲市农田土壤重金属生物可给性及其人体健康风险评估 [J]. 环境科学研究, 2013, 26 (10): 1139 –1146.

[22] 李进军, 单红仙, 潘玉英, 等. 基于层次分析与集对理论的城市污染场地风险等级划分 [J]. 环境工程, 2013, 31 (1): 89 –94.

[23] 李如忠. 基于不确定信息的城市水源水环境健康风险评价 [J]. 水利学报, 2007, 38 (8): 895 –900.

［24］李如忠．盲信息下城市水源水环境健康风险评价［J］．武汉理工大学学报，2007，29（12）：75－79，87．

［25］李兴平．白银市蔬菜基地土壤和蔬菜中重金属含量及其安全评价［J］．湖北农业科学，2012，51（13）：2827－2830．

［26］廖蕾，刘还林，苏美霞，等．内蒙古自治区包头市土壤地球化学特征与环境评价［J］．地质与勘探，2012，48（4）：799－806．

［27］林玉锁．国外环境风险评价的现状与趋势［J］．环境科学动态，1993（1）：8－10．

［28］刘瀚斌．长江经济带环境治理要有系统性思维［J］．中国环境学报，2018，7（3）：1．

［29］刘柳，张岚，李琳，等．健康风险评估研究进展［J］．首都公共卫生，2013，7（6）：264－268．

［30］刘素青．古汉山煤矿区土壤重金属污染状况浅析［J］．煤，2011（9）：68－69．

［31］刘文政，李存雄，秦樊鑫，等．高砷煤矿区土壤重金属污染及潜在的生态风险［J］．贵州农业科学，2015，43（7）：181－185．

［32］骆永明，滕应，李志博，等．长江三角洲地区土壤环境质量与修复研究［J］．土壤学报，2006（43）：563－570．

［33］骆永明．中国污染场地修复的研究进展、问题与展望［J］．环境监测管理与技术，2011，23（3）：1－6．

［34］彭友娣，邱国良，蒋慧丽，等．衡阳松江工业园土壤重金属的污染研究［J］．安全与环境工程，2013，20（1）：45－48，59．

［35］钱家忠，李如忠，汪家权，等．城市供水水源地水质健康风险评价［J］．水利学报，2004，35（8）：90－93．

［36］生态环境部．地表水环境质量标准（GB3838－2002）［S］．https：//www.mee.gov.cn/ywgz/fgbz/bz/bzwb/shjbh/shjzlbz/200206/t20020601_66497.shtml，2002．

［37］苏杨，段小丽．建立环境与健康风险管理制度［J］．中国发展观察，2010（11）：26－28．

［38］孙佑海，朱炳成．美国环境健康风险评估法律制度研究［J］．吉

首大学学报（社会科学版），2018，39（1）：15-25，145.

[39] 王进军，刘占旗，古晓娜，等．环境致癌物的健康风险评价方法 [J]．国外医学（卫生学分册），2009，36（1）：50-58.

[40] 王莉霞，柴小琴，金豆豆，等．天水市蔬菜大棚土壤重金属污染特征及生态风险评价 [J]．水土保持通报，2021，41（3）：110-117.

[41] 王帅，胡恭任，于瑞莲，等．九龙江河口表层沉积物中重金属污染评价及来源 [J]．环境科学研究，2014，27（10）：1110-1118.

[42] 王威，闫广新，王立发，等．北京平谷西部矿集区附近土壤重金属特征 [J]．矿产勘查，2019，10（2）：344-351.

[43] 王炜．我国环境空气中降尘测定方法和评价标准的适用性探讨 [J]．环境保护与循环经济，2014，34（4）：53-55.

[44] 王学锋，马鑫．新乡小冀工业区周边土壤重金属污染评价与形态分析 [J]．干旱区资源与环境，2013，27（8）：148-152.

[45] 王学锋，苏霄雨，尚菲，等．新乡孟庄工业区周边土壤重金属生态风险评价 [J]．科学技术与工程，2014，14（15）：105-109，113.

[46] 王永杰，贾东红，孟庆宝，等．健康风险评价中的不确定性分析 [J]．环境工程，2003，21（6）：66-69.

[47] 王宗爽，段小丽，刘平，等．环境健康风险评价中我国居民暴露参数探讨 [J]．环境科学研究，2009（10）：1165-1170.

[48] 王宗爽，段小丽，王贝贝，等．土壤/尘健康风险评价中的暴露参数 [J]．环境与健康杂志，2012，29（2）：114-117.

[49] 翁智雄，葛察忠，程翠云，等．我国生态环境保护督察制度的构成及其特征 [J]．环境保护，2019，47（14）：17-22.

[50] 杨伟光，陈卫平，杨阳，等．新疆某矿冶区周边土壤重金属生物有效性与生态风险评价 [J]．环境工程学报，2019，13（8）：1930-1939.

[51] 杨彦，陆晓松，李定龙．我国环境健康风险评价研究进展 [J]．环境与健康杂志，2014，31（4）：357-363.

[52] 于云江，向明灯，孙朋．健康风险评价中的不确定性 [J]．环境与健康杂志，2011，28（9）：835-838.

[53] 袁慧，张轩．Docker框架下的虚拟化应用平台建设研究 [J]．自

动化与仪器仪表, 2019 (3): 39 - 42.

[54] 袁学军. 大地之殇: "镉米" 再敲污染警钟 [J]. 生态经济, 2013 (9): 14 - 15.

[55] 曾光明, 卓利, 钟政林, 等. 水环境健康风险评价模型及其应用 [J]. 水电能源科学, 1997, 15 (4): 28 - 33.

[56] 张车伟, 蔡翼飞. 中国城镇化格局变动与人口合理分布 [J]. 中国人口科学, 2012 (6): 44 - 57.

[57] 张冬琴. 环境毒物责任保险制度研究 [D]. 福州: 福建师范大学, 2017.

[58] 张静晓, 候丹丹, 彭劲松, 等. "十四五" 时期长江经济带发展的重点、难点及建议 [J]. 企业经济, 2020, 39 (8): 15 - 24.

[59] 张俊, 吴蓉, 沈露, 等. 马鞍山城区土壤重金属污染评价及源分析 [J]. 宜春学院学报, 2017, 39 (3): 88 - 92.

[60] 张乃明. 大气沉降对土壤重金属累积的影响 [J]. 土壤与环境, 2001, 10 (2): 91 - 93.

[61] 张翼, 杜艳君, 李湉湉. 环境健康风险评估方法第三讲 剂量 - 反应关系评估 (续二) [J]. 环境与健康杂志, 2015, 32 (5): 450 - 453.

[62] 张应华, 刘志全, 李广贺, 等. 基于不确定性分析的健康环境风险评价 [J]. 环境科学, 2007 (7): 1409 - 1414.

[63] 郑德凤, 赵锋霞, 孙才志, 等. 考虑参数不确定性的地下饮用水源地水质健康风险评价 [J]. 地理科学, 2015, 35 (8): 1007 - 1013.

[64] 中华人民共和国环境保护部. 污染场地风险评估技术导则 (HJ 25. 3 - 2014) [S]. 2014.

[65] 中华人民共和国生态环境部. 土壤和沉积物铜、锌、铅、镍、铬的测定火焰原子吸收分光光度法 (HJ 491 - 2019) [S]. 2019.

[66] 中华人民共和国生态环境部. 土壤环境质量农用地土壤风险管控标准 (GB 15618 - 2018) [S]. 2018.

[67] 中华人民共和国卫生部, 中国国家标准化管理委员会. 生活饮用水卫生标准 (GB5749 - 2006) [S]. http: //openstd. samr. gov. cn/bzgk/gb/new GbInfo? hcno = 73D81F4F3615DDB2C5B1DD6BFC9DEC86, 2006.

［68］钟政林，曾光明，杨春平．环境风险评价研究进展［J］．环境科学进展，1996（6）：18－22.

［69］周开胜．蚌埠及周边地区土壤和蔬菜的重金属污染研究［J］．环境与职业医学，2018，35（10）：910－916.

［70］周卫红，张静静，邹萌萌，等．土壤重金属有效态含量检测与监测现状、问题及展望［J］．中国生态农业学报，2017，25（4）：605－615.

［71］朱洪军．基于 GIS 的移动终端 LBS 系统建设与实现［D］．上海：华东师范大学，2008.

［72］Anderson, E. L. Scientific trends in risk assessment research［J］. Toxicology and Industrial Health, 1989, 5（5）：777－790.

［73］Antoniadis, V. , Golia, E. E. , Liu, Y. T. , et al. Soil and maize contamination by trace elements and associated health risk assessment in the industrial area of Volos, Greece［J］. Environment International, 2019a, 124：79－88.

［74］Baloch, S. , Kazi, T. G. , Baig, J. A. , et al. Occupational exposure of lead and cadmium on adolescent and adult workers of battery recycling and welding workshops：Adverse impact on health［J］. Science of the Total Environment, 2020, 720：137549.

［75］Barnes, D. G. , Dourson, M. Reference dose（RfD）：Description and use in health risk assessments［J］. Regulatory Toxicology and Pharmacology, 1988, 8（4）：471－486.

［76］Bertrand, W. E. , Brockett, P. L. , Levine, A. A methodology for determining high risk components in urban environments［J］. International Journal of Epidemiology, 1979, 8（2）：161－166.

［77］Bi, C. , Zhou, Y. , Chen, Z. , et al. Heavy metals and lead isotopes in soils, road dust and leafy vegetables and health risks via vegetable consumption in the industrial areas of Shanghai, China［J］. Science of the Total Environment, 2018, 619：1349－1357.

［78］Cai, A. Z. , Zhang, H. X. , Zhao, Y. W. , et al. Quantitative source apportionment of heavy metals in atmospheric deposition of a typical heavily polluted city in Northern China：Comparison of PMF and UNMIX［J］. Frontiers in Environmental Science, 2022, 10: 950288.

[79] Cao, L. N. , Lin, C. L. , Gao, Y. F. , et al. Health risk assessment of trace elements exposure through the soil-plant (maize)-human contamination pathway near a petrochemical industry complex, Northeast China [J]. Environmental Pollution, 2020, 263: 114414.

[80] Chan, C. W. , Witherspoon, J. M. Health risk appraisal modifies cigarette smoking behavior among college students [J]. Journal of General Internal Medicine, 1988, 3 (6): 555 –559.

[81] Chen, H. Y. , Teng, Y. G. , Lu, S. J. , et al. Contamination features and health risk of soil heavy metals in China [J]. Science of the Total Environment, 2015, 512: 143 –153.

[82] Chen, R. , De, S. A. , Ye, C. , et al. China's soil pollution: Farms on the frontline [J]. Science, 2014, 344: 691.

[83] Chen, X. Y. , Li, F. , Du, H. Z. , et al. Fuzzy health risk assessment and integrated management of toxic elements exposure through soil-vegetables-farmer pathway near urban industrial complexes [J]. Science of the Total Environment, 2021, 764: 142817.

[84] Cheng, Y. Y. , Nathanail, C. P. Generic Assessment Criteria for human health risk assessment of potentially contaminated land in China [J]. Science of the Total Environment, 2009, 408: 324 –339.

[85] Cullen, A. , Frey, H. Probabilistic Techniques in Exposure Assessment: A Handbook for Dealing with Variability and Uncertainty in Models and Inputs [M]. New York: Springer New York, 1999.

[86] DeFriese, G. H. Assessing the use of health risk appraisals [J]. Business and health, 1987, 4 (6): 38 –42.

[87] Deng, Y. , Jiang, L. H. , Xu, L. F. , et al. Spatial distribution and risk assessment of heavy metals in contaminated paddy fields—A case study in Xiangtan City, southern China [J]. Ecotoxicology and Environmental Safety, 2019, 171: 281 –289.

[88] Driscoll, C. T. , Mason, R. P. , Chan, H. M. , et al. Mercury as a

global pollutant: sources, pathways, and effects [J]. Environmental Science and Technology, 2003, 47: 4967 - 4983.

[89] Duan, J. C. , Tian, J. H. Atmospheric heavy metals and Arsenic in China: Situation, sources and control policies [J]. Atmospheric Environment, 2013, 74: 93 - 101.

[90] Epstein, S. S. Carcinogenicity of organic extracts of atmospheric pollutants [J]. Journal of the Air Pollution Control Association, 1967, 17 (11): 728 - 729.

[91] Fan, X. G. , Mi, W. B. , Ma, Z. N. , et al. Spatial and temporal characteristics of heavy metal concentration of surface soil in Hebin Industrial Park in Shizuishan northwest China [J]. Environmental Science, 2013, 34: 1887 - 1895.

[92] Fang, H. W. , Li, W. S. , Tu, S. X. , et al. Differences in cadmium absorption by 71 leaf vegetable varieties from different families and genera and their health risk assessment [J]. Ecotoxicology and Environmental Safety, 2019, 184: 109593.

[93] Fang, T. , Lu, W. X. , Hou, G. J. , et al. Fractionation and ecological risk assessment of trace metals in surface sediment from the Huaihe River, Anhui, China [J]. Human and Ecological Risk Assessment, 2020, 26 (1): 147 - 161.

[94] Fernández, B. , Lara, L. M. , Menéndez-Aguado, J. M. , et al. A multi-faceted, environmental forensic characterization of a paradigmatic brownfield polluted by hazardous waste containing Hg, As, PAHs and dioxins [J]. Science of the Total Environment, 2020, 726: 138546.

[95] Fishbein, L. Environmental metallic carcinogens: An overview of exposure levels [J]. Journal of Toxicology and Environmental Health, 1976, 2 (1): 77 - 109.

[96] Frank, J. J. , Poulakos, A. G. , Tornero-Velez, R. , et al. Systematic review and meta-analyses of lead (Pb) concentrations in environmental media (soil, dust, water, food, and air) reported in the United States from 1996 to 2016

[J]. Science of the Total Environment, 2019, 694: 133489.

[97] Giachetti, R. E., Young, R. E. Analysis of the error in the standard approximation used for multiplication of triangular and trapezoidal fuzzy numbers and the development of a new approximation [J]. Fuzzy Sets and Systems, 1997, 91 (1): 1 – 13.

[98] Guan, Q., Cai, A., Wang, F., et al. Heavy metals in the riverbed surface sediment of the Yellow River [J]. Environmental Science and Pollution Research, 2016, 23 (24): 24768 – 24780.

[99] Guidotti, T. L. Exposure to hazard and individual risk: When occupational medicine gets personal [J]. Journal of Occupational Medicine: Official Publication of the Industrial Medical Association, 1988, 30 (7): 570 – 577.

[100] Guo, W., Liu, X., Liu, Z., et al. Pollution and potential ecological risk evaluation of heavy metals in the sediments around Dongjiang Harbor, Tianjin [J]. Procedia Environmental Sciences, 2010, 2: 729 – 736.

[101] Haase, R., Nolte, U. The invertebrate species index (ISI) for streams in southeast Queensland, Australia [J]. Ecological Indicators, 2008, 8 (5): 599 – 613.

[102] Hakanson, L. An ecological risk index for aquatic pollution control: A sediment-logical approach [J]. Water Research, 1980, 14 (8): 975 – 1001.

[103] Han, J. W., Micheline, K. Data Mining: Concepts and Techniques (2nd edition) [M]. California: Morgan Kaufmann, 2006.

[104] Han, R. R., Zhou, B. H., Huang, Y. Y., et al. Bibliometric overview of research trends on heavy metal health risks and impacts in 1989 – 2018 [J]. Journal of Cleaner Production, 2020, 276: 123249.

[105] Hao, M. H., Zuo, Q. T., Li, J. L., et al. A comprehensive exploration on distribution, risk assessment, and source quantification of heavy metals in the multi-media environment from Shaying River Basin, China [J]. Ecotoxicology and Environmental Safety, 2022, 231: 113190.

[106] Hart, R. W., Turturro, A. Risk assessment and management models in development [J]. Biomedical and Environmental Sciences, 1988, 1 (1):

71 – 78.

［107］Heath, C. W. Environmental pollutants and the epidemiology of cancer ［J］. Environmental Health Perspectives, 1978, 27: 7 – 10.

［108］Henderson, B. E. , Gordon, R. J. , Menck, H. , et al. Lung cancer and air pollution in southcentral Los Angeles County ［J］. American Journal of Epidemiology, 1975, 101 （6）: 477 – 488.

［109］Hu, B. F. , Shao, S. , Ni, H. , et al. Current status, spatial features, health risks, and potential driving factors of soil heavy metal pollution in China at province level ［J］. Environmental Pollution, 2020, 266 （3）: 114961.

［110］Huang, G. X. , Zhang, M. , Liu, C. Y. , et al. Heavy metal （loid）s and organic contaminants in groundwater in the Pearl River Delta that has undergone three decades of urbanization and industrialization: Distributions, sources, and driving forces ［J］. Science of the Total Environment, 2018, 635: 913 – 925.

［111］Huang, J. H. , Liu, W. C. , Zeng, G. M. , et al. An exploration of spatial human health risk assessment of soil toxic metals under different land uses using sequential indicator simulation ［J］. Ecotoxicology and Environmental Safety, 2016, 129: 199 – 209.

［112］Huang, L. K. , Wang, Q. , Zhou, Q. Y. , et al. Cadmium uptake from soil and transport by leafy vegetables: A meta-analysis ［J］. Environmental Pollution, 2020, 264: 114677.

［113］Huang, Y. Y. , Zhou, B. H. , Li, N. , et al. Spatial-temporal analysis of selected industrial aquatic heavy metal pollution in China ［J］. Journal of Cleaner Production, 2019, 238: 117944.

［114］Hublet, P. Investigation of the risk of pneumoconiosis in the manufacture of cement for construction ［J］. Belgisch Archief Van Sociale Geneeskunde, Hygiene, Arbeidsgeneeskunde En Gerechtelijke Geneeskunde, 1968, 26 （6）: 417 – 430.

［115］Inhaber, H. Energy: Calculating the risks ［J］. Medical Research Engineering, 1979, 13 （1）: 3 – 4.

［116］Khomenko, S. , Cirach, M. Premature mortality due to air pollution in European cities: A health impact assessment [J]. The Lancet Planetary Health, 2021, 5 (3): e121 – e134.

[117] Kruge, M. A., Lara-Gonzalo, A., Gallego, J. L. R. Environmental forensics of complexly contaminated sites: A complimentary fingerprinting approach [J]. Environmental Pollution, 2020, 263: 114645.

[118] Li, F., Cai, Y., Zhang, J. D. Spatial Characteristics, Health risk assessment and sustainable management of heavy metals and metalloids in soils from Central China [J]. Sustainabilty, 2018b, 10 (1): 91.

[119] Li, F., Qiu, Z., Zhang, J. D., et al. Spatial distribution and fuzzy health risk assessment of trace elements in surface water from Honghu Lake [J]. International Journal of Environmental Research and Public Health, 2017, 14 (9): 1011.

[120] Li, F., Yan, J., Wei, Y., et al. PM2. 5-bound heavy metals from the major cities in China: Spatiotemporal distribution, fuzzy exposure assessment and health risk management [J]. Journal of Cleaner Production, 2021, 286: 124967.

[121] Li, F., Zhang, J. D., Liu, C. Y., et al. Distribution, bioavailability and probabilistic integrated ecological risk assessment of heavy metals in sediments from Honghu Lake, China [J]. Process Safety and Environmental Protection, 2018a, 116: 169 – 179.

[122] Li, F., Zhang, J. D., Liu, W., et al. An exploration of an integrated stochastic-fuzzy pollution assessment for heavy metals in urban topsoil based on metal enrichment and bioaccessibility [J]. Science of the Total Environment, 2018c, 644: 649 – 660.

[123] Li, M. Y., Zhang, Q. G., Sun, X. J., et al. Heavy metals in surface sediments in the trans-Himalayan Koshi River catchment: Distribution, source identification and pollution assessment [J]. Chemosphere, 2020, 244: 125410.

[124] Li, X., Yan, C. Q., Wang, C. Y., et al. PM2. 5-bound elements in Hebei Province, China: Pollution levels, source apportionment and health risks [J]. Science of the Total Environment, 2022, 806 (1): 150440.

［125］Liang, J., Feng, C. T., Zeng, G. M., et al. Spatial distribution and source identification of heavy metals in surface soils in a typical coal mine city, Lianyuan, China ［J］. Environmental Pollution, 2017, 225: 681.

［126］Liang, J., Liu, J., Xu, G., et al. Distribution and transport of heavy metals in surface sediments of the Zhejiang nearshore area, East China Sea: Sedimentary environmental effects ［J］. Martine Pollution Bulletin, 2019, 146: 542 － 551.

［127］Lin, S. Y., Man, Y. B., Chow, K. L., et al. Impacts of the influx of e-waste into Hong Kong after China has tightened up entry regulations ［J］. Critical Reviews in Environmental Science and Technology, 2020, 50: 105 － 134.

［128］Liu, J. G., Diamond J. China's environment in a globalizing world ［J］. Nature, 2005, 435: 1179 － 1186.

［129］Liu, J. W., Cao, H. B., Zhang, Y. L., et al. Potential years of life lost due to PM2. 5-bound toxic metal exposure: Spatial patterns across 60 cities in China ［J］. Science of the Total Environment, 2021, 812: 152593.

［130］Liu, X. J., Xia, S. Y., Yang, Y., et al. Spatiotemporal dynamics and impacts of socioeconomic and natural conditions on PM2. 5 in the Yangtze River Economic Belt ［J］. Environmental Pollution, 2020, 263 （A）: 114569.

［131］Long, R., Guo, H., Zheng, D., et al. Research on the measurement, evolution, and driving factors of green innovation efficiency in Yangtze River Economic Belt: A super-SBM and spatial Durbin model ［J］. Complexity, 2020, 2020: 8094247.

［132］Mao, Y. B., Wang, M. M., Wei, H. W., et al. Heavy metal pollution and risk assessment of vegetables and soil in jinhua city of china ［J］. Sustainability, 2023, 15 （5）: 4241.

［133］Muhammad, S., Saliha, S., Marina, R., et al. Chromium speciation, bioavailability, uptake, toxicity and detoxification in soil-plant system: A review ［J］. Chemosphere, 2017, 178: 513 － 533.

［134］Nazir, M., Khan, F. I. Human health-risk modeling for various exposure routes of trihalomethanes (THMs) in potable water supply [J]. Environmental Modelling & Software, 2006, 21 (10): 1416 – 1429.

[135] Niu, L. L., Yang, F. X., Xu, C., et al. Status of metal accumulation in farmland soils across China: From distribution to risk assessment [J]. Environmental Pollution, 2013, 176: 55 – 62.

[136] Niu, Y., Jiang, X., Wang, K., et al. Meta analysis of heavy metal pollution and sources in surface sediments of Lake Taihu [J]. Science of the Total Environment, 2020, 700: 134509.

[137] NSDH (New York State Department of Health). Health consultation: hopewell precision area groundwater contamination site town of East Fishkill [S]. Dutchess Country, New York, 2012.

[138] Pan, H., Lu, X., Lei, K. A comprehensive analysis of heavy metals in urban road dust of Xi'an, China: Contamination, source apportionment and spatial distribution [J]. Science of the Total Environment, 2017, 609: 1361 – 1369.

[139] Pan, N. F. Fuzzy AHP approach for selecting the suitable bridge construction method [J]. Automation in Construction, 2008, 17 (8): 958 – 965.

[140] Pang, L. H., Brauw, A. D., Rozelle, S. Working until you drop: The elderly of rural China [J]. The China Journal, 2004, 52: 73 – 94.

[141] Peng, H., Chen, Y. L., Weng, L. P., et al. Comparisons of heavy metal input inventory in agricultural soils in North and South China: A review [J]. Science of the Total Environment, 2019, 660: 776 – 786.

[142] Perez-Rios, M., Barros-Dios, J. M., Montes-Martinez, A., et al. Attributable mortality to radon exposure in Galicia, Spain: Is it necessary to act in the face of this health problem [J]. BMC Public Health, 2010, 10: 256.

[143] Promentilla, M. A. B., Furuichi, T., Ishii, K., et al. A fuzzy analytic network process for multi-criteria evaluation of contaminated site remedial countermeasures [J]. Journal of Environmental Management, 2008, 88 (3): 479 – 495.

[144] Ridker, R. G. Economic costs of air pollution, studies in measure-

ment [M]. New York: Frederick A. Praeger, 1967: 198 – 204.

[145] Rodrigo, G. G. , Ofelia, M. B. , Elizabeth, H. A. , et al. Spatial and temporal distribution of metals in PM2. 5 during 2013: Assessment of wind patterns to the impacts of geogenic and anthropogenic sources [J]. Environmental monitoring and assessment, 2019, 191 (3): 165.

[146] Sandeep, K. , Shiv, P. , Krishna, K. Y. , et al. Hazardous heavy metals contamination of vegetables and food chain: Role of sustainable remediation approaches—A review [J]. Environmental Research, 2019, 179 (part A): 108792.

[147] Schneiderman, M. A. Mortality experience of employees with occupational exposure to DBCP [J]. Archives of Environmental & Occupational Health, 1987, 42 (4): 245 – 247.

[148] Swensson, A. , Ulfvarson, U. Toxicology of organic mercury compounds used as fungicides [J]. Occupational Health Review, 1963, 15: 5 – 11.

[149] Tang, S. Q. , Yang, K. , Liu, F. , et al. Overview of heavy metal pollution and health risk assessment of urban soils in Yangtze River Economic Belt, China [J]. Environmental Geochemistery and Health, 2022, 44 (12): 4455 – 4497.

[150] Tang, Z. Y. , Fan, F. L. , Deng, S. P. , et al. Mercury in rice paddy fields and how does some agricultural activities affect the translocation and transformation of mercury—A critical review [J]. Ecotoxicology and Environmental Safety, 2020a, 202: 110950.

[151] Tang, Z. , Zhao, F. J. The roles of membrane transporters in arsenic uptake, translocation and detoxification in plants [J]. Critical Reviews in Environmental Science and Technology, 2020b, 51 (3): 1 – 36.

[152] Tong, R. , Yang, X. , Su, H. , et al. Levels, sources and probabilistic health risks of polycyclic aromatic hydrocarbons in the agricultural soils from sites neighboring suburban industries in Shanghai [J]. Science of the Total Environment, 2018, 616 – 617: 1365.

[153] USEPA. Soil Screening Guidance: Technical Background Document

[S]. Office of Solid Waste and Emergency Response: Environmental Protection Agency, Washington, D. C., USA. 1996.

[154] Van Leeuwen, D. M., Van Agen, E., Gottschalk, R. W. H., et al. Cigarette smoke-induced differential gene expression in blood cells from monozygotic twin pairs [J]. Carcinogenesis, 2007, 28 (3): 691 –697.

[155] Van, Laarhoven, P. J. M., Pedrycz, W. A fuzzy extension of Saaty's priority theory [J]. Fuzzy Sets and Systems, 1983, 11 (1 –3): 229 –241.

[156] Wang, Z. X., Pang, Z. H., Guo, Q. W., et al. Introducing a land-use-based spatial analysis method for human health risk evaluation of soil heavy metals [J]. Environmental Earth Sciences, 2013, 70: 3225 –3235.

[157] Wassermann, M., Wassermann, D. Risk assessment in geographical occupational health [J]. Geographia Medica, 1979, 9: 8 –27.

[158] Whittemore, A. S. Mathematical models of cancer and their use in risk assessment [J]. Journal of Environmental Pathology and Toxicology, 1979, 3 (1 –2): 353 –362.

[159] Wu, J., Lu, J., Zhang, C., et al. Pollution, sources, and risks of heavy metals in coastal waters of China [J]. Human and Ecological Risk Assessment, 2020, 26 (8): 2011 –2016.

[160] Wu, W., Wu, P., Yang, F., et al. Assessment of heavy metal pollution and human health risks in urban soils around an electronics manufacturing facility [J]. Science of the Total Environment, 2018, 630: 53 –61.

[161] Wynder, E. L., Hammond, E. C. A study of air pollution carcinogenesis—Analysis of Epidemiological Evidence [J]. Cancer, 1962, 15: 79 –92.

[162] Yang, S. H., Qu, Y. J., Ma, J., et al. Comparison of the concentrations, sources, and distributions of heavy metal (loid) s in agricultural soils of two provinces in the Yangtze River Delta, China [J]. Environmental Pollution, 2020, 264: 114688.

[163] Yang, Y., Christakos, G., Guo, M. W., et al. Space-time quantitative source apportionment of soil heavy metal concentration increments [J].

Environmental Pollution, 2017, 223: 560 – 566.

[164] Zhai, Y., Liu, X., Chen, H., et al. Source identification and potential ecological risk assessment of heavy metals in PM2. 5 from Changsha [J]. Science of the Total Environment, 2014, 493: 109 – 115.

[165] Zhang, J. H., Li, X. C., Guo, L. Q., et al. Assessment of heavy metal pollution and water quality characteristics of the reservoir control reaches in the middle Han River, China [J]. Science of the Total Environment, 2021, 799: 149472.

[166] Zhang, J. R., Li, H. Z., Zhou, Y. Z., et al. Bioavailability and soil-to-crop transfer of heavy metals in farmland soils: A case study in the Pearl River Delta, South China [J]. Environmental Pollution, 2018, 235: 710 – 719.

[167] Zhang, Q., Zheng, Y. X., Tong, D., et al. Drivers of improved PM2. 5 air quality in China from 2013 to 2017 [J]. Proceedings of the National Academy of Sciences of the United States of America, 2019, 116 (49): 24463 – 24469.

[168] Zhou, S., Yuan, Q., Li, W., et al. Trace metals in atmospheric fine particles in one industrial urban city: Spatial variations, sources, and health implications [J]. Journal of Environmental Sciences, 2014, 26 (1): 205 – 213.

[169] Zhou, Z. F., Liu, K., Wang, X. R., et al. Characteristics of PM2. 5 in rural areas of southern Jiangsu Province, China [J]. Journal of Environmental Sciences, 2005, 17 (6): 977 – 980.

[170] Zhu, W. W., Wang, M. C., Zhang, B. B. The effects of urbanization on PM2. 5 concentrations in China's Yangtze River Economic Belt: New evidence from spatial econometric analysis [J]. Journal of Cleaner Production, 2019, 239: 118065.